JN065361

リアルタイムOSの初歩から実践テクニックまで

基礎から学ぶ 組込みμT-Kernel プログラミング

IEEE 世界標準

μT-Kernel 3.0

坂村 健 監修

豊山 祐一 著

パーソナルメディア

本書は、著作権法上の保護を受けています。本書の一部または全部を著作権法の定めによる範囲を超えて、複写、複製、転記、転載、再配布（ネットワーク上へのアップロードを含む）することは禁止されています。

本書を代行業者等の第三者に依頼してスキャンやデジタル化することは、たとえ個人や家庭内での利用であっても著作権法上認められていません。

本書掲載のハードウェアおよびソフトウェアの製作および実行は、本書使用者の責任において行うものとし、製作および実行により発生したいかなる直接的・間接的被害についてもパーソナルメディア株式会社および著作権者、製品販売元はその責任を負いません。

TRONは"The Real-time Operating System Nucleus"の略称です。

ITRONは"Industrial TRON"の略称です。

本書中のTRON、ITRON、μITRON、T-Kernel、μT-Kernel、T-Monitor、IoT-Engine、T-Engine、T-Car、T-License、IoT-Aggregatorは、コンピュータや関連機器の仕様等に対する名称であり、特定の商品を示すものではありません。

その他のハードウェア名、ソフトウェア名などは一般に各メーカーの商標、登録商標です。

監修のことば

　現実の物理的な世界にある、コンピュータが組み込まれたいろいろなモノたち（things）——温湿度計などのセンサーから、照明・空調機などの家電、さらにはエレベーターなどの建築設備まで——が、相互に通信を行って情報を共有しながら協調動作を行い人間にとって快適で持続性の高い環境を作る、というのがIoTのコンセプトである。

　そのため、ネットワークに接続されるこれらのセンサーや機器は、ネットワークの末端に位置して物理環境と対峙するという意味で、「IoTエッジノード」とよばれる。協調動作の実現方法としては、IoTエッジノードが直接他のエッジノードに働きかけるという形態も考えられるし、クラウドサーバが複数のエッジノードからのデータをもとに判断し、個々のエッジノードに動作を指示するという形態もある。

　こういったIoTシステムのプログラム開発を考えた場合、エッジノード側とクラウドサーバ側では、プログラムに求められる機能や性質、プログラミングの難易度などに大きな違いがある。クラウドサーバ側では、各種の情報処理やデータベースへの情報蓄積、Webアプリの画面を使った人間とのインタフェースなどを行うが、プログラムの実行にはデータセンターの高性能なサーバなど潤沢な計算資源を使うことができる。その結果、利用可能なプログラミング言語、フレームワーク、ライブラリなどについて豊富な選択肢があり、開発やデバッグのための環境も充実している。また、需要が幅広くプログラミングに携わる開発者も多いので、Web上の情報が豊富であり、関連する書籍も多く出版されている。そのため、特に初心者にとっては、クラウドサーバ側のプログラム開発の方が親しみやすく、成果が出るのも早い。クラウドサーバ側のプログラム開発は、一般には開発のハードルが低いといえよう。

　一方、センサーや機器の制御を行うIoTエッジノード側のプログラムは、ハードウェアコスト削減のため必要最小限の処理能力でメモリも少ない組込み用マイクロコンピュータ上で動作する必要がある。そのため、利用可能なプログラミング言語やOS、ミドルウェアなども限られる。にもかかわらず、機器の制御のために応答性の保証や動作のリアルタイム性が求められ、プログラム開発の難易度が高い。さらに、機器の制御という地味な分野であるため、プログラミングに携わる開発者が少なく、関連書籍やWeb上での情報も少ない。すなわち、クラウドサーバ側のプログラム開発とは逆に、IoTエッジノード側のプログラム開発はハードルが高い。

　しかしながら、IoTは多数のエッジノードがあってこそ成り立つシステムであり、IoTエッジノードの重要性は論を俟たない。IoTエッジノード側は、クラウドサーバ側と比べて機能はシンプルな場合が多いものの、その数は圧倒的である。IoTの応用が高度化するにつれて、IoTエッジノードの数は増加の一途をたどっており、2025年には全世界で416億台になるという予測がある[*1]。さらに、小さなセンサーなども含めて数えると、トリリオンセンサーという語があるとおり、1兆台クラスのIoTエッジノードが稼働する時代もすぐ近くまで迫っている。そのためにIoTエッジノードの制御用プログラムの開発効率を上げるとともに、その開発人口を増やすことは、喫緊の課題である。

(*1) https://atmarkit.itmedia.co.jp/ait/articles/1906/20/news056.html

　私が1984年から始めたTRONプロジェクトでは、今でいうIoTエッジノードの重要性に早くから着目し、機器制御用リアルタイムOSである「ITRON」の仕様の標準化を行って開発効率の向上を図った。また、機器間の通信による協調動作についても早くから研究を行い、その可能性を探ってきた。当時はまだIoTはもちろん、インターネットという語もなかったが、機器間の協調動作という概念は現在のIoTそのものであった。

　「ITRON」とその後継のOSである「T-Kernel」「μT-Kernel」は、2010年代には組込み機器の制御用OSの60%以上のシェアを持つようになり、各種の電子機器や家電製品から自動車、さらには人工衛星「はやぶさ」「はやぶさ2」にも搭載された。また、これらのOSの利用は国内に限らず、海外からも盛んにダウンロードされ利用されているし、英語や中国語に翻訳された「ITRON」や「T-Kernel」の仕様書は海外でも出版されている。こういった実績とIoTに対する先駆性から、2018年にはIEEE（米国電気電子学会）の標準仕様であるIEEE 2050-2018として「μT-Kernel」が採用され、文字どおりIoTエッジノード用OSの世界標準となっている。

　本書は、その世界標準仕様に準拠した最新のリアルタイムOSである「μT-Kernel 3.0」について、OSの機能やプログラミングをやさしく解説した入門向けガイドブックである。リアルタイムOSの基礎から、I/Oデバイスの操作方法、デバイスドライバの使い方や作り方、OSのカスタマイズやポーティングといった実践的なテクニックまで含めて、これ一冊でリアルタイムOSに関連する幅広い知識や、IoTエッジノードの制御用プログラムの開発ノウハウを得ることができる。

　本書の著者は、実際にμT-Kernel 3.0のOSやデバイスドライバの開発に携わった経験や、セミナーでリアルタイムOSのプログラミング手法を教えていた経験から、重点的に学ぶべきポイントや間違いやすい部分などを熟知している。本書には、そういった開発経験やリアルタイムOSを教える際のノウハウが集約されており、初心者にとっては痒いところに手が届くように分かりやすく、ある程度の経験者にとっても利便性の高い参考書として、IoTエッジノードや組込みシステムのプログラミングに実践的に役立つ構成になっている。

　μT-Kernel 3.0はオープンソースのリアルタイムOSであり、GitHubから誰でも自由にダウンロードして動かすことができる。また、本書で説明している例題のプログラムなども、出版社のサイトからダウンロードして実行することができる。OSに限らず、プログラミングを学ぶには、自分でプログラムを実行してデバッグしてみることが何よりも大切である。ぜひ本書を参考に、μT-Kernel 3.0を自分自身で動かしながら、IoTエッジノードのプログラミングのノウハウを身につけていくことをお勧めしたい。

　本書によりIoTエッジノードの開発を志す技術者が増え、それがIoTの応用拡大や発展につながり、結果として人間生活の快適性、持続性の向上に資することになれば、これに勝る喜びはない。ぜひ、多くの技術者に本書を活用していただければ幸いである。

2021年11月
トロンフォーラム会長
東京大学名誉教授

坂村 健

はじめに

本書のねらい

本書は、リアルタイムOS μT-Kernel 3.0と、そのプログラミングについての解説書です。

μT-Kernel 3.0は、長年の実績とシェアを持つITRONをルーツとするTRONプロジェクトの最新のOSです。また、IoTエッジノード向けのリアルタイムOSの国際標準規格IEEE 2050-2018の仕様に完全に準拠したOSでもあります。

IoTが世の中に広まるとともに、IoTエッジノードのプログラミングが重要となってきています。しかしながら、IoTエッジノードはリアルタイムOSを使用した組込みシステムであり、一般のパソコンとは異なる点が多いため、IoTエッジノードのプログラミングの修得は難しいとされてきました。また、リアルタイムOSを動かしてみようと思っても、個人でその開発環境や実行環境を用意することが難しいといった問題もありました。

こういった以前の状況に対して、近年では安価で高性能なマイコンボードが市販されるようになり、開発環境もオープンソースなど無償で利用できるものが充実してきました。その結果、リアルタイムOSのプログラミングを行うハードルは大きく下がってきています。

本書では、市販のマイコンボードやオープンソースの開発環境を使用して、μT-Kernel 3.0のプログラミングを行い、OSの動作を実際に確認しながらμT-Kernel 3.0の説明をしていきます。リアルタイムOSの各機能について、マイコンボード上で実行するためのソースコードも掲載しました。さらに本書の後半では、μT-Kernel 3.0のポーティングやデバイスドライバの開発方法など、より実践的な内容についても解説しています。

本書の構成

本書は以下の3部構成となっています。

第1部 [基礎編]

μT-Kernel 3.0の概要と、そのアプリケーションのプログラミングを行うための基本的な事項を説明します。

1章では、IoTエッジノードとリアルタイムOS、組込みシステムについて基本的な説明をします。

2章では、TRONプロジェクトにおいてμT-Kernel 3.0が開発されるまでの経緯と、μT-Kernel 3.0の設計方針などを説明します。

3章では、μT-Kernel 3.0の各種の機能について、プログラミングに必要な基本事項を説明します。

第2部 [実践編]

　市販のマイコンボードを使ってμT-Kernel 3.0のソフトウェア開発環境を構築し、その上で実際にプログラミングを行ないながら、OSの各種の機能の使い方やセンサーなどのI/Oデバイスの制御方法について説明します。

　1章では、μT-Kernel 3.0の開発環境を構築し、LEDやスイッチなどの簡単なI/Oデバイスの制御方法を説明します。

　2章では、μT-Kernel 3.0の各機能について、実際にプログラミングを行ないながら説明します。

　3章では、センサーなどの各種のI/Oデバイスを、μT-Kernel 3.0のデバイスドライバから制御する方法について説明します。

第3部 [応用編]

　μT-Kernel 3.0を実際のIoTエッジノードや機器のOSとして使用するためには、ハードウェアや実行環境に合わせた各種の設定、対象機器のマイコンへのポーティング、デバイスドライバの開発などが必要です。これらの項目について、具体的な手法や実装例を説明します。

　1章では、μT-Kernel 3.0のコンフィグレーションとプロファイルの機能について説明します。

　2章では、μT-Kernel 3.0のソースコードの構成などを説明します。

　3章では、μT-Kernel 3.0を新たなハードウェアにポーティングする方法について説明します。

　4章では、μT-Kernel 3.0のデバイスドライバの開発方法について説明します。

本書の読み方

　本書は、リアルタイムOSを初めて使う初心者の方から、すでに開発現場で活躍されているエンジニアの方まで、幅広い読者を対象としています。

　リアルタイムOSや組込みシステムの経験がない方は、第1部から順番に読み進めて、基本的な知識を身につけてください。第2部では、説明の流れに従って、実際に開発環境の構築やプログラミングを行ないながら学習することをお勧めします。

　すでにリアルタイムOSの開発経験のある方は、必ずしも最初から本書を読む必要はありません。必要に応じて個別の話題を参照していただくのが効率的です。たとえば、ITRONや他のリアルタイムOSに関する知識はあるものの、μT-Kernelについては未経験という方であれば、第1部の3章から読んでいただくとよいでしょう。

目次

第1部
基礎編

IoTエッジノードとμT-Kernel

基礎編では、IoTエッジノードとリアルタイムOSについての
基礎的な解説と、国際標準規格IEEE 2050-2018に準拠した
リアルタイムOS μT-Kernel 3.0を使用してプログラミング
を行うのに必要な基本事項を説明します。

μT-Kernel 3.0

1.1 IoTエッジノードとリアルタイムOS

本章ではIoTエッジノードとリアルタイムOSについての基本的な説明を行います。また、IoTエッジノードを含むジャンルとして、組込みシステムについても説明します。

● ●

1.1.1 IoTエッジノードとは

IoTとIoTエッジノード

　IoT (Internet of Things) とは、身の回りのさまざまなモノがネットワークに接続され、クラウドや他のモノなどと連携、協調動作することによって価値を生み出そうという概念、または実現したシステムです（図1-1）。

　90年代にインターネットの普及が進むなかで、モノのインターネットという考えが生まれました。当初はユビキタスコンピューティングなどともよばれましたが、のちにIoTという名前で定着し、今や多くの応用システムが開発、実用化されています。

　ネットワークに接続されたモノは、IoTエッジノードやIoTデバイスなどとよばれますが、これらのモノがIoTネットワークの構成要素であるという点を明確に示すため、本書ではIoTエッジノードとよぶことにします。

　IoTエッジノードは、現実世界の情報をクラウドへ取り込むために情報収集するセンサーや、クラウドで実現する複雑な処理の結果を現実世界に反映させるアクチュエータといえます。

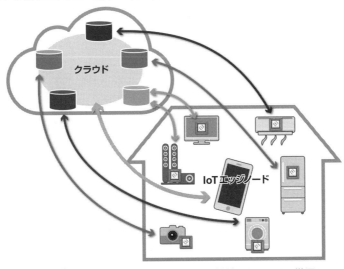

図1-1 身の回りのモノがネットワークに接続されるIoTの世界

IoT エッジノードは組込みシステム

　IoT エッジノードの実体にはさまざまな形態の機器が存在します。身の回りの各所に取り付けられたセンサーもあれば、家電製品や工場の製造機器もあります。まだ開発中ではありますが、自動車をネットワークに接続させようというコネクテッドカーというものもあります。これが実現すれば自動車も IoT エッジノードといえるようになるでしょう。

　このようにさまざまな形態をもつ IoT エッジノードですが、重要な共通点が一つあります。それは、IoT エッジノードはネットワークに接続するコンピュータシステムであるということです。

　一般に IoT エッジノードには、マイコンが部品として搭載されています。このように電気・電子機器の部品として搭載されるコンピュータを組込みコンピュータとよび、そのコンピュータシステムを組込みシステムとよびます。IoT エッジノードは最先端のネットワーク機能を備えた組込みシステムの一種です。

　なお、マイコンという名称はいくつかの異なった意味で使用される場合があります。本書ではマイコンは、LSI で実現された小型のコンピュータであるマイクロコンピュータ（micro computer）の略称として使用します。

IoT エッジノードのネットワーク通信

　IoT エッジノードはネットワークに接続するための通信機能をもっています。IoT エッジノードの形態にもよりますが、この通信には有線よりも無線の通信を用いる場合が多いです。

　広く普及している無線ネットワークの規格に Wi-Fi がありますが、IoT エッジノードで Wi-Fi を使用するにはいくつかの問題があります。

　まず、小型の電子機器にとって Wi-Fi の電力の消費は大きな問題となることがあります。たとえばスマートフォンを使用しているときに、Wi-Fi を有効にするとバッテリーの消費が大きくなることを経験された方は多いと思います。特にバッテリーで駆動する電子機器では消費電力を抑えることが重要となります。

　次に、Wi-Fi を実現するためのソフトウェアが、IoT エッジノードにとっては比較的大規模なソフトウェアであるという点です。次項で説明しますが、IoT エッジノードはパソコンなどに比べるとコンピュータの処理能力が低く、メモリなどの資源も少ない場合が多いです。よって、Wi-Fi のソフトウェアを動かすこと自体が困難な場合も少なくありません。

　以上のような理由により、IoT エッジノードでは消費電力の低い近距離無線通信を採用する場合が多いです。

　IoT エッジノード向けの無線通信方式にはいくつもの種類があります。表1-1 に主な無線通信方式を示します。

表1-1 主なIoTエッジノード向けの無線通信方式

名称	特徴
BLE (Bluetooth Low Energy)	近距離無線通信として普及しているBluetoothの拡張仕様で、より低消費電力での通信を可能とする。Bluetooth 4.0規格の一部として策定された。
ZigBee	低消費電力での無線センサーネットワークを構築することを主目的として開発された近距離無線通信規格。下位の無線規格にIEEE 802.15.4を利用する。
6LoWPAN	IPv6に基づく低消費電力な近距離無線通信規格。インターネットで使用されるIPv6との親和性が高い。下位の無線規格にIEEE 802.15.4を利用する。

1.1.2 IoTエッジノードと組込みシステム

組込みシステムとは

　組込みシステムとは、機器を制御するために組み込まれたコンピュータシステムです。そして、IoTエッジノードも組込みシステムの一種です。

　パソコンやサーバ、大型計算機などが、情報処理を行うコンピュータとして作られた機器であるのに対し、組込みシステムはユーザからコンピュータとして意識されることはありません。たとえば、最近の家電製品の多くはマイコンを搭載した組込みシステムですが、家電製品をコンピュータと意識して使っているユーザはまずいないでしょう。

　組込みシステムの歴史はIoTエッジノードよりだいぶ古く、1970年代のマイコンの誕生までさかのぼります。

　従来の電気回路や機械式の制御に比べると、マイコンを使うことは、ソフトウェアによって、より高度で柔軟な制御を実現できるというメリットがあります。マイコンが量産され安価に提供されるようになって、1980年代から90年代にかけてさまざまな電気・電子機器にマイコンが使用されるようになりました。

　さらにマイコンの高機能化に伴い、アナログの情報がデジタル化できるようにもなりました。今では音声や画像の情報はデジタル情報としてマイコンにより処理されるのが一般的となってきています。

組込みシステムの特徴

　組込みシステムの特徴を、パソコンなどの一般的なコンピュータと比較しながら説明します。

　パソコンなどの一般的なコンピュータの主な目的は、さまざまな情報処理によるサービスをユーザである人間に提供することです。具体的な目的はユーザごとに異なり、また一人のユーザ

がさまざまな目的でコンピュータを使うこともあります。よって、一般的なコンピュータは汎用的なシステムとなります。以降、本書ではこのようなコンピュータを汎用コンピュータとよぶこととします。

一方、組込みシステムの目的は、組み込まれた機器を制御することです。機器の用途ははじめから決められていますので、専用的なシステムといえます。また、組込みシステムの主たる処理は、ハードウェアの制御であり、人間とのインタフェースに割かれる比率は少ないです。

このように組込みシステムと汎用コンピュータはその目的から異なるため、コンピュータの構成や機能も異なったものになります。

また、組込みシステムのマイコンは、機器の一つの部品ですので、製造コストの面でも制約が大きくなります。よって、組込みシステムは汎用コンピュータと比べて、マイコンの情報処理能力が低く、メモリなどの資源も小規模となる傾向があります。

両者の相違点を表1-2にまとめました。汎用コンピュータの例としては、一般的なパソコンを想定しています。組込みシステムは用途や規模に応じて多くのバリエーションが存在しますが、ここでは典型的なIoTエッジノードを想定します。

表1-2 一般的な汎用コンピュータと組込みシステムの比較

	パソコン	組込みシステム
CPU	・32〜64ビットの高性能プロセッサ（現在は64ビットが主流） ・複数のCPUコアを搭載したマルチコアプロセッサが主流	・8ビット〜32ビットのマイコンが中心（一部64ビットマイコンが使われ出している） ・単一のCPUコアを搭載したシングルコアのマイコンが主流
メモリ	・数GBの外部メモリ（通常はRAM） ・多段のキャッシュや仮想メモリが使用される	・数十KB 〜数百KBのマイコンに搭載されたメモリ ・プログラムのコードはROMに記録されることが多い
二次記憶	・大容量のハードディスク等の外部記憶デバイス ・CD-ROM、SDカード、USBメモリ等の外部記憶デバイスにも対応	必須ではない
OS	・Windows、Linuxなどの汎用OS	・主にリアルタイムOSが使用される ・OSを使用しないシステムもある。
ネットワーク通信	・Ethernet、Wi-Fi、Bluetoothなど各種ネットワーク通信に対応	・組込みシステムとしては必須ではないが、IoTエッジノードでは必須。近距離無線通信を使用する場合が多い

組込みシステムのマイコン

組込みシステムで使用されるマイコンは、パソコンなどの汎用コンピュータとは異なった、組込みシステム用に開発されたものとなります。

組込みシステムにはさまざまな形態がありますので、組込みシステム用マイコンにも同様にさまざまなものが存在します。そのバリエーションはパソコン用のものよりも多いといっていいでしょう。

　組込みシステム用のマイコンは大きく二つのグループに分けられます。

　一つは、比較的小規模なシステム向けのコントローラ系のマイコンです。機器の制御を主とし、メモリを同じ一つのLSIに内蔵します。低消費電力、低価格といった特徴もあります。

　もう一つは、より高機能、高性能なプロセッサ系のマイコンです。外部に大容量のメモリを持ち、多段のメモリキャッシュやMMU（メモリ管理ユニット）などを備えます。コントローラ系に比べて、高速で動作し、その分、消費電力は大きくなります。

　ただし、コントローラ、プロセッサといったよび方に厳密な定義があるわけではなく、例外もあれば、他の呼称が使われることもありますので注意が必要です。

　本書で扱うIoTエッジノードでよく使用されるマイコンは前者のコントローラ系ですが、プロセッサ系が使用される場合もあります。

　具体的な例として、組込みシステムで普及しているArm社のマイコンを見てみましょう。Arm社はマイコンを作るメーカーではなく、マイコンのアーキテクチャ（設計）を他社にライセンスする会社です。いくつものマイコンメーカーがArm社のアーキテクチャに基づくマイコンを製造し販売しています。

　Arm社は現行の自社のマイコンをCortex-A、Cortex-R、Cortex-Mの三つのシリーズに分けています。このうちCortex-Aシリーズがプロセッサ系、Cortex-Mシリーズがコントローラ系の位置づけとなり、Cortex-Rシリーズはその中間といえます。

　Armのアーキテクチャを採用したマイコンの例を表1-3に示します。これらは実際にIoTエッジノードで使用されているものです。表中でArm Cortex-Aを使用しているRZ/A2Mがプロセッサ系で、その他がコントローラ系となりますが、動作周波数や内蔵メモリに大きな差があることがわかると思います。

表1-3 IoTエッジノードで使用されるマイコンの例

名称	TMPM367FDFG	STM32L486	RZ/A2M
メーカー	東芝デバイス&ストレージ	STマイクロエレクトロニクス	ルネサス エレクトロニクス
CPUコア	Arm Cortex-M3	Arm Cortex-M4F	Arm Cortex-A9
動作周波数[※1]	72MHz	80MHz	528MHz
FPU	なし	あり	あり
MMU	なし	なし	あり
内蔵ROM	512KB	1MB	なし[※2]
内蔵RAM	128KB	128KB	4MB

※1 動作周波数は一例であり実装により異なります。
※2 ブート用に外部ROMを接続します。

組込みシステムのOS

　組込みシステムで使用されるOSは、コントローラ系のマイコンとプロセッサ系のマイコンとでは異なった傾向があります。

　コントローラ系で主に使用されるOSは、リアルタイムOSとよばれる組込みシステムに向けて作られたOSです。リアルタイムOSについては、この後で詳しく説明します。

　また、コントローラ系の比較的単純なシステムではOSを使用しないこともあります。これらはOSレスとかベアメタルのシステムなどとよばれています。

　一方、プロセッサ系のマイコンでは、Linuxやそれに準ずる高機能なOSが使用されることが多くあります。ただし、プロセッサ系でも用途に応じてリアルタイムOSが使用されることも少なからずあり、プロセッサ系だからLinuxに決まっているわけではありません。

　ただし、一般的なLinuxが動作するには、比較的大容量のメモリやMMUなどのメモリ管理のハードウェア機能が必要とされますので、コントローラ系でLinuxが使用されることはあまりありません。

IoTエッジノードとリアルタイムOS

　IoTエッジノードの形態はさまざまですが、機器制御を主目的とした比較的小規模な組込みシステムが多くなります。そのため、IoTエッジノードではマイコンにはコントローラ系を使用し、OSにはリアルタイムOSが使われることが多いです。

　また、IoTエッジノードではOSがほぼ必須となります。なぜならば、IoTエッジノードはネットワークへの接続が必須であり、ネットワーク接続を実現するためにはOSの機能が重要となるからです。

　従来はOSを使用しなかった小規模な組込み機器でも、IoTエッジノードとしてネットワークに接続するためにリアルタイムOSを使用するようになってきました。このような背景もあり、IEEEでは2018年に小規模な組込みシステム向けにリアルタイムOSの国際標準規格IEEE 2050-2018を定めました。IEEE 2050-2018については次章で説明します。

IoTエッジノードのソフトウェア開発

　IoTエッジノードを含む組込みシステムのソフトウェア開発は、パソコンのソフトウェア開発とは大きく異なります。

　パソコンのソフトウェアは、通常はパソコン上で開発されますので、開発環境と実行環境は同じコンピュータです。このようなソフトウェア開発をセルフ開発とよびます。

　一方で組込みシステムの場合は、自身の機器でソフトウェアを開発することが困難です。マイコンの処理能力も足りなければ、ディスプレイやキーボードもありません。そこで組込みシステムのソフトウェア開発はパソコンで行うことになります。このような開発環境と実行環境のコンピュータが異なるソフトウェア開発をクロス開発とよびます（図1-2）。

開発環境　　　　　　　　　　実行環境（ターゲット）

図1-2 組込みシステムでは開発環境と実行環境は別

　パソコンではさまざまなプログラミング言語が使用されますが、組込みシステムの開発で主に使用されるプログラミング言語はC言語とアセンブリ言語です。

　組込みシステムのプログラムでは、機器を制御するためにハードウェアよりの低水準な記述が必要です。

　このような低水準な記述はアセンブリ言語が非常に得意です。しかし、アセンブリ言語はマイコンの種類に依存してしまい汎用性や移植性に乏しいことや、プログラムが難解になりがちで生産性、保守性に問題があります。

　そこで、汎用の高水準言語でありながら、アセンブリ言語に近い低水準の記述も可能なC言語が多用されます。近年ではコンパイラ技術の進歩により、C言語でもアセンブリ言語に近い高い効率のコード生成が可能になってきました。そのため、今ではアセンブリ言語の使用は限定的になってきています。

　なお、組込みシステムでもアプリケーションなどシステムの上位のソフトウェアではC++言語などC言語以外のプログラム言語が使用されることはありますが、まだまだ少ない状況です。

IoTエッジノードのデバッグとエミュレータ

　パソコン上でクロス開発されたIoTエッジノードのプログラムをデバッグするには、まずプログラムの実行コードをパソコンからIoTエッジノードの実機へ転送しなければなりません。そして、パソコン上で動作するデバッガから、実機に転送された実行コードを操作します。

　これを実現するためには、パソコンとIoTエッジノードを接続して、プログラムの転送やデバッグ操作を行う機器が必要となります。

　以前はICE（In-Circuit Emulator）とよばれる専用の機器が使用されました。ICEはその名のとおり、デバッグ対象のマイコンをエミュレート（模倣）しデバッグするハードウェアです。しかし、近年ではマイコンに初めからデバッグ機能を内蔵し、それを用いてデバッグを行う方法が一般的

となっています。

　マイコン内蔵のデバッグ機能とパソコンを接続するために、マイコンにはデバッグ用のインタフェース信号が用意されています。

　このデバッグ用インタフェースの規格で広く普及しているのがJTAGです。JTAGの規格はIEEE 1149.1として標準化されており、組込み用マイコンの多くはJTAG規格のデバッグ用インタフェースを備えています。また、マイコンによっては、JTAGと共にメーカー独自のデバッグ用インタフェースを用意しているものもあります。

　マイコンのデバッグ用インタフェースとパソコンにつなぐためにはアダプタが必要です。このアダプタはデバッグ用の信号をパソコンのUSB信号などに変換するハードウェアですが、それまでの慣例もありエミュレータとよばれることが多いです。たとえば、JTAGの信号を変換するアダプタはJTAGエミュレータやJTAG-ICEとよばれます（図1-3）。これに対し本来のICEはフルICEと区別してよばれます。

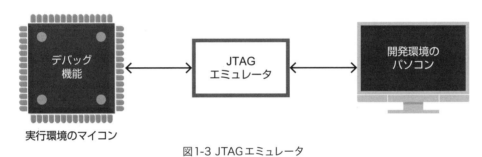

実行環境のマイコン

図1-3 JTAGエミュレータ

1.1.3 リアルタイムOSとは

リアルタイムOSの特徴

　リアルタイムOSは、これまで説明してきたように主に組込みシステムで使用されるOSであり、IoTエッジノードでもリアルタイムOSが主に使用されます。リアルタイムOSを明確に定義することは難しいのですが、主に以下のような機能を持つOSがリアルタイムOSであるといえます。

① 省資源のマイコンで動作する軽量OS
② 複数の処理を並行して実行するマルチタスク
③ リアルタイム性に優れたOS

　それぞれの特徴を順番に説明していきます。

省資源のマイコンで動作する軽量OS

リアルタイムOSは、パソコンなどの汎用コンピュータに比べて処理能力が低く、メモリなどの資源の乏しい組込みシステムのマイコンで動作するためにコンパクトに実装されています。

たとえば、本書で扱うμT-Kernel 3.0のOS自身のオブジェクトサイズは、100KB程度です。使用条件に応じてコンフィグレーションを行えば、オブジェクトサイズをさらに大幅に減らすことも容易です。よって、数十KBから数百KBのメモリしか搭載していないIoTエッジノードでも使用が可能です。

リアルタイムOSは、このようなコンパクトな実装を実現するために、OSの機能を基本的なものに限定しています。OSの最も基本的な機能は「コンピュータのハードウェアを制御してアプリケーションプログラムを実行すること」です。そして、この基本機能以外の付加的な機能はミドルウェアという形でOSとは独立して提供されることが一般的です。ミドルウェアについては次項で説明します。

また、μT-Kernel 3.0では、MMUは使用しないことを前提とし、マイコンの物理メモリ空間で動作するように設計されています。これは多くのリアルタイムOSでも同様であり、LinuxがMMUの使用を前提としているのに対し特徴的です。ただし、組込み用に設計されたLinuxの中にはMMUを使用しないものも存在します。

ミドルウェアとは

ミドルウェアとは、OSとアプリケーションの中間に存在し、いろいろなシステムで必要となる汎用的な機能を提供するソフトウェアのことです。ミドルウェアは、OSが対応しないさまざまな機能をアプリケーションプログラムに提供します。

リアルタイムOSの場合、OSの機能はごく基本的なものに限られており、ファイルシステムやネットワーク、GUIといったパソコン用OSが標準的に備えている機能もミドルウェアとして提供されます（図1-4）。

組込みシステムの場合

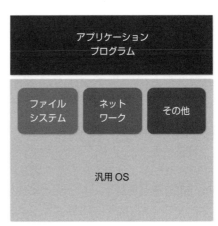
パソコンの場合

図1-4 ミドルウェアの位置づけ

　ミドルウェアは開発する機器に応じて必要なものを選択することが可能です。必要なものだけを実装することにより、メモリなど資源の消費を必要最小限に抑えることができます。

　たとえば、パソコンであれば、外部ストレージは必須ですのでファイルシステムも必ず必要になります。さらに、外部ストレージとして、ハードディスク、USBメモリ、SDカード、CD-ROMなどさまざまなものが使用される可能性がありますので、ファイルシステムもそれに対応した多機能なものが必要とされます。

　一方で組込みシステムでは外部ストレージが存在しない機器も少なくありません。この場合、ファイルシステムは不要となります。また外部ストレージを使用する場合でも、SDカードだけであるとかUSBメモリだけといったように用途が限定される場合がほとんどですので、それに対応したミドルウェアのみを実装します。

　組込みシステムのミドルウェアは、OSと共に提供されることもあれば、独立した製品や、オープンソースのフリーなソフトウェアもあります。組込みシステムでは、これらのミドルウェアを選択し、OSと組み合わせてシステムを構築していきます。

複数の処理を並行して実行するマルチタスク

　組込みシステムでは、複数の処理を並行して実行させることが重要です。並行して実行される個々の処理をタスクとよび、タスクを並行して実行させる機能をマルチタスクとよびます。

　パソコンでも複数のアプリケーションプログラムを同時に実行することは多々あります。しかし、アプリケーションプログラムの処理の多くは逐次的に実行されます。ユーザである人間からの指示に従って処理を実行し、また処理に時間がかかる場合はユーザを待たせることもあります。

　一方で、組込みシステムの場合は、それぞれのタスクが非同期的に発生する多くのイベントに個別に対応しなければならないことが一般的です。また、ハードウェアの制御では人間相手のように待ってもらうこともできません。

　組込みシステムにおけるマルチタスク処理について、実際の組込みシステムを例として説明していきましょう。

組込みシステムのマルチタスクの実例

　ここでは実例として、IoTエッジノードの学習用に作られたマイコンカーであるT-Carを取り上げます（写真1-1）。

　T-Carは搭載したマイコンにより制御され自動走行が可能な模型自動車です。6LoWPANによってネットワークに接続し、IoTエッジノードとして動作することができます。

写真1-1 IoTエッジノードの学習用マイコンカー T-Car

T-CarはINIAD（東洋大学情報連携学部）でIoTエッジノードの学習用の教材として開発され、実際の授業などで使用されています。

T-Carには複数のセンサーが搭載されています（図1-5）。マイコンからこれらのセンサーを使用して、走行コースを読み取り自動走行を行うことができます。

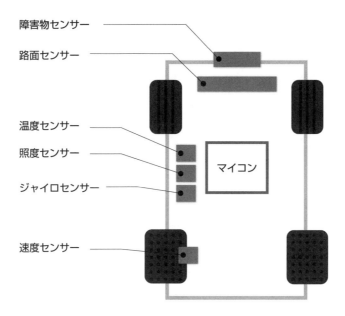

図1-5 T-Carに搭載された主なセンサー

T-Carの基本的な自動走行処理は、路面センサー、障害物センサー、速度センサーを使用して、以下のように行います。

① ハンドリング処理

路面センサーを使用して走行コースを読み取り、走行コースの変化の変化に応じて車のハンドルを制御します。適切なハンドリングを行うには、コースの変化（カーブの緩急など）を把握する必要があるので、一定の周期でセンサーを読み取り、変化量を求める必要があります。

② 速度制御処理

速度センサーを使用して走行速度を取得し、定められた速度になるように走行用モーターを制御します。速度センサーは車輪の一回転する時間を計測して、走行速度を求めます。

③ 障害物検知処理

障害物センサーを使用して走路上の障害物を検知し、車を停止させます。障害物が取り除かれれば走行を再開します。

　各処理では、それぞれのセンサーを監視し、センサーからの情報に応じて速やかに対応を実行する必要があります。

　これを逐次処理を行うプログラムで実現すると図1-6 (a) のようなフローとなります。一つのループの中で、順番にそれぞれの処理を実行していきます。

　このような逐次的な処理のプログラムでは、一定周期でのセンサーの監視や、センサーからの情報の速やかな対応を実現するのは困難です。また、ある処理が、他の処理の処理時間の影響も受けやすくなってしまいます。

　そこで各処理をタスクとして図1-6 (b) のフローのように並行して実行することにより、これらの問題を解決することができます。並行処理では、それぞれの処理ごとにループが存在し、各処理は同時に実行されています。

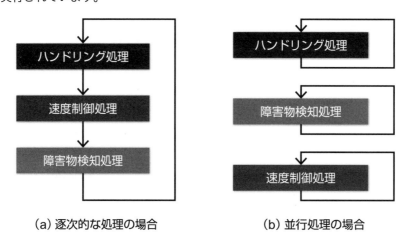

(a) 逐次的な処理の場合　　　　　(b) 並行処理の場合

図1-6 逐次的な処理と並行処理

マルチタスクの実現方法

　マルチタスクでは複数のタスクが同時に実行されています。しかし実際には、マイコンは一時に一つのプログラムしか実行できません。つまりマイコンの機能だけではマルチタスクの実現は不可能です。

　そこでOSは、複数のタスクの実行を切り替えながら実行することによってマルチタスクを実現します。

　マルチタスクの処理において、OSが実行するタスクの順番を決めていく処理をスケジューリングとよびます。そして決められたスケジューリングに従い、実際にタスクの実行を切り替える処理をディスパッチとよびます。

　スケジューリングにはさまざまな方式が存在します。一般的なものとして、マイコンの実行時間を分割して、それぞれのタスクの実行を割り当てていく時分割のスケジューリングがあります。最も単純な時分割のスケジューリングは、定めた実行時間ごとにタスクを順番に実行していく

ラウンドロビンスケジューリングです (図1-7)。

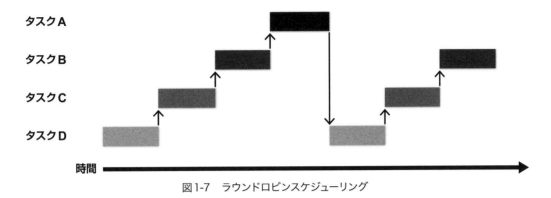

タスクA

タスクB

タスクC

タスクD

時間

図1-7　ラウンドロビンスケジューリング

　このような時分割のスケジューリングは、パソコンなど汎用コンピュータのOSのスケジュール
の基本的な考え方になっています。しかし、リアルタイムOSでは、時分割のスケジューリングは、
後述するリアルタイム性の実現に向かないため、通常は使用されません。

リアルタイム処理に適したOS

　リアルタイムOSは、その名前にもあるとおり、高いリアルタイム性を持ち、リアルタイム処理
に適したOSです。

　リアルタイム性とは、定められた時刻や期限などのリアルタイム (実時間) の制約を守ることの
できる性質です。そして、リアルタイム性が必要とされる処理をリアルタイム処理といいます。

　前項で説明したT-Carの走行処理を例とすると、ハンドリング処理では一定の時間間隔でセン
サーにアクセスすることが重要です。センサーのアクセス間隔が50ミリ秒と決められていれば、
50ミリ秒を守ることが重要であり、遅すぎても早すぎてもいけません。

　また、リアルタイム処理では時間予測とその保証も重要です。T-Carの速度制御処理では、車速
センサーで車輪の回転を検出し、一回転の時間を測って計算することで走行速度を得ています。
この処理では車輪の回転を検出したら速やかに計測処理のタスクを実行する必要があります。
そして、回転の検出からのタスク実行までの応答時間が予測可能でなければなりません。もし応答
時間が不確定であれば、車輪の回転時間の計算が不正確になります。

　また、複数の処理 (タスク) が並行して実行されているマルチタスクでは、各タスクの時間制約
が衝突する可能性があります。この場合は、それぞれの処理に対して優先度を設定できることが
重要です。たとえばT-Carの走行中に障害物センサーが障害物を検知したならば、他の処理に優先
して走行を停止しなければなりません。

　ところが、パソコンなどで使われる汎用OSは、リアルタイム処理があまり得意ではありません。
汎用OSは、時間制約を守ることよりも、さまざまな処理を少しでも早く効率よく実行することを
主眼に設計されているからです。

リアルタイム性の実現

　リアルタイムOSは、リアルタイム性を実現するために、時分割のスケジュールとは異なった、タスクに与えられた優先度に基づく優先度スケジューリングの方式を採用しています。

　実例としてμT-Kernel 3.0のタスクのスケジューリング規則を以下に示します。

① すべてのタスクには優先度が与えられている。
② OSは実行可能なタスクの中から最も高い優先度のタスクを実行する。
③ ②において同一優先度のタスクが複数存在する場合は、先に実行可能になったタスクから実行する。

　優先度スケジューリングでは、各タスクに与えられる実行時間が定まっていません。またタスクが実行される順番は優先度に従っているため、先に実行可能になった順番に実行されるわけではありません（図1-8）。

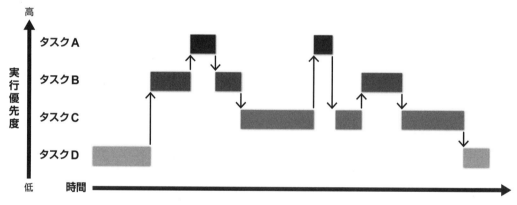

図1-8　優先度スケジューリング

スケジューリング方式の比較

リアルタイム性の観点から、優先度スケジューリングとラウンドロビンスケジューリングを比較してみましょう。

ラウンドロビンスケジューリングでは、そのときに並行して実行しているタスクの数によって、個々のタスクが実行される時間も変動しますので、時間を予測したり期限を守ったりすることが難しくなります（図1-9）。

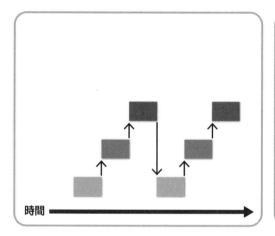
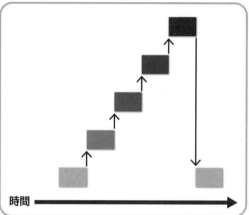

図1-9 ラウンドロビンスケジューリングはタスク数に影響を受ける

一方、優先度スケジューリングでは、優先度の高いタスクの実行は、そのタスクより優先度の低いタスクの影響を受けません。優先度の低いタスクの数が変わっても、優先度の高いタスクの動作は変わりません（図1-10）。

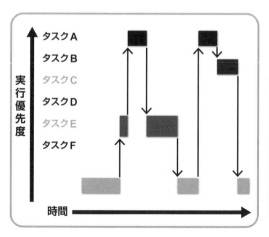
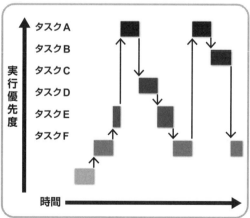

図1-10 優先度スケジューリングは優先度の高いタスクはタスク数の影響を受けにくい

　非同期的に発生するイベントへの応答も、ラウンドロビンスケジューリングは自タスクの実行時間が回ってこなければ対応できないため、定められた応答時間を守ることや、時間を予測することが困難です（図1-11）。

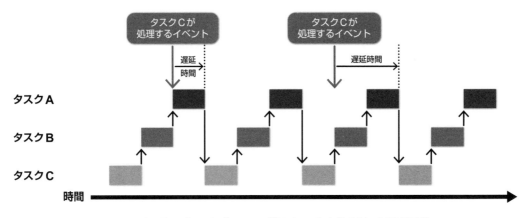

図1-11 ラウンドロビンスケジューリングはイベント応答時間の予測が困難

　優先度スケジューリングでは、発生したイベントに対応するタスクの優先度が高ければ、イベントの発生時の状態にかかわらず、タスクが実行されるため、応答時間を守ることが可能です（図1-12）。また、あるタスクの実行を阻害するのは、そのタスクより優先度の高いタスクのみですので、応答時間の予測も容易になります。

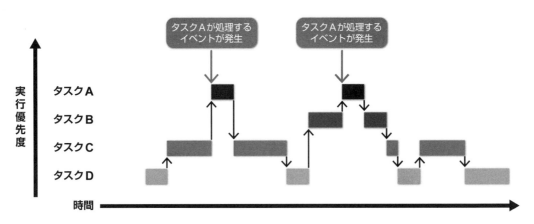

図1-12 優先度スケジュールは非同期のイベントの応答に優れる

優先度スケジューリングの注意点

リアルタイム性に優れる優先度スケジューリングですが、時分割のスケジューリングと比較して、以下のような注意点があります。

まず、各タスクに適切な優先度を設定する必要があります。リアルタイムの処理を実現するには、構成するタスクの優先度が適切であることが前提です。

タスクが実行される順番はタスクの優先度に従いますので、後から実行開始したタスクが実際には先に実行される場合もあります。アプリケーションプログラムを構成する複数のタスクが、優先度スケジューリングによってどのように実行されるかを把握する必要があります。

各タスクは必要な処理を終えたら、速やかに動作を終えて他のタスクが実行できるようにしなければなりません。イベントの発生をループ処理で待つようなプログラム（いわゆるビジーループ）は、原則として禁止されます。ループ処理の実行中は、そのタスクより優先度の低いタスクが実行できなくなってしまうからです。イベントを待つ場合は、OSの機能を利用し、タスクを待ち状態とする必要があります。

このような点から、優先度スケジューリングのプログラミングは、時分割のスケジューリングのものより、難易度が上がる傾向があります。

ハードリアルタイムとソフトリアルタイム

タスクのスケジューリングはそのOSの特徴を決める重要な要素です。組込みシステムではリアルタイム性の実現に重きをおき、優先度スケジューリングを採用しています。

一方でLinuxなどの汎用OSは、基本的には時分割によるスケジューリングを行っています。もちろん単純なラウンドロビンではなく、また一部に優先度スケジューリングも取り入れられていますが、リアルタイムOSのような優先度スケジューリングではありません。よって、リアルタイム性ではリアルタイムOSに劣ります。

組込みシステムでもLinuxなどの汎用OSが使用される場合があることは前に説明しました。汎用OSが使用される組込みシステムは、比較的に時間制約が緩く、タスクが与えられた期限内に実行を終えられなくても、致命的な欠陥を生じないシステムです。このようなシステムはソフトリアルタイムシステムとよばれます。

これに対して、タスクが期限内に実行を終えられないと致命的な欠陥を生じるようなシステムをハードリアルタイムシステムとよびます。ハードリアルタイムシステムではリアルタイムOSが使用されます。

1.2 TRONプロジェクトとμT-Kernel

本章ではTRONプロジェクトによって開発されたリアルタイムOS μT-Kernelについて、その開発に至る経緯とμT-Kernelの設計方針、特徴などを説明します。

• •

1.2.1 TRONのリアルタイムOS

TRONプロジェクトとは

　TRONプロジェクトは、産学共同のコンピュータアーキテクチャの開発プロジェクトです。1984年に発足し、リアルタイムOSを含むさまざまなコンピュータ関連の開発を進め、現在に至っています。

　TRONプロジェクトでは、プロジェクトリーダーである坂村健氏が提唱したHFDS（Highly Functionally Distributed System、超機能分散システム）または「どこでもコンピュータ」とよばれる構想の実現を目標としました。この構想は、日常生活のあらゆる部分にコンピュータが組み込まれ、それらがネットワークに接続し連携して環境を作り出していくというものです（図1-13）。

　このHFDSの考えは、のちにユビキタスコンピューティングへとつながり、今ではIoTとして実現されようとしています。

　また、TRONプロジェクトには当初からの方針として、技術情報が公開され自由に利用することができるというオープン哲学があります。TRONプロジェクトの成果は一般に公開されさまざまな分野で使用されていきました。現在ではソフトウェアの世界でオープンソースの思想が広まっていますが、発足時の1980年代では先進的な考え方でした。

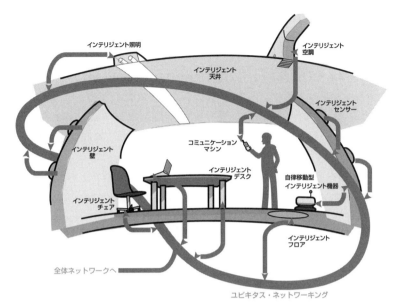

図1-13 TRON プロジェクトの「どこでもコンピュータ」構想

組込みシステム向け OS ITRON

　初期の TRON プロジェクトでは、マイコンそのものからパソコン、電話交換機の OS などさまざまな技術開発が行われましたが、その中の一つに組込みシステム向けのリアルタイム OS「ITRON」(Industrial TRON) があります。この ITRON が µT-Kernel のルーツといえます。

　ITRON は、1987年に最初の仕様がまとめられてから、1990年代にかけて組込みシステムが世の中に広まっていく中で、さまざまな分野に普及していきました。

　当時の組込みシステムの主流は 8 〜 16 ビットのマイコンであったことから、それに適応して機能を絞り込んだ µITRON が開発されました。のちに、ITRON と µITRON は µITRON 3.0 に統合されます。

　µITRON の最後のメジャーバージョンは1999年に仕様が公開された µITRON 4.0 です。すでに20年以上が経っていますが、今現在でも多くの組込みシステムで µITRON が使用され続けています。

T-Engine プロジェクトと T-Kernel

　2000年を過ぎた頃に、組込みシステムの標準プラットフォームを開発しようという新たなプロジェクトである T-Engine プロジェクトが始まりました。

　この当時は、組込みシステムのマイコンの高機能化が進み、ハイエンドのものでは 32 ビットCPU に MMU を備えたマイコンが使用され始めた時代です。組込みシステムのソフトウェア自体

も巨大化、複雑化し、開発効率の向上が重要視され始めていました。

　一方で、多くのマイコンメーカーが独自仕様のマイコンを開発していましたが、標準といえる開発環境はありませんでした。

　T-Engineプロジェクトでは、メーカーを超えた標準の開発プラットフォームを作るべく、開発用のマイコンボードからリアルタイムOS、ソフトウェアの開発環境といったさまざまな開発、整備を行っていきました。その中で開発されたリアルタイムOSがT-Kernelです。

　T-Kernelは、μITRONをベースとしつつ、当時の32ビットCPU、MMU搭載といったハイエンドのマイコンに対応したOSです。

　μITRONではOS仕様を公開していたのに対し、T-Kernelでは仕様とともにリファレンスとなるソースコードも公開されました。この背景として、μITRONの時代にはOSはアセンブリ言語でそれぞれのマイコンに最適化されたものが実装されていたのに対し、T-Kernelではその大部分をC言語で記述することが可能になり、ソースコードのレベルで標準化が可能になったということがあります。

　2000年代には、T-KernelをOSとした開発用マイコンボードであるT-Engine開発ボードが、各メーカーのさまざまなマイコン用に開発され、販売されました（写真1-2）。

　T-Engineプロジェクトは当初はT-Engineフォーラムを推進団体としていましたが、現在はTRONプロジェクト全体を扱うトロンフォーラムとなっています。

写真1-2 さまざまなT-Engineボード
搭載マイコン（括弧内は開発当時の製造メーカー）

上段左から　SH7727（日立）、SH7760（日立）、VR5500（NEC）
下段左から　ARM720-S1C（EPSON）、ARM926-MB8（富士通）

T-Kernelの展開とµT-Kernel

T-Engineプロジェクトから生まれたリアルタイムOS T-Kernelは、普及に伴い、いくつかの派生バージョンが開発されていきました (図1-14)。

その一つが本書のµT-Kernelです。元々のT-Kernelは、MMUを搭載した32ビットCPUのハイエンドのマイコンを対象としており、従来からµITRONが対応していた8〜16ビットのマイコンは対象外でした。しかし、T-Kernelが広まるとこれらのマイコンでもT-Kernelを使用したいという声が大きくなり、小規模な組込みシステム向けとしてµT-Kernelが開発されるに至りました。

TRONプロジェクトでは、数年〜十年くらいの間隔でOSのメジャーバージョンアップを行ってきています。期間が比較的長い理由は、組込みシステムの製品の寿命がやはり数年から十年以上と長く、一方で製品化の後はソフトウェアのバージョンアップは難しいといった事情に応じたものです。

2007年にリリースされたµT-Kernelの最初のバージョンは、8〜16ビットのマイコンに対応できるようにT-Kernelの基本機能のみに対応したサブセットでした。その後、2013年の次バージョンµT-Kernel 2.0で、プロファイルにより必要な機能のみを実装できるようにすることによって、T-Kernelの多くの機能を取り込みました。

現在のT-KernelとµT-Kernelの間では、機能的な差異は少なくなっています。ただし、T-KernelがMMUによるメモリ管理を前提とするのに対し、µT-KernelはMMUが実装されていないマイコン、またはMMUがあっても使用しないシステムを対象としている点が、µT-Kernelの大きな特徴として残されています。

近年ではコントローラ系のマイコンでも、32ビットCPUが主流となりつつありますので、µT-KernelはMMUを搭載しないコントローラ系のマイコン向けのリアルタイムOSといえるかと思います。

µT-Kernelは、現在は第三世代へと移行したµT-Kernel 3.0となっています。µT-Kernel 3.0についてはこの後に説明します。

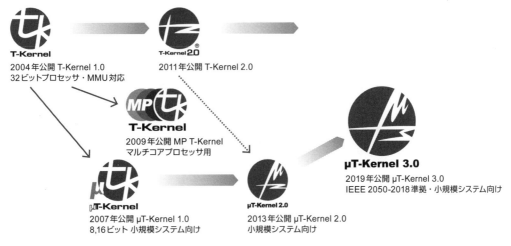

図1-14 T-Kernelの展開

1.2.2 IoT-Engine と μT-Kernel

アグリゲートコンピューティングと IoT-Engine

　現在、IoT が世の中に普及し始め、さまざまなモノが IoT エッジノードとしてネットワークに接続されるようになり始めました。しかし、実際に実現されている IoT エッジノードの機能としては、単なるリモート操作やリモート監視、特定のクラウドサービスとの連携など比較的単純なものが多く、身の回りのモノがネットワークを介して連携、協調しているとはまだまだ言い難い状況です。

　そのような中で、トロンフォーラムはアグリゲートコンピューティングというコンセプトを2015年に提唱しました。アグリゲート（Aggregate）とは「総体」、「集合」などを意味する言葉です。ネットワークにつながったさまざまなモノが、クラウドを介して連携し、総体で機能するシステムを為すというモデルです。

　現在、トロンフォーラムではアグリゲートコンピューティングの実現に向けて、クラウド側のプラットフォーム IoT-Aggregator と、IoT エッジノード側のプラットフォーム IoT-Engine の開発を推進しています。

　IoT-Engine は、トロンフォーラムで開発された IoT エッジノードの標準的なプラットフォームです。切手大の小型のマイコンボードに、IoT エッジノード向けの近距離無線通信の機能を有しています。マイコンは特定のメーカーや種類に依存せずさまざまなものが使用可能であり、ボードやコネクタの規格を定めることで標準化がなされています。

　この IoT-Engine の OS には μT-Kernel が使用されます。当初は μT-Kernel 2.0 でしたが、最近では μT-Kernel 3.0 への対応が進んでいます。

　各メーカーのさまざまなマイコンを搭載した IoT-Engine が開発されています（写真1-3）。

写真1-3 さまざまな IoT-Engine
搭載マイコン（括弧内は開発当時の製造メーカー）

上段左から　TX04 M46B（東芝デバイス＆ストレージ）、TX03 M367（東芝デバイス＆ストレージ）、
　　　　　　Nano120（Nuvoton Technology）、STM32L4（ST マイクロエレクトロニクス）
下段左から　RX231（ルネサス エレクトロニクス）、PIC32（Microchip Technology）、
　　　　　　FM0+（Cypress Semiconductor）

1.2.3 IoT エッジノードの国際標準 OS

IEEE による IoT エッジノード OS の標準化

IoT が普及する中で、TRON プロジェクトとは別に、米国の標準化団体 IEEE (Institute of Electrical and Electronics Engineers) でも、リアルタイム OS の標準化が行われました。

IEEE はそれまでに OS の標準規格として POSIX を定めていました。POSIX は主として UNIX 系の OS の標準化を行ったものであり、パソコンやサーバなど情報系コンピュータの OS 標準規格といえます。

POSIX は広く普及していますが、その一方で、IoT エッジノードが使用するリアルタイム OS の国際標準規格といえるものはありませんでした。

IEEE は IoT エッジノードの OS の標準化にあたり、組込みシステムで広く普及している TRON の OS に注目し、μT-Kernel 2.0 の仕様をベースに標準化が進められました。IEEE とトロンフォーラムとの間の協議により、μT-Kernel 2.0 の仕様の著作権が IEEE へ譲渡され（トロンフォーラムと IEEE の共有）、2018 年に IEEE 2050-2018 として正式に仕様が公開されました。

IEEE 2050-2018 と μT-Kernel

IEEE 2050-2018 は、「小規模な組込みシステム向けリアルタイム OS の IEEE 標準規格 (IEEE Standard for a Real-Time Operating System (RTOS) for Small-Scale Embedded Systems)」という位置づけのリアルタイム OS の国際標準規格です。

前述のとおり、IEEE 2050-2018 は IEEE Standards Association において μT-Kernel 2.0 の仕様をベースに仕様策定が行われました。よって、IEEE 2050-2018 と μT-Kernel 2.0 の仕様の差異は僅かです。IEEE 2050-2018 と μT-Kernel の機能の比較を表 1-4 に記します。

μT-Kernel 2.0 は基本的に MMU の使用を前提としませんが、T-Kernel 2.0 から仕様を取り込んだ際に MMU に関連する仕様も含んでいました。IEEE 2050-2018 では、それらの MMU に関連する仕様は削除されています。

また、μT-Kernel 2.0 のミドルウェアを管理するサブシステム機能は、仕様の標準化の範囲外ということで除外されています。さらに、μT-Kernel の同期通信機能の一つであるランデブ機能がレガシーな機能であり、IoT エッジノードでの使用には推奨されないという理由で削除されました。そのほか、時間管理の基準となる日時を世界標準の UTC に合わせるといった微修正が行われています。

なお、μT-Kernel の次のバージョンである μT-Kernel 3.0 では、これらの相違点をすべて吸収することにより、IEEE 2050-2018 の仕様に完全準拠しています。

表1-4 IEEE 2050-2018とμT-Kernel 2.0の機能比較

○：対応　×：非対応

機能	μT-Kernel 2.0	IEEE 2050-2018	備考
タスク管理	○	○	MMUに関連する機能はIEEEでは削除
タスク付属同期	○	○	
タスク例外	○	○	
セマフォ	○	○	
イベントフラグ	○	○	
メールボックス	○	○	
ミューテックス	○	○	
メッセージバッファ	○	○	
ランデブ	○	×	レガシーな機能としてIEEEでは非対応
固定長メモリプール	○	○	
可変長メモリプール	○	○	
システム時刻管理	○	○	UTC（UNIX表現）のシステム時刻をIEEEで追加
周期ハンドラ	○	○	
アラームハンドラ	○	○	
割込みハンドラ	○	○	
システム状態管理	○	○	
サブシステム	○	×	ミドルウェアに関する機能なのでIEEEでは対象外
システムメモリ管理	○	○	MMUに関連の機能はIEEEでは削除
アドレス空間管理	○	×	MMUを前提とする機能なのでIEEEでは削除
デバイス管理	○	○	
割込み管理	○	○	
I/Oポートサポート	○	○	
省電力	○	○	
システム構成管理	○	○	
メモリキャッシュ	○	○	
物理タイマ	○	○	
ユーティリティ	○	○	

μT-Kernel 3.0の特徴

μT-Kernel 3.0は2019年にトロンフォーラムより公開されたμT-Kernelの最新バージョンであり、現時点で最も新しいTRONのリアルタイムOSです。

μT-Kernel 3.0ではμT-Kernel 2.0から6年ぶりのメジャーバージョンアップということで、全面的に仕様の再検討およびリファレンスのソースコードの再実装が行われました。

μT-Kernel 3.0の具体的な機能やプログラミングについては、次章および第2部［実践編］で説明しますので、ここではμT-Kernel 3.0の主な新しい特徴について説明します。

● IEEE 2050-2018準拠

仕様面では、IEEE 2050-2018の規格に完全に準拠しました。なお、IEEE 2050-2018では対象外となったサブシステム機能にも対応します。

ただし、これまで説明してきたとおり、IEEE 2050-2018はもともとμT-Kernel 2.0をベースとしていますので、その仕様上の差異は僅かです。

● 新規マイコンの対応と移植性の改善

近年のマイコンでは、さまざまなI/Oデバイスが内蔵されるようになり、かつてはマイコンボード上の複数のチップで実現していた機能が1チップのマイコンで対応できるようになっています。一方で、Armマイコンに代表されるように、CPUコアについてはメーカーを超えて共通化される傾向があります。

T-KernelやμT-Kernelでは、従来から、特定のマイコンやハードウェアに依存しないように、ソースコードのハードウェア依存部をOSの共通部から分離した構成としてきました。μT-Kernel 3.0では、これを最近のマイコンの状況に合わせて再整理しました。

また、リファレンスのソースコードでは、主要なCPUコアへの対応を進めました。表1-5にリファレンスのソースコードが対応しているマイコンを示します。なお、この情報は執筆時のバージョン3.00.05のものであり、今後も対応マイコンは拡大していく予定です。

表1-5 μT-Kernel 3.0のリファレンス・ソースコードが対応するマイコン

対応マイコン	CPUコア	メーカー
TMPM367FDFG	Arm Cortex-M3	東芝デバイス＆ストレージ
STM32L486VG	Arm Cortex-M4F	STマイクロエレクトロニクス
RZ/A2M	Arm Cortex-A9	ルネサス エレクトロニクス
RX231	RXv2	ルネサス エレクトロニクス

● 最近の開発環境への対応

　μT-Kernel 2.0までのトロンフォーラムの標準的な開発環境では、プログラムの自動ビルドツールmakeやスクリプト言語Perlの使用を前提としており、リファレンスのソースコードもそれに対応する構成となっていました。

　makeやPerlは、単一のソースコードから各種のマイコンに対応した実行コードをビルドするために使用されていました。これらの開発ツールはT-Kernel 1.0の開発時において、広く一般的に使用されていたものです。

　しかし、現在でもmakeやPerlは使われているものの、必ずしも一般的な開発環境ではなくなってきています。また、近年では組込みシステムの開発においても、統合開発環境(IDE)を使うケースが増えています。これらの開発環境で従来のμT-Kernelの開発を行おうとすると、ソースコードの構成などを変更しなければならない場合がありました。

　そこで、μT-Kernel 3.0のソースコードでは、従来のmake、Perlなどのツールを前提とした開発環境から、特定の開発環境に極力依存しない方針に変更しました。これに伴い、ソースコードのツリーの中にあったmakeのビルド用ディレクトリ階層を削除するなどの変更がなされています。

　μT-Kernel 3.0は、C言語のプログラミング環境であれば、ソースコードの構成などを変更することなくビルドができるようになっています。執筆時点でEclipse、STM32CubeIDE、e^2 studio、SEGGER Embedded Studioなど各種の統合開発環境での実績があります。

Gitベースの開発とGitHubからのリリース

　μT-Kernel 3.0から、その開発にバージョン管理システムGitが利用されるようになりました。μT-Kernel 3.0のリファレンスのソースコードは、従来のWebからのダウンロードに代わって、GitHubから公開されています。

　これまでの組込みシステムでは、製品ソフトウェアの保守の観点から、OSの頻繁なバージョンアップは敬遠される傾向がありました。しかし、GitHubを利用することにより、バージョン間の差異の把握や過去の特定バージョンの取得などが容易になりましたので、より細かいバージョンアップが可能となりました。

　また、正規のバージョンアップに先駆けて、評価用のプレリリース版を公開するなどの対応も速やかに行われるようになりました。

　現在、トロンフォーラムでは、μT-Kernel 3.0に関連してGitHubに以下のリポジトリを公開しています。

● μT-Kernel 3.0 (mtkernel_3)

https://github.com/tron-forum/mtkernel_3

μT-Kernel 3.0のソースコードを公開しています。

このリポジトリの「Releases」から、μT-Kernel 3.0の正式版およびプレリリース版のソースコードを取得することができます。

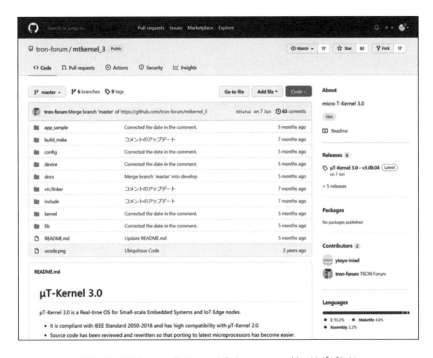

図1-15 GitHubのμT-Kernel 3.0ソースコードのリポジトリ

● μT-Kernel 3.0 開発環境コレクション (mtk3_devenv)

https://github.com/tron-forum/mtk3_devenv

各種の開発環境向けに、μT-Kernel 3.0とプロジェクトファイル等のセットを公開しています。

μT-Kernel 3.0ではさまざまな開発環境を使用することができますが、自分で開発環境の構築を行うには、プロジェクトの作成など、ある程度の知識と作業が必要です。そこで、作成済みのプロジェクトを提供することにより、より簡単に開発環境の構築ができるようにしています。

執筆時点では、表1-6の開発環境に対応しています。

表1-6 μT-Kernel 3.0 開発環境コレクションが対応する開発環境

開発環境	開発元	対応マイコン
Eclipse	Eclipse Foundation	TMPM367FDFG
		STM32L486VG
STM32CubeIDE	ST マイクロエレクトロニクス	STM32L486VG
e² studio	ルネサス エレクトロニクス	RX231
		RZ/A2M
Embedded Studio	SEGGER	TMPM367FDFG
		STM32L486VG

● μT-Kernel 3.0 BSP コレクション (mtk3_bsp)

https://github.com/tron-forum/mtk3_bsp

　市販のマイコンボードに μT-Kernel 3.0 を移植したうえで、基本的なデバイスドライバ等もあわせて提供するパッケージとして、BSP（Board Support Package）を公開しています。

　市販のマイコンボードを使って、μT-Kernel 3.0 の学習、評価や、ソフトウェアの開発が容易に行えることを目的としています。

　執筆時点で BSP コレクションが対応しているマイコンボードを表1-7 に示します。

表1-7 μT-Kernel 3.0 BSP コレクションが対応するマイコンボード

マイコンボード	搭載マイコン	メーカー
STM32L476 Nucleo-64	STM32L476	ST マイクロエレクトロニクス

　GitHub と μT-Kernel 3.0 については Appendix-1 も参考にしてください。

μT-Kernel 3.0 のライセンス

トロンフォーラムが公開している μT-Kernel 3.0 のソースコードは、誰もが無償で自由に使用できるオープンソースのプログラムです。個人での利用はもちろん、開発した製品に μT-Kernel 3.0 を組み込んで販売することもできますし、そのような場合でも特別な申請などは必要ありません。

μT-Kernel 3.0 の利用ライセンスは、トロンフォーラムが定めたオープンソースの利用ライセンス T-License 2.2 です。T-License 2.2 の原文はトロンフォーラムの Web に掲載されていますが、以下に要点を説明します。

・ μT-Kernel 3.0 は、商用利用も含めて無償で利用できます。ただし、製品に組み込んで使用する場合には、トロンフォーラムの μT-Kernel 3.0 を使用していることについて、マニュアルなどへのロゴや文章の表示で示す必要があります。製品化の際には、必ずトロンフォーラムの Web に記載されている注意事項をご確認ください。

・ μT-Kernel 3.0 では、ソースコードの変更も自由に行うことができます。ただし、オリジナルから変更した μT-Kernel 3.0 のソースコードを一般に公開したり配布したりする場合は、T-Kernel Traceability Service への登録が必要です。これは、ソフトウェアの不具合などが生じた場合のトレースのために、トロンフォーラムが行っている活動の一環となるものです。ただし、GitHub でリポジトリのクローンを行う場合は、GitHub によりレビジョン管理が行われていますので、それとは別に T-Kernel Traceability Service に登録する必要はありません。

トロンフォーラムの Web にある以下の説明もあわせてご覧ください。

● **T-License 2.2**

https://www.tron.org/ja/wp-content/uploads/sites/2/2020/03/TEF000-219-200401.pdf

● **T-License の FAQ**

https://www.tron.org/download/index.php?route=information/information&information_id=57

● **改変版 μT-Kernel 3.0 の配布方法**

http://trace.tron.org/tk/getting_started3.html

● **ソースコード利用の表示方法について**

https://www.tron.org/download/index.php?route=information/information&information_
id=91/?language=jp

1.3 μT-Kernel 3.0の基本

本章ではμT-Kernel 3.0のプログラミングについて、一般的なアプリケーションのプログラムの作成に必要な基本事項を説明します。

第2部の「2.2 動かして覚えるリアルタイムOS」では具体的なプログラムの例をあげて説明します。本章でμT-Kernel 3.0の基本を学んだうえで、実際にプログラムを動かすと理解が深まります。

本書ではμT-Kernel 3.0のすべての仕様を説明していません。μT-Kernel 3.0の仕様の詳細は、トロンフォーラムの以下のURLから「μT-Kernel 3.0 仕様書」が入手できますので、興味のある方はご覧ください。
https://www.tron.org/ja/specifications/

1.3.1 μT-Kernel 3.0のソフトウェア

ソフトウェアの構成

　μT-Kernel 3.0をOSとしたソフトウェアの構成を図1-16に示します。

　ソフトウェアは大きくアプリケーションとシステムソフトウェアに分かれます。

　アプリケーションは特定の用途に必要となる機能を実現するためのプログラムであり、組込みシステムの場合も、その製品特有の機能を実現するのはアプリケーションです。

　システムソフトウェアは、アプリケーションをマイコン上で実行するための、OSを中心としたプログラムです。

　システムソフトウェアは以下から構成されます。

(1) OS

　システムソフトウェアの中心となるプログラムです。本書ではμT-Kernel 3.0がこれに該当します。

(2) デバイスドライバ

　デバイスドライバは、I/Oデバイスを制御するソフトウェアであり、I/Oデバイスごとに存在します。μT-Kernel 3.0のデバイス管理機能のAPIを用いて、アプリケーションからデバイスドライバを操作することができます。

(3) サブシステム

　サブシステムはOSの機能を拡張するためのプログラムです。サブシステムの主な目的はミドルウェアの実装です。μT-Kernel 3.0のサブシステム管理機能のAPIを用いて、アプリケーションからサブシステムを操作することができます。

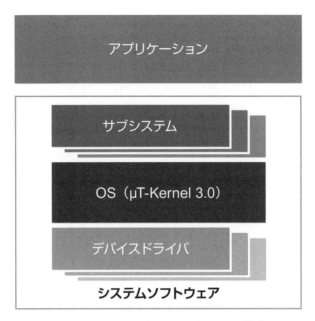

図1-16 μT-Kernel 3.0のソフトウェアの構成

プログラミング言語と実行コード

　μT-Kernel 3.0では、プログラミング言語に主としてC言語を使用します。μT-Kernel 3.0自体も基本的にはC言語で記述されています。ただし、μT-Kernel 3.0のハードウェア制御の一部にはアセンブリ言語も使用されています。アプリケーションでもアセンブリ言語の使用は可能ですが、本書ではC言語のプログラミングのみを説明します。

　C言語のソースコードは、Cコンパイラなどによって最終的にマイコンが機械語として直接実行できる実行コード（オブジェクトコード）に変換されます。これを実行コードのビルド（構築）といいます。

　パソコンでは一般に、アプリケーションごとに実行コードがビルドされ、それぞれが独立の実行オブジェクト（実行コードの固まり）となるのが一般的です。また、パソコンのシステムソフトウェアはアプリケーションとは別の独立した実行オブジェクトです。

　μT-Kernel 3.0の場合は、アプリケーションとシステムソフトウェアを一つの実行オブジェクトにビルドすることもできますし、アプリケーションとシステムソフトウェアを独立した実行オブジェクトにビルドすることや、アプリケーションを複数の実行オブジェクトに分けてビルドすることも可能です。しかし、IoTエッジノードなどの小規模な組込みシステムでは、すべてのプログラムを一つの実行オブジェクトとしてビルドする手法が一般的です。

APIとデータ型

API（Application Programming Interface）はアプリケーションからシステムソフトウェアの機能を呼び出すためのインタフェースです。

μT-Kernel 3.0のAPIは、C言語の関数として定義されています。APIの多くはシステムコールとよばれる、以下の形式の名前を持つC言語関数です。

tk_<操作>_<操作対象>

たとえば、タスクを生成するAPIは「tk_cre_tsk」というC言語の関数です。「cre」が生成（create）の操作を表し、「tsk」が操作対象であるタスク（task）を表しています。

APIには、システムコールのほかにライブラリ関数も存在します。ライブラリ関数は名前の最初に「tk」が無いので区別できます。両者の違いは、システムコールはOSの内部で実行されるのに対し、ライブラリ関数はタスクの一部として実行される点です。ライブラリ関数はハードウェアレベルの低水準な制御などに使用されます。

μT-Kernel 3.0では、APIの引数や戻り値などに、μT-Kernel 3.0で独自に定義されたデータ型を使用します。

μT-Kernel 3.0で定義された主な整数データの型を表1-8に示します。整数データの型を独自に定義する理由は、C言語の標準のデータ型ではデータの具体的なサイズが不明確な場合があるからです。たとえば、C言語の基本的な整数型であるint型のサイズは、対象とするコンピュータによって16ビットであったり32ビットであったりと変わります。組込みシステムのプログラミングでは、データのサイズを明確にすることが必要な場合が多いので、このような型の使用は避けなければなりません。ただし、C言語も規格が改定され、現在ではサイズを明確にしたデータ型も使えるようになっています。

表1-8 μT-Kernel 3.0の主な整数データ型

データ型名	意味
B	符号付き 8ビット整数
H	符号付き 16ビット整数
W	符号付き 32ビット整数
D	符号付き 64ビット整数
UB	符号無し 8ビット整数
UH	符号無し 16ビット整数
UW	符号無し 32ビット整数
UD	符号無し 64ビット整数
INT	符号付き整数（サイズはCPUに依存）
UINT	符号無し整数（サイズはCPUに依存）

整数データ以外に、特定の意味を持つデータ型も定義されます。μT-Kernel 3.0で定義された整数以外の主なデータ型を表1-9に示します。

表1-9 μT-Kernel 3.0の整数以外の主なデータ型

データ型名	意味
ID	カーネルオブジェクトのID番号
ATR	カーネルオブジェクトの属性
ER	エラーコード
PRI	優先度
TMO	タイムアウト時間
SZ	サイズ
BOOL	ブール値（TRUE:真、FALSE:偽）

μT-Kernel 3.0のデータ型の中で、ER型はエラーコードを示します。APIの多くは戻り値としてエラーコードを返します。

エラーコードは負の値の整数です。ただし、エラーが発生しなかったことを示すE_OKの値は0です。つまり、エラーコードを返すAPIの戻り値が負の場合は、API実行中にエラーが発生したと判断することができます。

μT-Kernel 3.0で定義された主なエラーコードを表1-10に示します。

表1-10 μT-Kernel 3.0の主なエラーコード

名称	意味	説明
E_OK	正常終了	APIの処理が正常に終了
E_NOSPT	未サポート機能	指定した機能がこのOSの実装では対応していない
E_RSATR	不正属性	指定した属性が未定義または未サポート
E_ID	不正ID番号	APIの引数で指定したID番号が不正（範囲外など）
E_NOEXS	オブジェクトが存在せず	APIの引数で指定したID番号のオブジェクトは存在しない
E_LIMIT	システム制限の超過	APIの引数で指定した値がOSの制限の範囲を超えた
E_PAR	パラメータエラー	APIの引数に誤りがある（E_ID,E_NOEXS,E_LIMIT以外の誤り）
E_CTX	コンテキストエラー	そのAPIをコールしてはいけない状態でコールした
E_NOMEM	メモリ不足	APIの処理中にメモリが不足した
E_OBJ	オブジェクト状態が不正	APIが操作対象とするオブジェクトの状態が不正
E_TMOUT	タイムアウト	APIの処理が指定した時間を超過しても終わらなかった

カーネルオブジェクト

μT-Kernel 3.0 では操作対象をオブジェクトとよびます。オブジェクトという名称はさまざまな意味で使われますので、本書では区別するためにカーネルオブジェクトとよぶこととします。

プログラムの実行単位であるタスクも、カーネルオブジェクトの一つです。また、この後に説明するタスク間の通信や同期にも各種のカーネルオブジェクトが利用されます。表1-11にμT-Kernel 3.0のカーネルオブジェクトの一覧を示します。表中の略称はAPIなどで使用されるものです。

表1-11 μT-Kernel 3.0のカーネルオブジェクト

機能分類	名称	略称
タスク	タスク	tsk
同期・通信	セマフォ	sem
	ミューテックス	mtx
	イベントフラグ	flg
	メッセージバッファ	mbf
	メールボックス	mbx
メモリ管理	可変長メモリプール	mpl
	固定長メモリプール	mpf
タイムイベント	アラームハンドラ	alm
	周期ハンドラ	cyc

カーネルオブジェクトには以下の共通の規則があります。

(1) カーネルオブジェクトはAPIにより生成・削除される

カーネルオブジェクトは必ずAPIによって生成されます。つまり、カーネルオブジェクトを使用するにはまずAPIを使って生成しなくてはなりません。また、使用の終わったカーネルオブジェクトはAPIを使って削除します。

カーネルオブジェクトを生成するAPIは、tk_cre_XXX、削除するAPIはtk_del_XXXの形式の名称です。XXXの部分に対象とするカーネルオブジェクトの略称が入ります。

(2) カーネルオブジェクトはID番号により管理される

カーネルオブジェクトが生成されると、ID番号が割り当てられます。ID番号はカーネルオブジェクトを生成するAPIの戻り値として返ってきます。ID番号は自動的に割り当てられますので、特定の値を指定することはできません。

カーネルオブジェクトをAPIで操作するには、ID番号を使って対象となるカーネルオブジェクトを指定します。

1.3.2 タスク

タスクとタスク管理機能

　タスクはプログラムの基本的な実行単位です。µT-Kernel 3.0上で実行されるプログラムは、基本的には複数のタスクの集合であり、アプリケーションもまた複数のタスクの集合といえます。ただし、タスク以外にハンドラとよばれる実行単位も存在します。ハンドラについては後の項で説明します。

　µT-Kernel 3.0では、APIによってタスクに関する各種の操作を行うことができます。これらの機能をタスク管理機能とよんでいます。タスク管理機能の主なAPIを表1-12に示します。

　タスクは前項で説明したようにカーネルオブジェクトの一種ですので、APIによって生成され、また生成の際に割り当てられたID番号で管理されます。

表1-12 タスク管理機能の主なAPI

API名	機能
tk_cre_tsk	タスクの生成
tk_sta_tsk	タスクの起動（タスクの動作開始）
tk_ext_tsk	自タスクの終了
tk_del_tsk	タスクの削除
tk_exd_tsk	自タスクの終了と削除

初期タスクとusermain関数

　タスクは、プログラムからAPIを使って生成し、実行開始します。ただし、プログラムで最初に実行されるタスクだけはµT-Kernel 3.0が生成して実行開始します。

　この最初のタスクは初期タスクとよばれます。初期タスクはµT-Kernel 3.0の起動時に生成・実行され、以下のように動作します。

(1) システムソフトウェアの初期化処理

　デバイスドライバの登録など、システムソフトウェアの初期化処理を実行します。

(2) アプリケーションの実行

　アプリケーションのメイン関数を実行し、アプリケーションを開始します。アプリケーションのメイン関数はusermainという名称の関数です。usermain関数の内容は、アプリケーションに応じて自由に記述することができます。

　usermain関数は、アプリケーションで使用するタスクの生成、実行、その他のカーネルオブジェクトの生成など、アプリケーションの初期化処理を行います。

(3) システムソフトウェアの終了処理

アプリケーションのメイン関数（usermain関数）が終了すると、システムソフトウェアの終了処理を行います。µT-Kernel 3.0の動作も終了します。

注意すべき点は、usermain関数が終了すると、他のタスクなどが実行中であっても、システムソフトウェア全体が終了してしまうことです。このため、アプリケーションの実行中にusermain関数が終了しないようにしなければなりません。

タスクの優先度

タスクを生成する際にそのタスクの優先度の初期値を指定します。タスク生成後はAPIによって優先度を変更することもできます。

タスクの優先度は、タスクの優先度スケジューリングで使用される値です（優先度スケジューリングについては「1.1.3. リアルタイムOSとは」の説明を参照してください）。

タスクの優先度は、1から始まる正の整数です。最大値はµT-Kernel 3.0のビルド時に決めることができますが、16以上であることが仕様で定められています。

タスクの優先度は値が小さいほど優先度は高くなります。つまり、優先度1が最も高い優先度です。

タスクの属性

タスクの属性は、そのタスクの性質を表します。タスクの生成時に指定し、生成後は変更することはできません。

タスクの属性には表1-13に示すようにさまざまなものがあり、複数を同時に指定することもできます。

一般的なアプリケーションのタスクで指定される属性は、TA_HLNG属性とTA_RNG3属性の二つです。TA_HLNG属性はそのタスクがC言語で記述されていることを示します。TA_RNG3属性はそのタスクが保護レベル3（アプリケーションの保護レベル）で実行されることを示します。

TA_SSTKSZ、TA_USERSTACK、TA_USERBUFの属性はスタック関連の属性です。指定しなかった場合はシステムのデフォルト値が使われます。通常はデフォルト値で問題ありません。

TA_FPU属性やTA_COPn属性は、マイコンにFPU（浮動小数点演算ユニット）やコプロセッサが搭載されていて、タスクからその機能を使用する際に指定します。FPUやコプロセッサはマイコンのハードウェアに依存しますので、マイコンごとのµT-Kernel 3.0の実装仕様で詳細が決められています。

表1-13 タスクの属性

属性名	意味
TA_HLNG	対象タスクは高級言語（C言語）で記述されている
TA_ASM	対象タスクはアセンブリ言語で記述されている
TA_RNGn	対象タスクを保護レベルnで実行する nは0〜3の値であり、以下の意味がある 保護レベル／意味 0: OS、サブシステム、デバイスドライバなど 1: 特権レベルのタスク 2: 未使用（予約） 3: アプリケーションのタスク
TA_SSTKSZ	システムスタックのサイズを指定する
TA_USERSTACK	ユーザスタックの領域を指定する
TA_USERBUF	ユーザが指定した領域をスタックに使用する
TA_DSNAME	デバッグ用のオブジェクト名を使用する
TA_FPU	FPU（浮動小数点演算ユニット）を使用する
TA_COPn	コプロセッサnを使用する nの値の範囲はマイコンの仕様に従って決まる

タスクの状態

　タスクはそれぞれ状態を持ち、APIによって状態を変化させながら実行していきます。

　タスクの状態の中で重要なものは「休止状態」、「実行状態」、「実行可能状態」、「待ち状態」です。このうち、実行状態と実行可能状態を総称して「実行できる状態」とよびます。タスクの主な状態とその遷移を図1-17に示します。

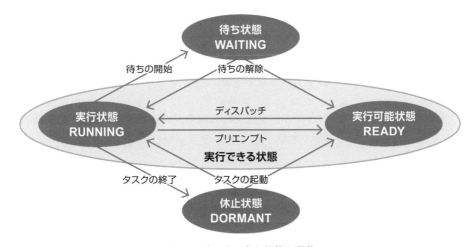

図1-17 タスクの主な状態と遷移

タスクの主な状態について以下に説明します。

(1) 休止状態 (DORMANT)

タスクがまだ実行されていないか、もしくは実行が終了して、停止している状態です。この状態のタスクのプログラムは実行されません。タスクが生成された直後は「休止状態」です。「休止状態」のタスクは、タスクの起動API (tk_sta_tsk) によって、「実行できる状態」に遷移します。

(2) 実行できる状態

タスクを実行する準備ができている状態です。ただし、実際に実行できるタスクは同時には一つだけです。よって、「実行できる状態」のタスクの中で一番に優先度の高いタスクが「実行状態」となります。同じ優先度のタスクが複数ある場合は、先に「実行できる状態」となったタスクが「実行状態」となります。

(2-1) 実行状態 (RUNNING)

タスクが実行中の状態です。ある一時において実行状態のタスクはただ一つです。

(2-2) 実行可能状態 (READY)

タスクを実行する準備はできていますが、より優先度の高いタスクが実行状態のために、実行されるのを待っている状態です。

「実行できる状態のタスク」の中から優先度に従って実行すべきタスクを決め、「実行状態」とする動作のことをディスパッチといいます。逆に、「実行状態」のタスクを一時中断して実行可能状態にする動作を「プリエンプト」といいます。

「実行状態」のタスクは、自タスクの終了API (tk_ext_tsk) によって、「休止状態」に遷移します。また、各種のAPIにより待ち状態に遷移します。

(3) 待ち状態 (WAITING)

何らかの条件の成立を待って、タスクが実行を一時中断している状態です。待ちの条件にはさまざまなものがあります。具体的な例はこの後で説明していきます。

タスクの待ち条件が成立すると「実行できる状態」に遷移します。

タスクの状態にはこのほかに、タスクが生成される前の仮想的な状態である「未登録状態」と、「強制待ち状態」があります。強制待ちはアプリケーションでは使用を禁止されていますので、本書では扱いません。

1.3.3 タスクの基本的な同期

タスクの同期とは

　タスクの同期とは、複数のタスクの間で時間的な動作のタイミングを合わせることです。µT-Kernel 3.0 ではマルチタスクの機能によって複数のタスクが同時に並行して実行されますが、これらのタスクの間に何らかの依存関係がある場合には、タスクの同期が必要となります。

　たとえば、あるタスクの処理が終わってから次のタスクの処理を行うといったように、処理の実行順序を守る必要がある場合に、同期の機能を利用します。

　具体的な例としては、あるタスクがセンサーからデータを取得し、別のタスクがそのデータを使用してデータ処理を行う場合、データ取得とデータ処理の順番を守らなくてはなりません。

　µT-Kernel 3.0 はタスクの同期を実現するためにさまざまな機能をもっています。そのうち、タスクに対する直接的な操作によってタスク間の同期を行う機能をタスク付属同期機能とよびます。タスク付属同期機能の主な API を表 1-14 に示します。

表1-14 タスク付属同期機能の主な API

API名	機能
tk_dly_tsk	タスクの遅延(タスクの動作の一時停止)
tk_wup_tsk	タスクの起床要求
tk_slp_tsk	タスクの起床待ち

タスクの動作の一時停止

　マルチタスクの実行環境では、タスクが自分の必要な処理を終えたら、速やかに他のタスクが動作できるようにすることが重要です。

　このような場合、タスクの遅延 API (tk_dly_tsk) を呼び出し、一時的にタスクの動作を停止して他のタスクに実行の権利を譲ることができます。API を呼び出したタスクは指定した時間の経過待ちの状態となります。

タスクの起床

タスクの処理の順序を同期させたい場合は、タスクの起床要求 API (tk_wup_tsk) とタスクの起床待ち API (tk_slp_tsk) を使用するとこれを実現できます。

タスクの起床を使った同期の方法を以下に示します。

・後から処理を実行するタスク

後から処理を実行するタスクは、その処理の前にタスクの起床待ち API (tk_slp_tsk) を呼び出し、起床待ち状態に遷移します。他のタスクから起床されるまで待ち状態は続きます。

・先に処理を実行するタスク

先に処理を実行するタスクは、その処理を実行し終えたら、タスクの起床要求 API (tk_wup_tsk) を呼び出し、待っているタスクを起床します。

タスクの起床待ち API とタスクの起床要求 API には、呼び出される順番の制約はありません。

タスクの起床待ち API を呼び出した際に、すでにタスクの起床要求 API が呼び出されていた場合は、待ち状態に遷移せずに実行が継続されます。

また、起床要求の回数はカウントされます。たとえば、起床待ち API を呼び出す前に、起床要求 API を2回呼び出したとすると、2回の起床待ち API が起床待ち状態とならずに実行が継続されます。つまり、タスクの起床 API とタスクの起床待ち API は一対一で対応します。

タスクの起床による同期の流れ

タスクの起床要求 API (tk_wup_tsk) とタスク起床待ち API (tk_slp_tsk) による同期の流れを、以下に例をあげて説明します。

二つのタスク TASK-A、TASK-B があり、TASK-A の処理のあとに TASK-B の処理を実行したい場合を考えます。TASK-A と TASK-B は以下のように API を使用して同期をとります。

・TASK-A の動作

TASK-A は処理の終了後に、タスク起床 API (tk_wup_tsk) を呼び出し、TASK-B に起床を要求します。

・TASK-B の動作

TASK-B は処理の前に、タスク起床待ち API (tk_slp_tsk) を呼び出し、TASK-A から起床が要求されるまで起床待ち状態となって動作を一時中断します。

TASK-AとTASK-Bのどちらが先にAPIを呼び出すかにかかわらず、どちらの場合でも以下のようにTASK-Aの処理の後にTASK-Bの処理が実行されるようになります。

まずTASK-Bが先にタスク起床待ちAPI（tk_slp_tsk）を呼び出した場合を図1-18-aに示します。

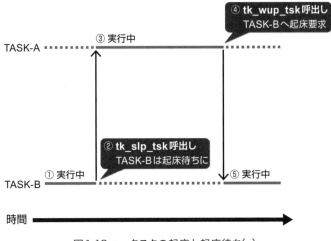

図1-18-a　タスクの起床と起床待ち(a)

図1-18-aの流れを説明します。

① 最初にTASK-Bが実行状態、TASK-Aが実行可能状態とします（優先度はTASK-Bが高いとします）。
② TASK-Bはタスクの起床待ちAPI（tk_slp_tsk）を呼び出して起床待ち状態に遷移します。
③ TASK-Aが実行状態になります。
④ TASK-Aはタスクの起床要求API（tk_wup_tsk）を呼び出し、TASK-Bに起床要求を行います。
⑤ TASK-Bは起床待ちの条件が成立したので実行状態となります。

　次に、TASK-Aが先にタスクの起床要求API（tk_wup_tsk）を呼び出した場合を図1-18-bに示します。

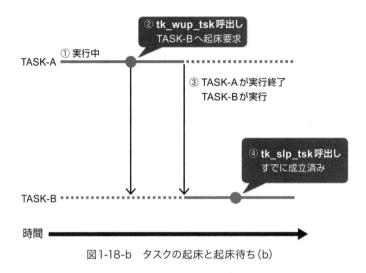

図1-18-b　タスクの起床と起床待ち（b）

　図1-18-bの流れを説明します。

① 最初にTASK-Aが実行状態、TASK-Bが実行可能状態とします（優先度はTASK-Aが高いとします）。
② TASK-Aはタスクの起床要求API（tk_wup_tsk）を呼び出し、TASK-Bに起床要求を行います。TASK-Aは実行状態のままですので、TASK-Bの実行可能状態も継続します。
③ TASK-Aが実行を終えTASK-Bが実行状態になります。
④ TASK-Bがタスクの起床待ちAPI（tk_slp_tsk）を呼び出します。このとき、すでにTASK-Aによる起床要求が行われていますので、起床待ちの条件は成立し、TASK-Bは実行を継続します。

1.3.4 イベントフラグ

イベントとイベントフラグ

　イベントフラグは、主にタスク間の同期を制御するために使用されるμT-Kernel 3.0のカーネルオブジェクトです。

　イベントとは、有・無で表現できるプログラム上の何らかの情報です。たとえば、「データの準備ができた」や「ボタンが押された」などがイベントの例です。

　イベントの有・無は1ビットのデータで表現することができます。このイベントの有・無を表現するビットの集まりがイベントフラグです。イベントフラグは、前項で説明したタスクの起床による同期に比べて、より多くの情報を伝えることができ、また複数のタスク間で同期を行うことができます。

　イベントフラグはμT-Kernel 3.0のAPIで操作します。イベントフラグを制御する主なAPIを表1-15に示します。

表1-15 イベントフラグを制御する主なAPI

API名	機能
tk_cre_flg	イベントフラグの生成
tk_set_flg	イベントフラグのセット
tk_clr_flg	イベントフラグのクリア
tk_wai_flg	イベントフラグ待ち
tk_del_flg	イベントフラグの削除

イベントフラグの操作

　イベントフラグは、1ビットのデータの集まりです。一つのイベントフラグのビットの数は、そのマイコンのUINT型のサイズとなっていますので、C言語のint型のサイズと一致します。

　イベントフラグの個々のビットに対し、APIによりセット、クリアの操作ができます。セットはビットを1にすることであり、クリアはビットを0にすることです。また、APIによりイベントフラグの特定のビットがセットされるまで、タスクを待ち状態にすることができます（図1-19）。

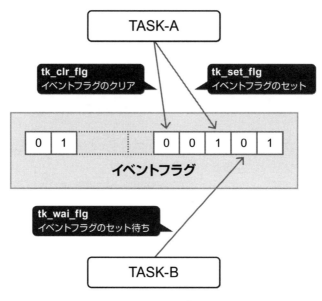

図1-19 イベントフラグの操作

イベントフラグを使ったタスク間の同期の基本的な操作手順を以下に示します。

(1) 最初にイベントフラグの生成 API(tk_cre_flg)でイベントフラグを生成します。

(2) イベントを知らせるほうのタスクは、イベントが発生したならば、イベントフラグのセット
API(tk_set_flg)を呼び出すことによって、対応するイベントフラグのビットをセットします。
一つの API で同時に複数のビットをセットすることができます。

(3) イベントを待つほうのタスクは、イベントフラグの待ち API(tk_wai_flg)を呼び出すことに
よって、イベントの発生を待ちます。指定したビットがセットされるまで、タスクはイベント
フラグの待ち状態となり、動作を一時中断します。すでに指定したビットがセットされていた
場合は、待ち状態にはならずに動作が継続されます。
なお、ビットのセットを待つことはできますが、ビットのクリアを待つことはできません。

(4) イベントを待つほうのタスクは、イベントの待ちが解除されたら、そのイベントフラグのビッ
トをクリアし、次のイベントが受け取れるようにします。イベントフラグをクリアするには、
イベントフラグのクリア API(tk_clr_flg)を呼び出すか、または API の指定によりイベント
フラグの待ちが解除されたときに自動的にクリアすることもできます。

複数のイベント待ち

イベントフラグの待ち API（tk_wai_flg）では、一つのイベントフラグの中の複数のビットを同時に待つことができます。その際、待ち条件として以下を選択できます。

・AND待ち　指定したビットがすべてセットされるまで待つ
・OR待ち　指定したビットのいずれかがセットさせるまで待つ

なお、AND待ちとOR待ちを組み合わせることはできません。

イベントフラグによる複数のタスクの同期

イベントフラグによるタスク間の同期は、一対一のタスク間だけではなく、複数のタスク間で行うことができます。

イベントフラグのセットは、特定のタスクだけではなく、複数のタスクから行うことができます。

一方、イベントフラグを待つタスクは、イベントフラグ生成時の属性により、複数のタスクの待ちを許すか否かが決められます。

TA_WMUL属性のイベントフラグでは、複数のタスクが同時に待ち状態となることができます。つまり、一つのイベントの発生を複数のタスクが待つことができます（図1-20-a）。

TA_WSGL属性のイベントフラグでは、複数のタスクが同時に待ち状態になることを許しません。すでに待ち状態のタスクが存在するのに、イベントフラグの待ち API（tk_wai_flg）を呼び出した場合はエラーとなります（図1-20-b）。

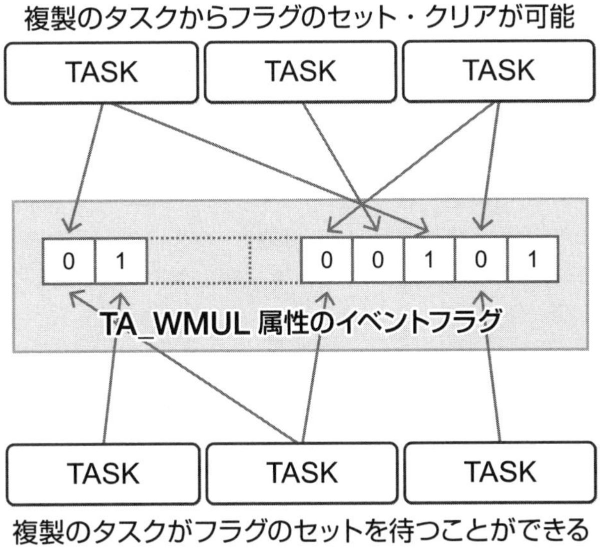

複製のタスクからフラグのセット・クリアが可能

複製のタスクがフラグのセットを待つことができる

図1-20-a TA_WMUL属性のイベントフラグ

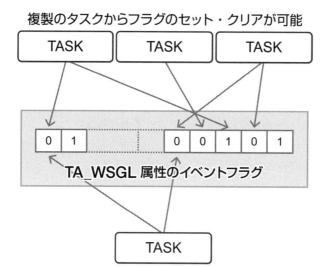

複製のタスクからフラグのセット・クリアが可能

フラグのセットを待つことができるのは一つのタスク

図1-20-b TA_WSGL属性のイベントフラグ

1.3.5 セマフォ

排他制御とは

排他制御とは、複数のタスクが共有する資源を使用する際に、同時に使用して干渉が起きないように同期をとる機能です。共有する資源としては、メモリ上のデータやI/Oデバイスなどさまざまなものがあります。

たとえば、あるタスクがメモリ上のデータを更新しているときに、他のタスクが同じデータを読み出すと、更新途中のデータが得られてしまいます。また、二つのタスクが同時に一つのデータを更新しようとすると、データの内容が異常となる場合もあります。このように、複数のタスクから共有されるデータは、あるタスクが使用中のときは他のタスクが使用しないようにする必要があります。

セマフォとは

セマフォは、主に共有する資源の排他制御のために使用されるμT-Kernel 3.0のカーネルオブジェクトです。

セマフォは、資源の有無や数量を表す資源数という値を持っています。資源数とは、その資源

を同時に使用できるタスクの数と考えればよいでしょう。それぞれのセマフォには、生成時に資源数の値が設定されます。

　多くの場合、セマフォの資源数は1です。つまり、その資源は同時に一つのタスクしか使用できません。資源数が1のセマフォはバイナリセマフォとよばれます。

　資源数が1ではない、つまり同時に複数のタスクから使用可能なセマフォは計数セマフォとよばれます。計数セマフォが使われるケースはあまり多くありませんが、例として、外部との通信のコネクションなどがあります。

　セマフォはµT-Kernel 3.0のAPIで操作します。セマフォを制御する主なAPIを表1-16に示します。

表1-16 セマフォを制御する主なAPI

API名	機能
tk_cre_sem	セマフォの生成
tk_wai_sem	セマフォ資源獲得
tk_sig_sem	セマフォ資源返却
tk_del_sem	セマフォの削除

セマフォによる排他制御

　セマフォを使って共有する資源の排他制御を行う際の手順を以下に示します。

(1) セマフォの生成API (tk_cre_sem) でセマフォを生成します。原則として、セマフォと共有する資源は一対一で対応させるようにします。つまり、一つの共有資源に対して一つのセマフォを生成します。

(2) タスクは、共有する資源を使用する前に、セマフォの資源獲得API (tk_wai_sem) を呼び出し、セマフォから資源を獲得します。資源が獲得できれば、タスクはその資源を使用できます。もし、すでに他のタスクが同じ資源を獲得済みであれば、タスクはセマフォの資源待ち状態となり、動作を一時中断します。

(3) タスクは、獲得した共有資源の使用が終わったら、セマフォの資源返却API (tk_sig_sem) を呼び出し、セマフォへ資源を返却します。もし、他のタスクがそのセマフォに対してセマフォの資源待ち状態であれば、そのタスクの待ち状態を解除します。待ち状態を解除されたタスクは、資源を獲得します。
セマフォの資源獲得をしたタスクは、資源を共有する他のタスクが資源待ち状態で動作できなくなることを防ぐために、できる限り速やかに資源の使用を終えて返却することが重要です。

セマフォによる排他制御の例

セマフォによるタスク間の排他制御の動作について、例をあげて説明します。

二つのタスクTASK-A、TASK-Bと、タスク間で共有する資源が一つあるとします。

TASK-A、TASK-Bの共有する資源の排他制御は以下のように行います（図1-21）。

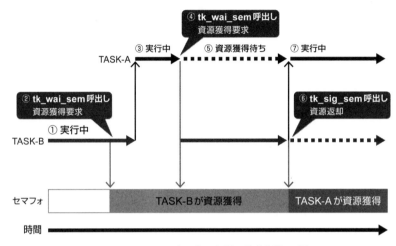

図1-21 セマフォによるタスク間の排他制御の例

① 二つのタスクTASK-AとTASK-Bが存在し、TASK-Bのみが実行状態です。タスクの優先度は TASK-Aのほうが高いとします。

② TASK-Bがセマフォの資源獲得API（tk_wai_sem）を呼び出し、資源を獲得します。

③ TASK-Aが実行状態となり、優先度の低いTASK-Bは実行可能状態になります。

④ TASK-Aがセマフォの資源獲得API（tk_wai_sem）を呼び出します。

⑤ 資源はすでにTASK-Bが獲得しているので、TASK-Aは資源獲得ができずに、資源獲得待ち 状態になります。そこでTASK-Bが再び実行状態になります。

⑥ TASK-Bがセマフォの資源返却API（tk_sig_sem）を呼び出し、資源を返却します。

⑦ 資源が返却されたので、TASK-Aは資源を獲得し実行状態となります。優先度の低いTASK-B は実行可能状態になります。

1.3.6 ミューテックス

ミューテックスとは

　ミューテックスは、主にタスクのクリティカルセクションの排他制御のために使用されるμT-Kernel 3.0 のカーネルオブジェクトです。

　クリティカルセクションとは、複数のタスクによる処理が同時に実行されると問題が生じる実行区間のことです。

　ミューテックスの機能はセマフォと似ています。ただ、セマフォが共有する資源全般の排他制御を対象としているのに対し、ミューテックスはタスクのクリティカルセクションの排他制御に特化しています。ミューテックスとセマフォの具体的な相違点は後で説明します。

　ミューテックスはμT-Kernel 3.0 の API で操作します。ミューテックスを制御する主な API を表1-17 に示します。

表1-17 ミューテックスを制御する主な API

API名	機能
tk_cre_mtx	ミューテックスの生成
tk_loc_mtx	ミューテックスのロック
tk_unl_mtx	ミューテックスのアンロック
tk_del_mtx	ミューテックスの削除

ミューテックスによる排他制御

　ミューテックスを使ったクリティカルセクションの排他制御の手順を以下に示します。

(1) 排他制御したいクリティカルセクションに対応してミューテックスを生成します。

(2) タスクはクリティカルセクションを実行する前に、ミューテックスのロック API（tk_loc_mtx）を呼び出し、ミューテックスをロックします。もし、すでに他のタスクがミューテックスをロックしていれば、タスクはミューテックスのアンロック待ち状態となり、動作を一時中断します。

(3) タスクはクリティカルセクションの実行が終わったら、ミューテックスのアンロック API（tk_unl_mtx）を呼び出し、ミューテックスをアンロックします。もし、他のタスクがその ミューテックスに対してアンロック待ち状態であれば、その待ち状態を解除します。待ち状態を解除されたタスクは、そのミューテックスをロックします。

ミューテックスをロックしたタスクは、他のミューテックスを共有するタスクがロック待ち状態で動作できなくなることを防ぐために、できる限り速やかにクリティカルセクションの実行を終えてアンロックすることが重要です。

ミューテックスによる排他制御の例

ミューテックスによるタスク間の排他制御の動作について例をあげて説明します。

二つのタスクTASK-A、TASK-Bの間に、同時に実行してはいけないクリティカルセクションがあるとします。

TASK-AとTASK-Bのクリティカルセクションの排他制御は、以下のように行います（図1-22）。

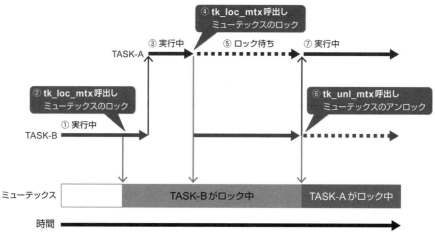

図1-22 ミューテックスによるタスク間の排他制御の例

① 二つのタスクTASK-AとTASK-Bが存在し、TASK-Bのみが実行状態です。タスクの優先度はTASK-Aのほうが高いとします。

② TASK-BがミューテックスのロックAPI（tk_loc_mtx）を呼び出し、クリティカルセクションの実行を開始します。

③ TASK-Aが実行状態となります。優先度の低いTASK-Bは実行可能状態になります。

④ TASK-Aがクリティカルセクションを実行するためにミューテックスのロックAPI（tk_loc_mtx）を呼び出します。

⑤ ミューテックスはすでにTASK-Bがロックしているので、TASK-Aはロックできずに、ロック待ち状態になります。そこでTASK-Bが再び実行状態になります。

⑥ TASK-Bがクリティカルセクションの実行を終えて、ミューテックスのアンロックAPI（tk_unl_mtx）を呼び出します。

⑦ ミューテックスのロックが解除されたのでTASK-Aは実行状態となります。優先度の低いTASK-Bは実行可能状態になります。

ミューテックスとセマフォの相違点

ミューテックスとセマフォの機能は類似していますが、以下の点で異なります。

・ ミューテックスには資源数の設定がありません。クリティカルセクションは、同時に一つの
タスクのみロックすることができます。この機能はバイナリセマフォに相当するものであり、
ミューテックスには計数セマフォに相当する機能がありません。

・ ミューテックスはロックしたタスクと強く紐づけられます。ミューテックスをアンロックでき
るのは、ロックしたタスクのみです。また、ロックしたタスクが、ロックしたまま終了した場合、
自動的にアンロックされます。一方、セマフォの場合は、タスクとの間にこのような紐づけは
なく、資源を獲得したタスクと資源を返却するタスクが異なっていてもかまいません。

・ ミューテックスでは、ロック中のタスクの優先度を自動的に変更する機能があります。この
機能はミューテックスの特徴でもあり、ミューテックスとセマフォの最も大きな相違点です。
詳しくは次項で説明します。

ミューテックスによるタスク優先度の自動変更

タスク間の排他制御において発生する優先度の逆転の問題を解決するために、ミューテックス
にはロック中のタスクの優先度を自動的に変更する機能があります。

まず、優先度の逆転という問題について例をあげて説明します。
三つのタスク TASK-A、TASK-B、TASK-C があり、優先度は以下の関係とします。

（優先度が高い） TASK-A ＞ TASK-B ＞ TASK-C （優先度が低い）

TASK-A と TASK-C の間には同時に実行できないクリティカルセクションがあるとします。
TASK-B は、TASK-A にも TASK-C にも直接的な関係のないタスクです。
まず TASK-C が実行され、先にクリティカルセクションをロックしたとします。続いて TASK-A
が実行され、クリティカルセクションをロックしようとします。しかし、クリティカルセクション
はすでに TASK-C によりロックされていますので、TASK-C がクリティカルセクションの実行を
終えてアンロックするまで待たなければなりません。
ここで TASK-B が実行されたとします。TASK-B の優先度は TASK-C よりも高いため、TASK-B
の実行中は TASK-C が実行されません。TASK-C が実行されないと、TASK-A が TASK-C を待つ
状況もそのまま継続します。結果として、最も優先度の高い TASK-A が、TASK-B の実行終了を
待たなければならなくなります。つまり、優先度の逆転が起きています（図 1-23-a）。

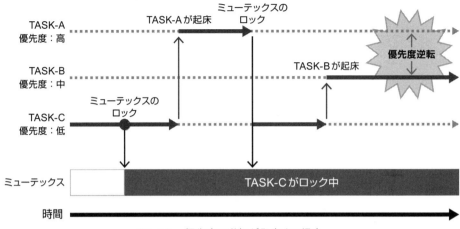

図1-23-a　優先度の逆転が発生する場合

　この問題は、クリティカルセクションの実行中だけTASK-Cの優先度を一時的に高くすることで解決できます。TASK-Cの優先度が高くなれば、TASK-Bよりも先に実行されるため、TASK-Cはクリティカルセクションの実行を終えてアンロックすることができます（図1-23-b）。

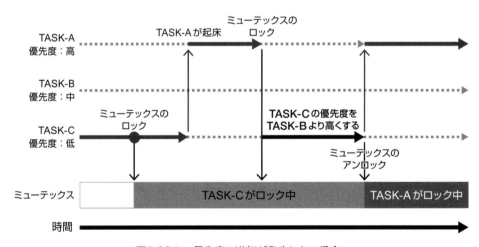

図1-23-b　優先度の逆転が発生しない場合

　ミューテックスではこれを実現するために、ロック中のタスクの優先度を自動的に高くする機能が備わっています。

　ミューテックスによるタスク優先度の自動変更には、優先度継承プロトコルと優先度上限プロトコルの二つの方式があり、ミューテックスの生成時に指定できます。また、どちらも指定しなければ、ミューテックスはタスク優先度の自動変更を行いません。

　それぞれの方式について説明します。

・**優先度継承プロトコル**

ミューテックスをロック中に他のタスクがロック待ちとなり、ロック待ちのタスクの優先度の
ほうが高い場合は、ロック中のタスクの優先度をロック待ちのタスクの優先度に変更します。
複数のタスクがロック待ちの場合は、その中で最も高い優先度とします。

・**優先度上限プロトコル**

タスクがミューテックスをロックする際に、そのミューテックスに設定されている上限優先度
にタスクの優先度を変更します。

二つのプロトコルにはそれぞれ長所と短所があります。

優先度継承プロトコルでは、必要に応じてそのとき最適な優先度にタスクの優先度を変更します。
しかし、タスクの優先度の変化のタイミングは予測が難しく、また複数のミューテックスを使用
した場合など複雑に優先度の変更が行われる可能性があります。

一方、優先度上限プロトコルでは、ロック中に定められた優先度に変更するだけですので、動作
は比較的単純であり予測可能です。ただし、アンロック待ちのタスクの有無にかかわらず優先度
が変更されますので、不要な優先度変更が行われる可能性があります。

どちらのプロトコルを使用するかは、アプリケーション全体のシステム設計に応じて選択する
必要があります。

1.3.7 メッセージバッファ

タスク間の通信とは

タスクの間の通信とは、タスクの間で情報のやりとりを行うことです。

タスク間の通信は同期を伴うことが多くあります。たとえば、情報が送られてくるのを待ったり、
受け取るのを待ったりすることでタスク間の同期が取られます。このような通信を同期通信とよび
ます。一方、同期を伴わない通信を非同期通信とよびます。

メッセージバッファとは

メッセージバッファは、タスク間のデータの通信に使用されるμT-Kernel 3.0のカーネルオブ
ジェクトです。

メッセージバッファによりタスク間で通信されるデータをメッセージとよびます。メッセージ
は任意のサイズのデータであり、内容はアプリケーションで自由に決められます。

　メッセージバッファの機能は、タスクから送られてきたメッセージを格納し、他のタスクへ渡すことです。メッセージバッファに複数のメッセージが格納されている場合は、格納された順番にメッセージが受け取られます。

　メッセージバッファはμT-Kernel 3.0のAPIで操作します。メッセージバッファを制御する主なAPIを表1-18に示します。

表1-18 メッセージバッファを制御する主なAPI

API名	機能
tk_cre_mbf	メッセージバッファの生成
tk_snd_mbf	メッセージバッファへ送信
tk_rcv_mbf	メッセージバッファから受信
tk_del_mbf	メッセージバッファの削除

メッセージバッファによる通信手順

　メッセージバッファに対する基本の操作は、メッセージの送信と受信です（図1-24）。

図1-24 メッセージバッファによるタスク間の通信

　メッセージバッファを使ったタスク間の通信の基本的な手順を以下に示します。

(1) メッセージバッファの生成API（tk_cre_mbf）を使用してメッセージバッファを作成します。このとき、メッセージバッファのサイズと、一つのメッセージの最大サイズを指定します。メッセージバッファのサイズは、メッセージを格納するメモリ領域のサイズです。このサイズを超えてメッセージを格納することはできません。

(2) 送信側のタスクはメッセージの送信API（tk_snd_mbf）を呼び出し、メッセージをメッセージバッファに送ります。メッセージはメッセージバッファに格納されますが、このときすでにメッセージが格納されていて、メッセージバッファに空きが無い場合は、タスクはメッセージ送信待ち状態となり、動作を一時中断します。メッセージバッファに空きがある場合は、待ち状態にはならずに動作が継続されます。

（3）受信側のタスクはメッセージの受信 API（tk_rcv_mbf）を呼び出し、メッセージバッファから
　　 メッセージを受け取ります。このとき、メッセージバッファの中にメッセージが無い場合は、
　　 タスクはメッセージ受信待ち状態となり、動作を一時中断します。

　メッセージバッファによるタスク間の通信は基本的には非同期に行われます。ただし、送信時
にメッセージバッファに空きの無い場合と、受信時にメッセージバッファにメッセージが無い
場合は、タスクは待ち状態となり、タスク間の同期が行われます。
　メッセージバッファの特別な使い方として、メッセージバッファのサイズを0とした同期通信
があります。メッセージバッファのサイズが0の場合、メッセージの格納はできませんので、送信
と受信の両方で同期が取られます。

1.3.8 メモリプール管理機能

メモリプールとは

　メモリプールは、メモリを管理するために使用されるμT-Kernel 3.0のカーネルオブジェクト
です。
　メモリプールでは、最初に確保したメモリ領域から、その一部をメモリブロックとして獲得し
たり、獲得したメモリブロックを返却したりすることにより、動的なメモリの管理を行うことが
できます。
　メモリプールには、メモリブロックのサイズが定められている固定長メモリプールと、メモリ
ブロックのサイズが可変である可変長メモリプールの2種類があります（図1-25）。

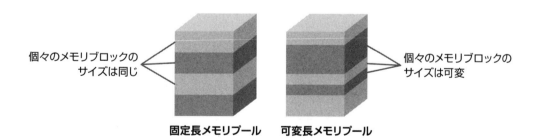

図1-25 固定長メモリプールと可変長メモリプール

固定長メモリプール

固定長メモリプールでは、同一のサイズのメモリブロックを管理します。

固定長メモリプールはµT-Kernel 3.0のAPIで操作します。固定長メモリプールを制御する主なAPIを表1-19に示します。

表1-19 固定長メモリプールを制御する主なAPI

API名	機能
tk_cre_mpf	固定長メモリプールの生成
tk_get_mpf	固定長メモリブロックの獲得
tk_rel_mpf	固定長メモリブロックの返却
tk_del_mpf	固定長メモリプールの削除

固定長メモリプールの操作

固定長メモリプールの基本的な操作手順を以下に示します（図1-26）。

(1) 固定長メモリプールの生成API（tk_cre_mpf）を使用して固定長メモリプールを生成します。その際にメモリブロックのサイズとブロック数を指定します。この値から必要なメモリ領域が確保されます。

(2) タスクはメモリが必要になると、固定長メモリブロックの獲得API（tk_get_mpf）を呼び出し、メモリブロックを獲得します。すでに他のタスクによってすべてのメモリブロックが使用されている場合は、タスクはメモリブロック獲得待ち状態となり、動作を一時中断します。

(3) タスクは獲得したメモリブロックの使用が終わったら、固定長メモリブロックの返却API（tk_rel_mpf）を呼び出し、メモリブロックの返却を行います。

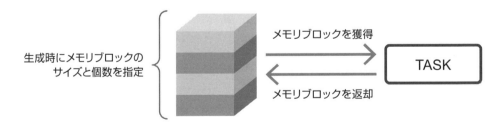

図1-26 固定長メモリプールの制御

可変長メモリプール

可変長メモリプールでは、任意のサイズのメモリブロックを管理します。

可変長メモリプールはµT-Kernel 3.0のAPIで操作します。可変長メモリプールを制御する主なAPIを表1-20に示します。

表1-20 可変長メモリプールを制御する主なAPI

API名	機能
tk_cre_mpl	可変長メモリプールの生成
tk_get_mpl	可変長メモリブロックの獲得
tk_rel_mpl	可変長メモリブロックの返却
tk_del_mpl	可変長メモリプールの削除

可変長メモリプールの操作

可変長メモリプールの基本的な操作手順を以下に示します（図1-27）。

(1) 可変長メモリプールの生成API（tk_cre_mpl）を使用して可変長メモリプールを生成します。その際にメモリプール全体のサイズを指定します。この値から必要なメモリ領域が確保されます。

(2) タスクはメモリが必要になると、可変長メモリブロックの獲得API（tk_get_mpl）を呼び出し、指定したサイズのメモリブロックを獲得します。すでに他のタスクによってメモリブロックが使用されており、メモリブロックが確保できない場合は、タスクはメモリブロック獲得待ち状態となり、動作を一時中断します。

(3) タスクは獲得したメモリブロックの使用が終わったら、可変長メモリブロックの返却API（tk_rel_mpl）を呼び出し、メモリブロックの返却を行います。

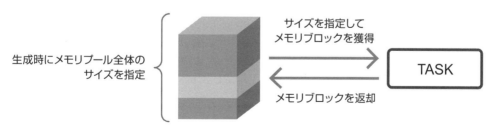

図1-27 可変長メモリプールの制御

1.3.9 メールボックス

メールボックスとは

　メールボックスは、タスク間のデータの通信に使用されるμT-Kernel 3.0のカーネルオブジェクトです。

　メールボックスによりタスク間で通信されるデータをメッセージとよびます。メッセージは任意のサイズのデータであり、内容はアプリケーションで自由に決められます。ただし、メールボックスのメッセージは、その先頭にOSが使用するメッセージヘッダの領域を確保しておく必要があります。

　メールボックスの機能は、タスクから送られてきたメッセージを他のタスクへ渡すことです。すでに説明したメッセージバッファと類似した機能ですが、メッセージバッファがメッセージのデータそのものを送受信するのに対して、メールボックスはメッセージの先頭アドレスのみを送受信するという違いがあります。

　メールボックスはμT-Kernel 3.0のAPIで操作します。メールボックスを制御する主なAPIを表1-21に示します。

表1-21 メールボックスを制御する主なAPI

API名	機能
tk_cre_mbx	メールボックスの生成
tk_snd_mbx	メールボックスへ送信
tk_rcv_mbx	メールボックスから受信
tk_del_mbx	メールボックスの削除

メールボックスによる通信手順

　メールボックスに対する基本の操作は、メッセージの送信と受信です。

　メールボックスを使ったタスク間の通信の基本的な手順を以下に示します(図1-28)。

(1) メールボックスの生成API(tk_cre_mbf)を使用してメールボックスを作成します。

(2) 送信側のタスクは、送信するメッセージを用意します。メッセージの先頭アドレスを他のタスクに渡しますので、共有できるメモリ上にメッセージのメモリ領域を確保します。通常はメモリプール管理機能を用いてメッセージ用のメモリブロックを確保します。

(3) 送信側のタスクはメッセージの送信 API（tk_snd_mbx）を呼び出し、メッセージをメールボックスに送ります。実際に送信されるのはメッセージの先頭アドレスのみです。

(4) 受信側のタスクはメッセージの受信 API（tk_rcv_mbx）を呼び出し、メールボックスからメッセージを受け取ります。実際に受信されるのはメッセージの先頭アドレスのみです。このときメールボックスにメッセージが無い場合は、タスクはメッセージ受信待ち状態となり、動作を一時中断します。

(5) 受信側のタスクは、受信したメッセージを使い終わった後、そのメモリ領域を解放します。メモリプール管理機能を用いている場合はメモリブロックを返却します。

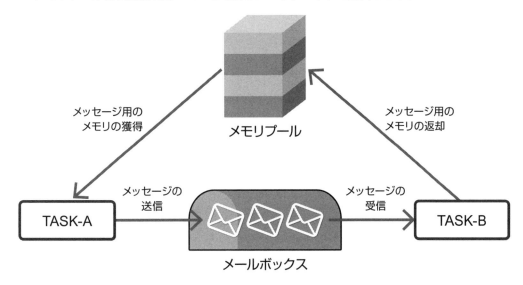

図1-28 メールボックスの操作

メールボックスの利点と欠点

　メールボックスの利点は、メッセージの先頭アドレスのみをタスク間で転送するため、メッセージのデータをすべて転送するメッセージバッファに比べて、転送速度が速いことです。

　また、メッセージがメッセージバッファのような固定的なメモリ領域に格納されるわけではないので、メッセージバッファのように空きが無くなることもありません。

　一方でメールボックスの欠点は、メッセージに使用するメモリを動的に管理しなければならないことです。メッセージを送る際には送信側タスクがメモリを確保し、受信側タスクではメッセージの使用が終わったらメモリを解放する必要があります。µT-Kernel 3.0にはメモリの動的な管理を行うメモリプール機能があり、通常はメールボックスとメモリプールの機能を合わせて使用します。

　メールボックスを使用する場合、メモリの動的な管理などが必要になってプログラミングの複雑度が上がりますので、メッセージの通信速度などに特に問題の無い場合は、メッセージバッファの使用を推奨します。

1.3.10 時間管理機能

システムタイマと時間管理

　タイマはI/Oデバイスの一種であり、時間を計測し、それに基づくさまざまな機能を提供します。

　μT-Kernel 3.0では、マイコン内蔵のタイマを一つ使用し、OS内の時間管理に使用しています。このタイマをシステムタイマとよびます。

　たとえば、さまざまなAPIで引数にタイムアウト時間の指定ができます。指定したタイムアウトの時間内に処理が終了しない場合には、APIがエラーを返して終了します。このタイムアウト時間の計測も、OS内部でシステムタイマを使用して行っています。

　システムタイマが計測している時刻をシステム時刻とよびます。システム時刻はAPIによって制御できます。システム時刻を制御する主なAPIを表1-22に示します。

表1-22 システム時刻を制御する主な API

API名	機能
tk_set_utc	システム時刻の設定（UTC表現）
tk_get_utc	システム時刻の参照（UTC表現）
tk_set_tim	システム時刻の設定（TRON表現）
tk_get_tim	システム時刻の参照（TRON表現）
tk_get_otm	システム稼働時間の参照

システム時刻と時間の単位

　μT-Kernel 3.0では、時間管理の単位はミリ秒です。μT-Kernel 3.0の実装によっては、マイクロ秒の単位に対応しているものもあります。

　システム時刻の精度は、システムタイマの実装によって決まります。システムタイマが10ミリ秒の単位で時間を計測している場合は、システム時刻も10ミリ秒単位で増加し、OS内の時間管理に伴う処理もそのタイミングで実行されます。

　システム時刻は、UTC形式（UNIXの時刻表現）とTRON形式（従来のTRONのOSの時刻表現）の2種類が使用できます。

　UTC 形式は 1970 年 1 月 1 日 0 時 0 分 0 秒 (UTC) からの通算のミリ秒数であり、TRON 形式は 1985 年 1 月 1 日 0 時 0 分 0 秒 (GMT) からの通算のミリ秒数となっています。

　なお、システム時刻は最初にその値を設定しなければなりません。設定せずに参照した場合の値は不定です。

　単に経過時間を知りたい場合は、システム稼働時間の参照 API (tk_get_otm) を使用します。これは μT-Kernel 3.0 が起動してからの経過時間ですので、初期化の必要はありません。単位はミリ秒です。

タイムイベントハンドラ

　μT-Kernel 3.0 の時間管理機能には、指定した時刻や時間間隔で特定のプログラムを実行する機能があります。このプログラムをタイムイベントハンドラとよびます。

　タイムイベントハンドラには、指定した時刻に起動するアラームハンドラと、指定した周期で起動する周期ハンドラの二種類があります。

　タイムイベントハンドラは、タスクよりも優先的に実行されるプログラムであり、その動作や振る舞いは「1.3.13 割込みハンドラ」で説明する割込みハンドラに似ています。

　次項ではアラームハンドラと周期ハンドラについて説明します。

1.3.11 アラームハンドラ

アラームハンドラとは

　アラームハンドラは、指定した時刻に起動されるタイムイベントハンドラです。

　アラームハンドラは、μT-Kernel 3.0 のカーネルオブジェクトであり、タスクと同様のプログラムの実行単位です。アラームハンドラはすべてのタスクより優先的に実行されます。つまり、アラームハンドラが動作すると、それまで実行中だったタスクの実行は一時停止します。この動作は、後述の周期ハンドラや割込みハンドラと同様です。

　アラームハンドラは μT-Kernel 3.0 の API で操作します。アラームハンドラを操作する主な API を表 1-23 に示します。

表1-23 アラームハンドラを制御する主なAPI

API名	機能
tk_cre_alm	アラームハンドラの生成
tk_sta_alm	アラームハンドラの動作開始
tk_stp_alm	アラームハンドラの動作停止
tk_del_alm	アラームハンドラの削除

アラームハンドラの操作

アラームハンドラの操作の手順を以下に示します（図1-29）。

（1）アラームハンドラの生成API（tk_cre_alm）を使用してアラームハンドラを生成します。

（2）アラームハンドラの動作開始API（tk_sta_alm）を呼び出し、アラームハンドラの起動までの
　　時間を指定して、アラームハンドラの動作を開始します。指定した時間が経過するとアラーム
　　ハンドラが起動されます。
　　アラームハンドラはタスクより優先的に実行されますので、実行中のタスクの動作は一時停止
　　します。

（3）アラームハンドラの起動は1回のみです。ただし、再びアラームハンドラの動作開始API（tk_
　　sta_alm）を呼び出せば、再度アラームハンドラの動作を開始することができます。

（4）アラームハンドラの動作開始API（tk_sta_alm）を呼び出してから、アラームハンドラが起動
　　するまでの間に、アラームハンドラの動作停止API（tk_stp_alm）を呼び出すと、アラーム
　　ハンドラは起動されなくなります。

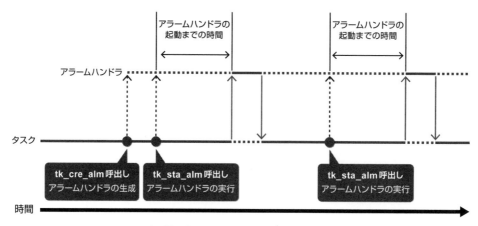

図1-29 アラームハンドラの動作

アラームハンドラの注意点

アラームハンドラはすべてのタスクより優先的に実行されるため、アラームハンドラの実行中にはタスクが動作することはできません。アラームハンドラは速やかに処理を終え、タスクが実行できるようにする必要があります。

アラームハンドラから使用できるμT-Kernel 3.0のAPIは限定されます。たとえば、アラームハンドラはタスクのように待ち状態となることができませんので、アラームハンドラの中では待ち状態になる可能性のあるAPIを使用できません。

1.3.12 周期ハンドラ

周期ハンドラとは

周期ハンドラは、一定の周期時間で繰り返し起動されるタイムイベントハンドラです。

周期ハンドラは、μT-Kernel 3.0のカーネルオブジェクトであり、タスクと同様のプログラムの実行単位です。周期ハンドラもアラームハンドラと同じくすべてのタスクより優先的に実行され、実行中のタスクは一時停止します。

周期ハンドラはμT-Kernel 3.0のAPIで操作します。周期ハンドラを操作する主なAPIを表1-24に示します。

表1-24 周期ハンドラを制御する主なAPI

API名	機能
tk_cre_cyc	周期ハンドラの生成
tk_sta_cyc	周期ハンドラの動作開始
tk_stp_cyc	周期ハンドラの動作停止
tk_del_cyc	周期ハンドラの削除

周期ハンドラの基本的な動作

周期ハンドラは生成時の属性により動作が変わります。

まず周期ハンドラの基本的な動作と操作の手順を以下に示します（図1-30）。

(1) 周期ハンドラの生成API（tk_cre_cyc）を使用して周期ハンドラを生成します。その際に周期ハンドラが起動する周期時間間隔cyctimを設定します。

(2) 周期ハンドラの動作開始API（tk_sta_cyc）を呼び出し、周期ハンドラの動作を開始します。以降、周期ハンドラは生成時に設定した時間間隔cyctimで繰り返し起動されます。

周期ハンドラはタスクより優先的に実行されますので、実行中のタスクの動作は一時停止します。

(3) 周期ハンドラの動作停止API（tk_stp_cyc）を呼び出すと、周期ハンドラの動作は停止し、起動されなくなります。その後、再び周期ハンドラの動作開始API（tk_sta_cyc）を呼び出せば、周期ハンドラの動作は再開します。

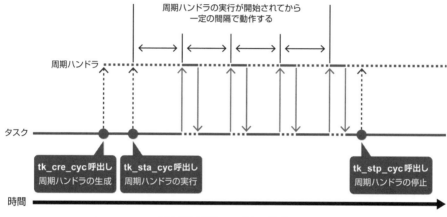

図1-30 周期ハンドラの動作

周期ハンドラの起動属性と起動位相時間

周期ハンドラの生成時に、TA_STA属性を指定すると、周期ハンドラは動作が開始した状態で生成されます。この場合、周期ハンドラの動作開始API（tk_sta_cyc）を呼び出す必要はありません。

TA_STA属性の周期ハンドラは、生成された後、起動位相時間cycphsが経過すると1回目の起動を行います。その後は、周期時間間隔cyctimに従って繰り返し実行されます。起動位相時間cycphsは周期ハンドラの生成時に設定します。起動位相時間cycphsは、一般には周期時間間隔cyctimより小さい値です。

cycphsは周期ハンドラが生成されてから1回目の起動までの時間です。よってTA_STA属性ではない周期ハンドラでは意味がありません。また、周期ハンドラの動作停止API（tk_stp_cyc）により周期ハンドラが停止した後に、周期ハンドラの動作開始API（tk_sta_cyc）で動作を再開した際には、cycphsは影響しません（図1-31）。

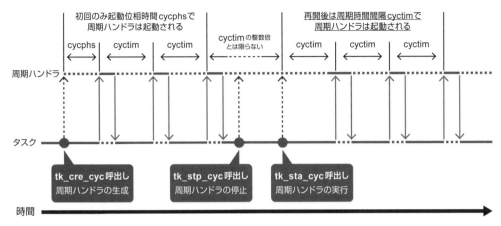

図1-31 TA_STA属性の周期ハンドラの動作

周期ハンドラの起動位相の保存

周期ハンドラの生成時にTA_PHS属性を指定すると、周期ハンドラの動作停止や再開があった場合にも、周期ハンドラの生成時に周期時間間隔cyctimと起動位相時間cycphsによって指定された起動のタイミング（位相）が維持されます。すなわち、周期ハンドラが起動される時刻は、最初に起動された時刻から周期時間間隔cyctimの整数倍だけ経過した時刻となります（図1-32）。周期ハンドラの動作停止API（tk_stp_cyc）や、動作開始API（tk_sta_cyc）を呼び出したタイミングは、周期ハンドラの起動のタイミングには影響しません。

一方、TA_PHS属性ではない周期ハンドラの場合は、周期ハンドラの動作開始API（tk_sta_cyc）によって周期ハンドラを起動するタイミング（位相）がリセットされます。すなわち、動作開始の後で周期ハンドラが起動される時刻は、周期ハンドラの動作開始API （tk_sta_cyc）を呼び出した時刻から周期時間間隔cyctimの整数倍だけ経過した時刻となります（図1-31）。

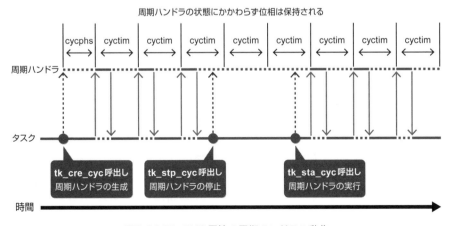

図1-32 TA_PHS属性の周期ハンドラの動作

周期ハンドラの注意点

周期ハンドラの注意点は、前項で説明したアラームハンドラの注意点と同じです。

1.3.13 割込みハンドラ

割込みと割込みハンドラ

割込みとは、実行中のプログラムの処理を一時的に中断し、あらかじめ指定されていた別の
プログラムの処理を実行するマイコンのハードウェアの機能です（図1-33）。

割込みの要因は、マイコンのハードウェアの仕様により決められています。割込みにはさまざ
まな要因がありますが、代表的な割込み要因としては、入出力処理の終了などに伴うI/Oデバイス
からCPUへの通知があります。

割込みの要求が発生した際に実行されるプログラムを割込みハンドラとよびます。割込みの
要因ごとに割込みハンドラが登録されます。この割込みハンドラの登録の方法も、マイコンのハー
ドウェアの仕様により決められています。

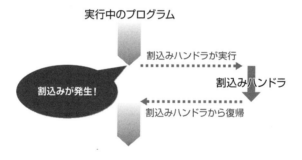

図1-33 割込みと割込みハンドラ

割込み管理機能

割込みはハードウェアの機能であり、その詳細仕様はハードウェアごとに異なりますが、μT-
Kernel 3.0の割込み管理機能により、共通のAPIを使って割込みに関する各種の操作が行えるよう
になります。たとえば、共通のAPIを使って割込みハンドラを登録することができますし、割込み
ハンドラをC言語の関数として記述することもできます。

ただし、割込み自体はあくまでもハードウェアの機能ですので、割込み管理機能のAPIの詳細
な動作もマイコンのハードウェアごとに異なります。μT-Kernel 3.0では、ハードウェアへの依存
性が高い割込みのような機能に関する仕様を実装仕様とよんでおり、マイコンごとに実装仕様書

が用意されています。割込み管理機能を使用する場合には、μT-Kernel 3.0の実装仕様を参照する必要があります。

μT-Kernel 3.0の割込み管理機能の主なAPIを表1-25に示します。

tk_def_int以外は、システムコールではなくライブラリ関数です。これらのライブラリ関数はマイコンの割込み関係のハードウェアを直接制御するものです。

表1-25 割込み管理機能の主なAPI

API名	機能
tk_def_int	割込みハンドラの定義
EnableInt	割込み許可
DisableInt	割込み禁止
ClearInt	割込み発生要因のクリア
SetIntMode	割込みモードの設定

割込みハンドラの定義

多くのマイコンでは、割込みハンドラの記述にアセンブリ言語を必要とします。しかし、μT-Kernel 3.0の割込み管理機能を使用することにより、割込みハンドラをC言語の関数として記述することができます。また、割込みハンドラのプログラムからμT-Kernel 3.0の一部のAPIを使用することも可能です。

C言語で記述された割込みハンドラは、実際にはマイコンの割込みハードウェアによって直接実行されるのではなく、μT-Kernel 3.0の中の共通の割込みハンドラを経由してから実行されます。C言語で記述された割込みハンドラに対しては、TA_HLNG属性を指定します。

一方、μT-Kernel 3.0の共通の割込みハンドラを経由せず、マイコンの割込みハードウェアによって直接実行される割込みハンドラも使用できます。このような割込みハンドラに対しては、TA_ASM属性を指定します。

TA_ASM属性の割込みハンドラは、マイコンの割込みハードウェアの仕様に従って作成する必要があり、通常はアセンブリ言語で記述されます。また、TA_ASM属性の割込みハンドラの中でμT-Kernel 3.0のAPIを使用する場合は、そのマイコンに対するμT-Kernel 3.0の実装仕様を理解し、適切な処理を行わなければなりません。

TA_HLNG属性とTA_ASM属性の元来の意味としては、TA_HLNG属性がC言語などの高級言語（High-level language）で記述された割込みハンドラであり、TA_ASM属性がアセンブリ言語（Assembly language）で記述された割込みハンドラであることを表していました。しかし、近年ではArm Cortex-Mのように、OSが無くても直接C言語で割込みハンドラを記述できるマイコンや、割込みハンドラを記述できる機能を設けたCコンパイラなどもあります。したがって、現状では高級言語かアセンブリ言語かという記述言語の区別は本質的ではなく、OS内の共通処理を経由するか否かのほうに大きな意味があるといえます。

割込みハンドラの注意点

　割込みハンドラは、μT-Kernel 3.0のカーネルオブジェクトではなく、ハードウェア上の機能である点に注意してください。

　割込みハンドラは、実行中の通常のプログラムに割り込んで、優先的に実行されます。つまり、すべてのタスクよりも優先的に実行されます。

　また、割込みハンドラで使用できるμT-Kernel 3.0のAPIは限定されます。たとえば、割込みハンドラはタスクのように待ち状態となることはできませんので、待ち状態になる可能性のあるAPIはすべて使用できません。

割込みの制御

　μT-Kernel 3.0の起動時には、大部分の割込みは禁止状態に設定されており、これらの割込みは発生しません。割込みを使用するには以下の手順で操作します。

（1）割込みハンドラの定義API（tk_def_int）を呼び出し、対象とする割込み要因に対する割込みハンドラを定義します。

（2）割込みモードの設定API（SetIntMode）を必要に応じて呼び出し、割込みモードの設定を行います。割込みモードでは、割込み信号の検出モードなどを設定できますが、具体的な設定の内容はマイコンのハードウェアに依存します。

（3）割込み許可のAPI（EnableInt）を呼び出し、対象とする割込みを発生できるようにします。以降、条件が整えばこの割込みが発生するようになります。
　なお、割込みを有効にする前には、必ず割込みハンドラを定義しておく必要があります。割込みハンドラが定義されていない状態で割込みが発生した場合、μT-Kernel 3.0はデフォルトの割込みハンドラを実行します。デフォルトの割込みハンドラの処理内容は実装仕様に依存しますが、通常はエラー処理を行います。

（4）割込みが発生すると、（1）で定義されていた割込みハンドラが実行されます。割込みハンドラの中では、割込み要因に対応した適切な処理を行います。

（5）割込みハンドラの中で、割込み発生要因のクリアAPI（ClearInt）を呼び出し、発生している割込みの要因を消します。これを行わないと、割込みが発生している状態が継続し、割込みハンドラを終了すると再び同じ割込みハンドラが呼び出されてしまう場合があります。

（6）割込み禁止API（DisableInt）を呼び出すことにより、割込みの発生を禁止することができます。

第2部
実践編

マイコンボードで組込みプログラミング

実践編では、市販のマイコンボードを使用してμT-Kernel 3.0のプログラミング環境を構築し、実際にプログラミングしながらリアルタイムOSの各機能を説明していきます。
さらに、多くのIoTエッジノードで必須となるセンサーなどのI/Oデバイスの基本的な制御プログラムについても説明します。

μT-Kernel 3.0

2.1 マイコンボードで実行する µT-Kernel 3.0

本章ではµT-Kernel 3.0の開発環境の構築から、市販のマイコンボードを使用して簡単なユーザプログラムを動かすまでを説明します。

・・・・・・・・・・・・・・・・・・・・・・・・・・・・・・・・・・・・・・・

2.1.1 マイコンボードと開発環境

使用するマイコンボード

　近年では、組込みシステム向けのマイコンを搭載したマイコンボードが安価で簡単に入手できるようになってきました。

　本書ではその中からIoTエッジノードで広く使用されているArmコアのマイコンSTM32L476と、それを搭載したマイコンボードSTM32L476 Nucleo-64を使用することとします（写真2-1）。

写真2-1 マイコンボードSTM32L476 Nucleo-64

STM32L476は、STマイクロエレクトロニクス社のマイコンで、CPUコアにArm Cortex-M4を使用しています。低消費電力を特長としており、IoTエッジノード用のマイコンとして適しています。表2-1にSTM32L476の主な仕様を示します。

表2-1 STM32L476の主な仕様

項目	仕様
CPUコア	Arm Cortex-M4
最高動作周波数	80MHz
内蔵メモリ	ROM 1MB、RAM 128KB
内蔵I/Oデバイス	GPIO、A/Dコンバータ、D/Aコンバータ、汎用タイマ、SPI、UART、I^2C、他

NucleoはSTマイクロエレクトロニクス社が自社のマイコン用に販売している開発ボードのシリーズです。本書で使用するNucleo-64には以下のような特長があり、μT-Kernel 3.0の評価、学習に適しています。

● デバッガI/Fを搭載

Nucleo-64には、ボード上にST-LINKというデバッガI/Fが搭載されています。そのため、別にJTAGエミュレータなどを用意しなくても、USBケーブルでパソコンと接続するだけでプログラムの転送やデバッグが可能です。

また、USBは仮想COMポート（シリアル通信ポート）としても使用できます。パソコン上でターミナルエミュレータを実行すると、デバッグ用のメッセージ表示などが可能になります。

● Arduino準拠のコネクタを装備

Arduinoは電子工作などで普及しているマイコンボードであり、Arduino用に各種のセンサーなどのデバイスが安価に販売されています。Nucleo-64はArduino準拠のコネクタを装備しているので、これらのArduino用のデバイスが使用できます。

使用する開発環境

本書では、STM32L476 Nucleo-64の開発環境として、STマイクロエレクトロニクス社が提供する統合開発環境STM32CubeIDEを使用します（図2-1）。

STM32CubeIDEは、オープンソースの統合開発環境Eclipseをベースとして、STマイクロエレクトロニクス社のマイコン用のツールや機能を追加したものであり、無償で使用できます。

Eclipseは、組込みシステムのC言語の開発環境として普及しており、またSTマイクロエレクトロニクス社以外のマイコンメーカーの開発環境のベースとしても使われています。STM32CubeIDEの基本的な操作は、Eclipseと同じですので、すでにEclipseやその派生の開発環境を使用している人は簡単に使えるでしょう。

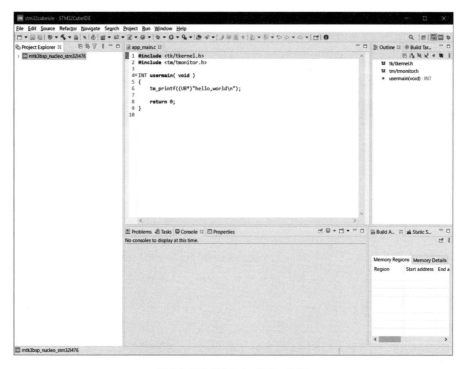

図2-1 STM32CubeIDEの画面

　STM32CubeIDEはSTマイクロエレクトロニクス社のWebページから入手できます。

　執筆時点では以下のURLから、パソコンの各OS向けのインストーラがダウンロードできます。自分のパソコンのOSに合わせたインストーラを、Webページの指示に従ってダウンロードしてください。

STM32用統合開発環境 <https://www.st.com/ja/development-tools/stm32cubeide.html>

　ダウンロードしたインストーラを実行し、インストーラの指示に従ってSTM32CubeIDEのインストール作業を進めます。基本的にはデフォルトの設定で問題ありません。なお、インストール先のフォルダ名やパソコンのユーザ名に、日本語などの全角文字や空白文字が含まれている場合、正常に動作しない可能性がありますので注意してください。

2.1.2 µT-Kernel 3.0の入手と開発環境の準備

GitHubからµT-Kernel 3.0 を入手

GitHubからµT-Kernel 3.0のソースコードを入手します。STM32L476 Nucleo-64用のµT-Kernel 3.0 BSP（Board Support Package）が公開されていますので、これを使用することにします。µT-Kernel 3.0 BSPは、市販のマイコンボードにµT-Kernel 3.0を移植し、すぐに使用できる形としたパッケージです。

µT-Kernel 3.0 BSPのGitHubのURLは以下です。

https://github.com/tron-forum/mtk3_bsp

上記のURLのGitHubのリポジトリを開くと、画面右側に「Releases」という項目があります（図2-2）。

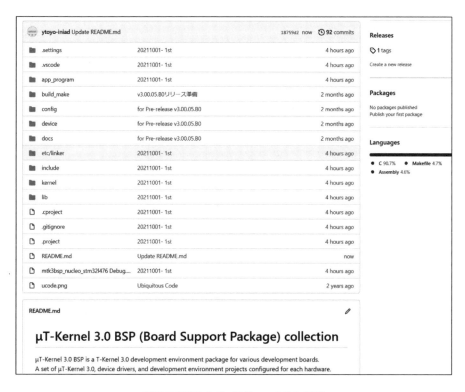

図2-2 GitHubのµT-Kernel 3.0 BSP

　「Releases」をクリックすると、µT-Kernel 3.0 BSPの各リリースが表示されますので、その中から「BSP for STM32L476 Nucleo-64」を探してください。リリース中の「Assets」に「Source code (zip)」がありますので、これをクリックしダウンロードします (図2-3)。

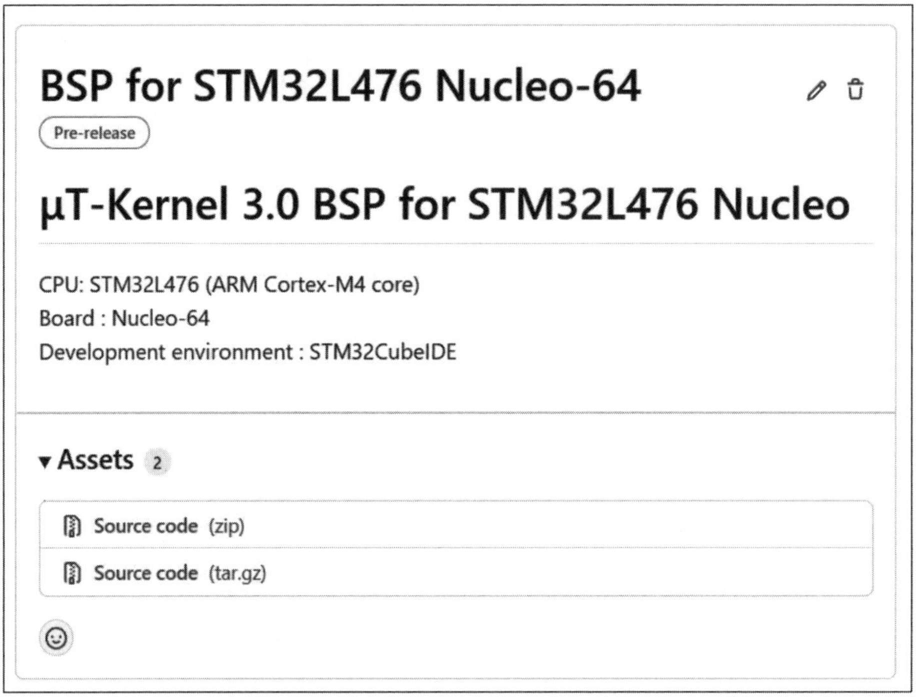

図2-3 BSP for STM32L476 Nucleo-64のリリース

　ダウンロードしたzipファイルを、任意のフォルダに展開します。なお、展開先のフォルダ名に、日本語などの全角文字や空白文字が含まれている場合、正常に動作しない可能性がありますので注意してください。

　zipファイルを展開したフォルダには、STM32L476 Nucleo-64に移植されたµT-Kernel 3.0のソースコードおよびSTM32CubeIDEのプロジェクトファイルなど一式が収められています (µT-Kernel 3.0のソースコードに関しては「3.2 µT-Kernel 3.0のソースコード」で説明します)。

　GitHubとµT-Kernel 3.0についてはAppendix-1も参考にしてください。

µT-Kernel 3.0のプロジェクトの準備

　STM32CubeIDEではプロジェクトの単位でプログラムの開発を行います。まず、µT-Kernel 3.0 BSPのプロジェクトを準備します。

　以下にプロジェクトの準備の手順を示します。なお、STM32CubeIDEの設定により表示などが異なることがありますので注意してください。

（1）STM32CubeIDEを実行します。起動時にワークスペースを聞かれたら、適当なディレクトリを選択します。ワークスペースにはSTM32CubeIDEの設定などの各種情報が保存されます。ワークスペースは複数作ることができますので、ワークスペースを変更することにより、STM32CubeIDEの設定などを切り替えることができます。

（2）STM32CubeIDEの「File」メニューから「Import...」を選択すると、「Import」ダイアログが開きますので、「General」から「Existing Projects into Workspace」を選択し「Next」ボタンを押します（図2-4）。

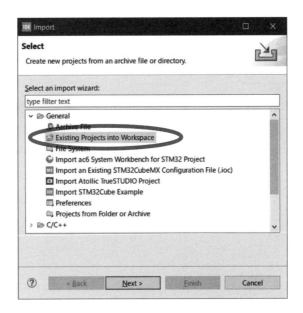

図2-4「Import」ダイアログ（1）

(3) 次のダイアログ（図2-5）が表示されますので「Select root directory」の「Browse」ボタンを
押し、μT-Kernel 3.0 BSPを展開したディレクトリを指定します。

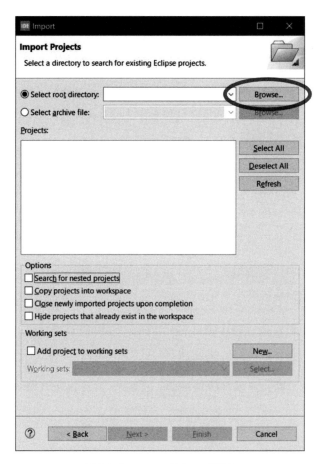

図2-5「Import」ダイアログ（2）

(4)「Projects」に「mtk3bsp_nucleo_stm32l476」が表示されるので、それをチェックします
（図2-6）。

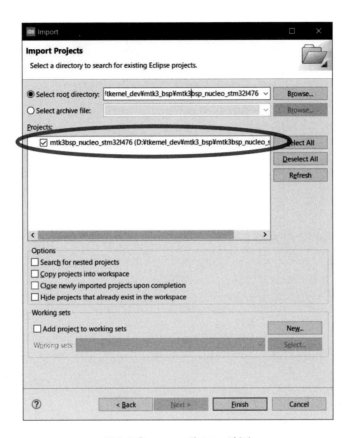

図2-6 「Import」ダイアログ（3）

（5）「Finish」ボタンを押すと、μT-Kernel 3.0 BSPのプロジェクトがワークスペースにインポート
されます。

（6）プロジェクトのインポートが完了すると、STM32CubeIDEのウィンドウ左側のProject
Explorerに「mtk3bsp_nucleo_stm32l476」が表示されます（図2-7）。

図2-7 Project Explorerの「mtk3bsp_nucleo_stm32l476」

　以上でμT-Kernel 3.0 BSPのプロジェクトの準備ができました。これ以降は、STM32CubeIDE
の起動時に今回のワークスペースを選択すれば、μT-Kernel 3.0 BSPのプロジェクトが表示され
ます。

μT-Kernel 3.0のビルド

μT-Kernel 3.0 BSPのプロジェクトには、μT-Kernel 3.0のプログラムのソースコードが収められています。プロジェクトをビルドすることにより、マイコン上で動作する実行プログラムを作成します。

プロジェクトのビルドは以下の手順で行います。

(1) STM32CubeIDEのウィンドウ左側のProject Explorerに表示されているプロジェクトの中から「mtk3bsp_nucleo_stm32l476」を選択します。他に開発中のプロジェクトが無ければ、「mtk3bsp_nucleo_stm32l476」のみが表示されています。

(2) STM32CubeIDEの「Project」メニューから「Build project」を選択します。これにより、現在選択されているプロジェクトのビルドが行われます。最初のビルドには少し時間がかかります。

(3) ビルドが正常に終了すると、STM32CubeIDEのウィンドウ下部の「Console」に「Build Finished. 0 errors」が表示されます（図2-8）。

以上でμT-Kernel 3.0 BSPのビルドが完了しました。

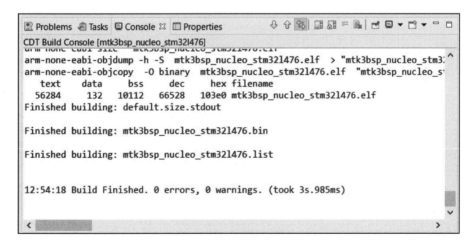

図2-8 ビルドの正常終了

µT-Kernel 3.0の実行

ビルドしたµT-Kernel 3.0 BSPをSTM32L476 Nucleo-64のボード上で実行してみましょう。

まずSTM32CubeIDEを実行しているパソコンとSTM32L476 Nucleo-64をUSBケーブルで接続します。

パソコンとボードが接続されている状態で以下の手順で進めます。

(1) STM32CubeIDEの「Run」メニューから「Debug configurations」を選択し、開いたダイアログから項目「STM32 Cortex-M C/C++ Application」を選択します（図2-9）。

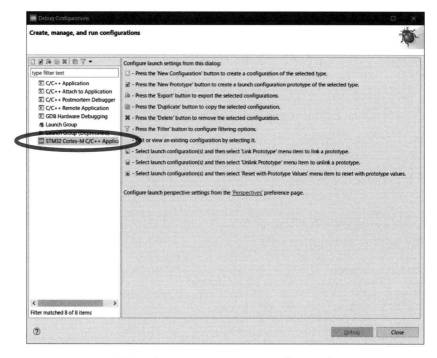

図2-9「Debug configurations」ダイアログ

(2)「New configuration」ボタンを押して、デバッグ・コンフィグレーションを追加します（図2-10）。

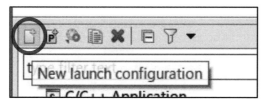

図2-10「New configuration」ボタン

(3) 作成されたデバッグ・コンフィグレーションの各種設定を行います。なお、設定項目の多くは
自動的に設定済みとなっています（図2-11）。
「Debug configurations」の「Main」タブの以下の欄を確認し、もし設定されてなければ設定
してください。

C/C++ Application: ビルドした実行プログラム「mtk3bsp_Nucleo_stm32l476.elf」
Project: プロジェクト名「mtk3bsp_Nucleo_stm32l476」

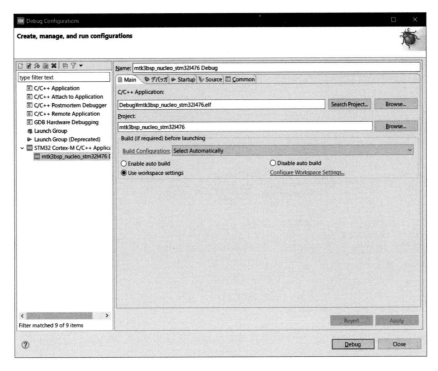

図2-11 「Debug configurations」の設定

(4)「Debug configurations」の「Startup」タブを開いて、「Set breakpoint at：」の「main」を「usermain」に変更します。この指定はプログラム実行時にブレーク（一時停止）する箇所を指定しています（図2-12）。

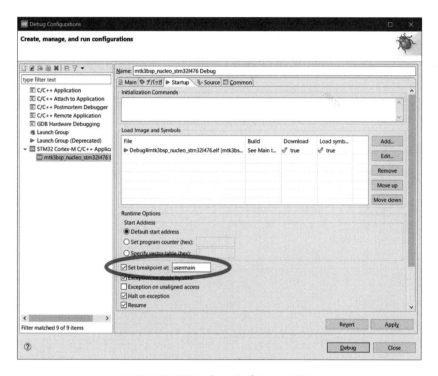

図2-12 起動時のブレークポイントの設定

(5) ダイアログ下部の「Debug」ボタンを押すと、実行プログラムがボードに転送され、ボード上でμT-Kernel 3.0 BSPのプログラムが実行されます。
なお、2度目以降はダイアログを開かなくても「Run」メニューから「Debug」を選択すると、前回実行したプログラムを再度実行することができます。

(6) μT-Kernel 3.0 BSPのプログラムが実行されると、STM32CubeIDEはデバッグ画面に変わります。そして（3）で行った設定に従い、usermain関数の先頭でプログラムはブレーク（一時停止）します。STM32CubeIDEのウィンドウ上に現在ブレークしているプログラムのソースコードが表示されます（図2-13）。

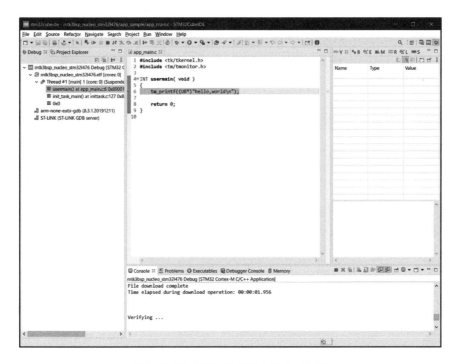

図2-13 STM32CubeIDEのデバッグ画面

(7) STM32CubeIDEの「Run」メニューから「Resume」を選択すると、ブレークしているプログラムの実行を再開できます。メニューの代わりに「Resume」ボタン（図2-14）を押す、またはキーボードのF8キーを押しても実行を再開できます。

μT-Kernel 3.0 BSPのプログラムを実行すると、サンプルのユーザプログラムはデバッグ出力（USB経由の仮想COMポート）に「hello,world」のメッセージの文字を送ります。デバッグ出力に送られた文字列を表示する方法は次項に説明します。

図2-14 「Resume」ボタン

(8) プログラムを終了するには、STM32CubeIDEの「Run」メニューから「Terminate」を選択します。メニューの代わりに「Terminate」ボタン（図2-15）を押す、またはキーボードのF8キーを押しても終了できます。

図2-15 「Terminate」ボタン

(9) µT-Kernel 3.0 BSPのプログラムを終了すると、STM32CubeIDEはデバッグ画面から元の
Cプログラムの画面に戻ります。もし戻らない場合は、ウィンドウ上の「C/C++」ボタンを押
して、手動で画面を切り替えることもできます（図2-16）。

図2-16「C/C++」ボタン

デバッグ出力の表示

　STM32L476 Nucleo-64のようなマイコンボードは、パソコンのようなディスプレイを持って
いません。そこでプログラムのデバッグを行う際には、シリアル通信を用いてパソコンに情報を
送り、それをパソコン上のターミナルエミュレータで表示する方法がよく用いられます。

　STM32L476 Nucleo-64とパソコンをUSBケーブルで接続すると、仮想COMポート（シリ
アル通信ポート）として認識され、ボードからのシリアル通信をターミナルエミュレータで表示する
ことができます。

　パソコンのOSがWindowsであれば、オープンソースソフトウェアのTera Termというターミ
ナルエミュレータが広く使われています。Tera Termは日本語にも対応しており、インターネット
から以下のURLのWebサイトなどで入手できます。

　Tera Term Home Page <https://ttssh2.osdn.jp/>

　Tera Termを例に、µT-Kernel 3.0 BSPからのデバッグ出力を表示する手順を以下に示します。

(1) STM32L476 Nucleo-64とパソコンをUSBケーブルで接続します。

(2) Tera Termの「ファイル」メニューから「新しい接続」を選択し、「シリアル」の「ポート」を選択
してください（図2-17）。
　COMポートは複数表示される場合がありますが、対象とするCOMポートは
　「STMicroelectronics STLink Virtual COM Port」と表示されているものです。

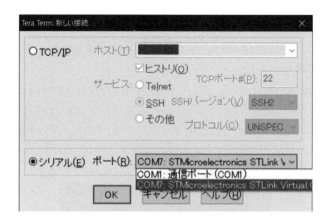

図2-17 Tera Termの通信ポート選択の例

（3）STM32CubeIDEでµT-Kernel 3.0 BSPのプログラムを実行します。前項の（6）の操作です。すでにプログラムを実行してしまっている場合は、前項の（4）のデバッグ開始からやり直してください。

正常にデバッグ出力ができた場合には、Tera Termの画面に「hello,world」の文字が表示されます（図2-18）。なお、「hello,world」の前後に表示されている文字列は、µT-Kernel 3.0が起動時および終了時に出しているメッセージです。

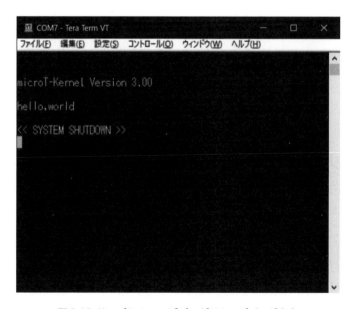

図2-18 サンプルのユーザプログラムのデバッグ出力

サンプルのユーザプログラム

µT-Kernel 3.0 BSPでは、デバッグ出力に「hello,world」を出力するサンプルのユーザプログラムが最初から入っています。

ユーザプログラムは「app_program」ディレクトリの中の「app_main.c」ファイルに記述されています。

STM32CubeIDEのウィンドウの左側に表示されている「Project Exploere」から、図2-19のように「app_main.c」ファイルを選択することができます。

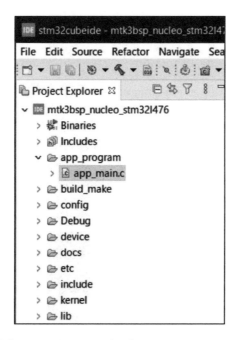

図2-19 「Project Exploere」から「app_main.c」ファイルを選択

「app_main.c」ファイルをダブルクリック、または右クリックして「Open」を選択すると、STM32CubeIDEのウィンドウ中央に「app_main.c」ファイルの内容が表示されます（図2-20）。

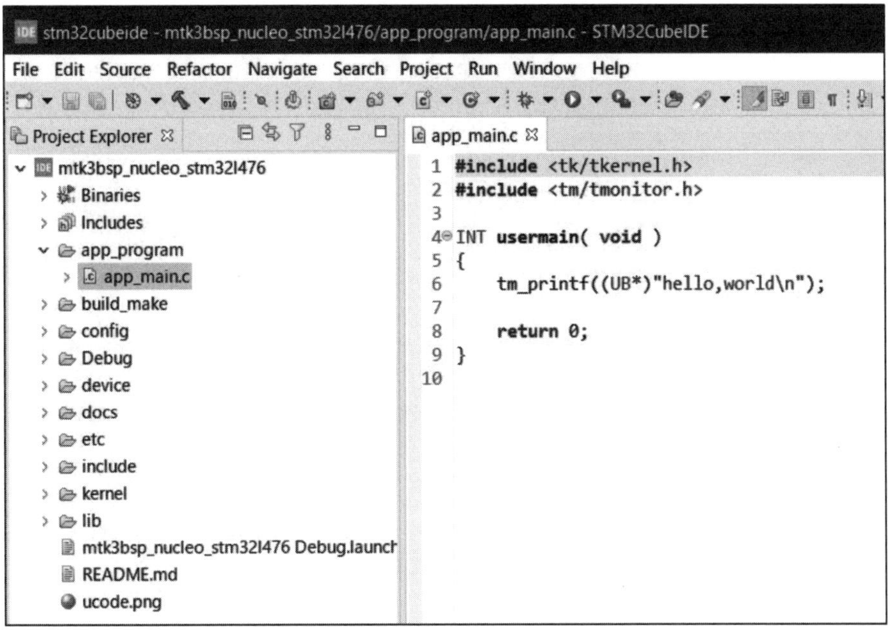

図2-20　「app_main.c」ファイルの内容表示

　ファイルの内容が表示されている画面右側のエリアには、テキストエディタの機能があります
ので、ここでプログラムを書き変えることができます。

　以下、μT-Kernel 3.0 BSPのサンプルのユーザプログラムの内容を説明します。
　このユーザプログラムをリスト1-0に示します。

リスト1-0　サンプルのユーザプログラム

```
#include <tk/tkernel.h>          // ① μT-Kernel 3.0 定義ファイルの読み込み
#include <tm/tmonitor.h>         // ② デバッグ用定義ファイルの読み込み

INT usermain(void)               // ③ usermain 関数の定義
{
    tm_printf((UB*)"hello,world\n");  // ④ デバッグ出力
    return 0;                    // ⑤ ユーザプログラムの終了
}
```

リスト1-0のプログラムの内容を順番に説明していきます。

① μT-Kernel 3.0の定義ファイル「tkernel.h」を読み込んでいます。μT-Kernel 3.0のプログラムでは必ずこの定義ファイルが必要です。

② T-Monitorの定義ファイル「tmonitor.h」を読み込んでいます。これはデバッグ出力を使用する際に必要になります。

③ usermain関数を定義しています。この関数は「1.3.1 μT-Kernel 3.0のソフトウェア」で説明したように、ユーザが作成したアプリケーションのプログラムでOSから最初に実行される関数です。パソコンのC言語プログラムにおけるmain関数に相当するものと考えればよいでしょう。

④ tm_printf関数はC言語の標準関数であるprintf関数に相当します。ただし、文字の出力先はデバッグ出力（USB経由の仮想COMポート）となります。また、浮動小数点型など一部のデータ型は扱えない点がprintf関数と異なります。
　tm_printf関数は、引数として渡された「hello,world」の文字列をデバッグ出力に送信します。なお、文字列をキャストしているのは、tm_printf関数の第一引数の型がchar*型ではなくUB*型として定義されているからです。キャストを行わなかった場合でもプログラムは動作しますが、ビルドの際にワーニング（警告）が出る可能性がありますので、キャストすることをお勧めします。

⑤ usermain関数を終了すると、ユーザプログラムも終了し、μT-Kernel 3.0がシャットダウンします。

ユーザプログラムの変更

　μT-Kernel 3.0 BSPのサンプルのユーザプログラムを書き変えることにより、他のプログラムを実行することができます。

　まずは試しにサンプルのユーザプログラムが出力する「hello,world」の文字を変更してみましょう。

　以下に変更の手順を示します。

（1）STM32CubeIDE の Project Explorer で「app_main.c」ファイルを選択し、ウィンドウ上に内容を表示させ、その中の「hello,world」の文字列を書き変えます。

（2）ファイルの内容を変更した後、STM32CubeIDE の「File」メニューから「Save」を選択し、ファイルの内容を保存します。

（3）STM32CubeIDE の「Project」メニューから「Build Project」を選択し、プログラムをビルドして実行プログラムを作成します。

（4）STM32CubeIDE の「Run」メニューから「Debug」を選択し、プログラムを実行します。プログラムはusermain関数の先頭でブレークしますので、「Resume」を選択し、実行を継続します。

（5）ターミナルエミュレータの画面上に、「hello,world」に代わって変更した文字列が表示されれば、ユーザプログラムの変更は成功です。

　次項からは、この「app_main.c」ファイルの内容を書き変えて、いろいろなプログラムを動かしていきます。

　μT-Kernel 3.0のプログラムのデバッグについてはAppendix-2も参考にしてください。

2.1.3 マイコンボードのデバイス制御（LEDとスイッチ）

マイコンボードのI/Oデバイス

μT-Kernel 3.0のプログラムからマイコンボードのI/Oデバイスを制御してみます。

STM32L476 Nucleo-64にはLEDとボタン・スイッチが搭載されています（写真2-2）。

ボード上には複数のLEDがありますが、ユーザプログラムから制御可能なものは「LD2」と記載されたLEDのみです。また、ボタン・スイッチとして青色のボタンを使用します。黒いボタンはリセット用のスイッチですので、ユーザプログラムからの使用はできません。

LEDとボタン・スイッチは、マイコンの入出力ポートに接続されています。入出力ポートについては次に説明します。

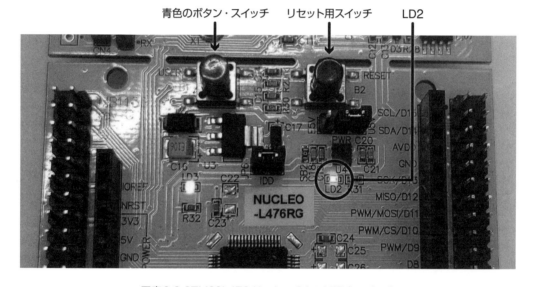

写真2-2 STM32L476 Nucleo-64のLEDとスイッチ

入出力ポートとは

入出力ポートは、ビット単位のデジタル信号の入出力を操作する基本的なI/Oデバイスで、GPIO（General Purpose Input/Output：汎用入出力）ともよばれます。入出力ポートでは、マイコンの各端子のデジタル信号の入出力を制御します。

入出力ポートの各端子を使用する前に、入力とするか出力とするかをあらかじめ設定します。入力に設定されたものは入力ポート、出力に設定されたものは出力ポートとよびます。

入力ポートには、スイッチや、オン・オフで2値を出力する簡単なセンサーなどが接続できます。また、出力ポートには、LEDやリレー、圧電ブザーなどさまざまなものが接続できます。

入出力ポートの用途は広く、一般に一つのマイコンには複数の入出力ポートが搭載されています。ただし、マイコンの端子は他の機能にも使用されますので、すべての端子が入出力ポートとして使用できるわけではありません。

　STM32L476 Nucleo-64では、ポートAからポートCの3個の入出力ポートが使用でき、一つの入出力ポートで最大16端子の入出力を制御できます。ただし、他の機能と兼用されている端子もありますので、マイコンの使い方によっては、実際に使用できる端子の数がこれより少なくなります。

　STM32L476 Nucleo-64のLEDは出力ポートPA5（ポートAの5番目の端子）に、ボタン・スイッチは入力ポートPC13（ポートCの13番目の端子）に接続されています。

　なお、µT-Kernel 3.0 SDKでは、OSの起動時にボードのLEDとスイッチが使用できるように入出力ポートを初期設定しますので、ユーザのプログラムによる入出力ポートの初期設定は不要です。

入出力ポートの制御

　入出力ポートを制御するには、プログラムから入出力ポート内のレジスタにアクセスします。マイコン内蔵の入出力ポートのレジスタは、メモリ空間上に配置されており、通常のメモリと同様にプログラムから読み書きができます。この方式をメモリマップドI/Oとよびます。メモリマップドI/O方式は、マイコンのI/Oデバイスのアクセス方法としては一般的なものです。

　入出力ポートのレジスタには複数の種類があり、またその仕様や使い方はマイコンのハードウェアによって異なります。ただし、µT-Kernel 3.0 SDKでは、OS起動時にLEDとスイッチに接続された入出力ポートのレジスタの設定を行っていますので、ユーザのプログラムから操作するのは、データレジスタのみとなります。

　STM32L476の入出力ポートのデータレジスタは32ビットのレジスタで、その下位16ビットが入出力ポートの端子に対応します。

　出力ポートの場合は、データレジスタの対応するビットの値が端子からの出力値となります。そのため、プログラムからデータレジスタの内容を書き変えると、端子からの出力値を変更できます。

　一方、入力ポートの場合は、端子からの入力値がデータレジスタの対応するビットに格納されます。そのため、プログラムからデータレジスタの内容を読みとると、端子の入力値を得ることができます。

I/Oポートアクセスサポート機能

　入出力ポートを制御するには、C言語のプログラムから、ポインタを用いてレジスタの値を直接読み書きします。この処理は、µT-Kernel 3.0のI/Oポートアクセス機能を使うことによって、より簡単に記述することができます。

I/Oポートアクセス機能では、I/Oデバイスへのアクセスや操作をするための標準的なAPIを提供します。I/Oポートアクセス機能のAPIを表2-2に示します。

表2-2 I/Oポートアクセス機能のAPI

API名	機能	データの単位
in_b	I/Oポートからデータを読み込む	バイト（8ビット）
in_h	〃	ハーフワード（16ビット）
in_w	〃	ワード（32ビット）
in_d	〃	ダブルワード（64ビット）
out_b	I/Oポートにデータを書き込む。	バイト（8ビット）
out_h	〃	ハーフワード（16ビット）
out_w	〃	ワード（32ビット）
out_d	〃	ダブルワード（64ビット）

STM32L476の入出力ポートのレジスタは32ビットのレジスタですので、実際に使用するAPIは、out_wとin_wです。

out_wのAPIの仕様を表2-3に、in_wのAPIの仕様を表2-4に示します。

表2-3 out_wのAPIの仕様

I/Oポート書き込みAPI		
関数定義	void out_w(INT port, UW data);	
引数	INT port	I/Oポートアドレス
	UW data	書き込むデータ
戻り値	なし	
機能	portで指定されたアドレスにdataで指定されたデータを書き込みます。	

表2-4 in_wのAPIの仕様

I/Oポート読み込みAPI	
関数定義	UW in_w(INT port);
引数	INT port　　　　　I/Oポートアドレス
戻り値	読み込んだデータ
機能	portで指定されたアドレスからデータを読み込みます。

out_w、in_wなどのI/Oポートアクセス機能のAPIでは、対象とするレジスタのアドレスを引数として指定します。

µT-Kernel 3.0 BSPでは、STM32L476の入出力ポートのデータレジスタのアドレスを取得するマクロ定義GPIO_ODRが用意されています。

たとえば、ポートＡのデータレジスタの値を読み込む場合は、このマクロ定義を使って以下のように記述します。

```
in_w(GPIO_ODR(A))
```

また、ポートＢのデータレジスタに値１を書き込む場合は以下のように記述します。

```
out_w(GPIO_ODR(B), 1)
```

LED制御プログラム

入出力ポートを制御して、LEDを点滅させるプログラムを作ってみましょう。

以下のプログラムを作成します。

プログラム-1.1：LED制御プログラム
ボード上のLEDを0.5秒の間隔で点滅させます。

STM32L476 Nucleo-64のLEDは、出力ポートPA5（ポートＡの５番目の端子）に接続されています。LEDはPA5の出力がHighのとき点灯し、Lowのとき消灯します。

また、ポートＡのデータレジスタの５ビット目の値を１にするとPA5の出力がHighになり、０にするとPA5の出力がLowになります。

LEDを0.5秒間隔で点滅させるには、プログラムから0.5秒間隔でポートＡのデータレジスタの値を変更します。

プログラムの中では、0.5秒の点滅間隔の時間を待つため、タスクを一時停止するタスク遅延API tk_dly_tskを使用します。

tk_dly_tskのAPIの仕様を表2-5に示します。

表2-5 tk_dly_tskのAPIの仕様

タスク遅延API	
関数定義	ER tk_dly_tsk(RELTIM dlytim);
引数	RELTIM dlytim　　　遅延時間（単位：ミリ秒）
戻り値	エラーコード
機能	dlytimで指定した時間、自タスクの実行を一時停止します。 一時停止の間、タスクは時間経過待ち状態となります。

　「プログラム-1.1：LED制御プログラム」のプログラムのリストを以下に示します。このプログラムをapp_main.cファイルに記述し、前項の手順に従ってビルド、実行するとLEDが点滅します。

リスト1-1　LED制御プログラム

```
#include <tk/tkernel.h>

INT usermain(void)
{
    UW    data_reg;

    while(1) {
        data_reg = in_w(GPIO_ODR(A));           // ① データレジスタの読み取り
        out_w(GPIO_ODR(A), data_reg^(1<<5));     // ② データレジスタの5ビット目を反転
        tk_dly_tsk(500);                         // ③ 0.5秒間、一時停止
    }
    return 0;                                     // ④ ここは実行されない
}
```

　リスト1-1のプログラムの内容を順番に説明していきます。

① in_w APIでポートAのデータレジスタの値を読み、変数data_regに代入します。

② data_regの値の5ビット目を反転し、out_w APIでポートAのデータレジスタに書き込みます。

③ tk_dly_tsk APIで0.5秒間、タスクの実行を一時停止します。usermain関数は初期タスク上で実行されていますので、初期タスクが0.5秒間動作を一時停止します。

④ プログラムはwhile(1)による無限ループですので終了することはありません。

　このプログラムでは、処理がわかりやすくなるように、データレジスタの値をいったん①で変数に代入していますが、以下のように変数を使わずに①と②を記述することもできます。

```
    out_w(GPIO_ODR(A), (in_w(GPIO_ODR(A))^(1<<5)));
```

ボタン・スイッチ制御プログラム

入出力ポートを制御して、ボタン・スイッチの状態を表示するプログラムを作ってみましょう。以下のプログラムを作成します。

プログラム-1.2：ボタン・スイッチ制御プログラム
ボード上のボタン・スイッチを押すと、デバッグ出力に「SW-ON」と表示します。

STM32L476 Nucleo-64のボタン・スイッチは、入力ポートPC13（ポートCの13番目の端子）に接続されています。ボタン・スイッチが押されると、PC13の入力がLowになります。また、ボタン・スイッチが押されていない時はPC13の入力はHighです。

ポートCのデータレジスタの13ビット目の値は、PC13からの入力に応じて変化し、ボタンが押されているときは0、押されていないときは1となります。したがって、プログラムからポートCのデータレジスタを読み取ることにより、ボタン・スイッチの状態を知ることができます。

「プログラム-1.2：ボタン・スイッチ制御プログラム」のプログラムのリストを以下に示します。このプログラムをapp_main.cファイルに記述し、前項の手順に従ってビルド、実行すると、ボタン・スイッチが押されたことを検出してデバッグ出力が表示されます。

リスト1-2 ボタン・スイッチ制御プログラム

```c
#include <tk/tkernel.h>
#include <tm/tmonitor.h>

INT usermain(void)
{
    UW   sw_data, pre_sw_data;

    pre_sw_data = in_w(GPIO_IDR(C)) & (1<<13);      // ① 一つ前のスイッチの状態を読み取る
    while(1) {
        sw_data = in_w(GPIO_IDR(C))&(1<<13);        // ② スイッチの状態を読み取る
        if(pre_sw_data != sw_data) {                // ③ スイッチに変化があったか？
            if(sw_data == 0) {                      // ④ スイッチは ON か？
                tm_printf((UB*)"SW-ON\n");          // ⑤ デバッグ出力
            }
            pre_sw_data = sw_data;                  // ⑥ 変数の更新
        }
        tk_dly_tsk(100);                            // ⑦ 0.1秒間、一時停止
    }
    return 0;                                        // ⑧ ここは実行されない
}
```

リスト1-2のプログラムの内容を順番に説明していきます。

① スイッチの変化を知るため、一つ前のスイッチの状態を変数pre_sw_dataに代入します。スイッチの状態は、in_w APIでポートCのデータレジスタを読み取り、13番目のビット以外の値を0にしています。

② スイッチの状態を変数sw_dataに代入します。

③ 変数pre_sw_dataと変数sw_dataを比較することによりスイッチの変化を調べます。

④ 変数sw_dataの値からスイッチが押されているか判定します。値が0であれば、PC13の入力はLowですのでスイッチは押されています。

⑤ ③④が成立すればスイッチは押されたのでデバッグ出力を行います。

⑥ 一つ前のスイッチの値である変数pre_sw_dataを変数sw_dataの値で更新します。

⑦ tk_dly_tsk APIで0.1秒間、タスクの実行を一時停止します。usermain関数は初期タスク上で実行されていますので、初期タスクが0.1秒間動作を一時停止します。

⑧ プログラムはwhile(1)による無限ループですので終了することはありません。

このプログラムでは、ボタン・スイッチの変化を知るために、0.1秒の周期で入力ポートの値を監視しています。このように周期的に状態を監視するプログラムの方式をポーリングとよびます。

ポーリング方式は、何度も入力の処理を繰り返すため、効率の面では優れた方法ではありません。そのため、実際にスイッチの入力を検出する場合には、ハードウェアの割込みを使用するのが一般的なのですが、割込みを使うとハードウェアに依存する部分が多くなります。ここでは、基本的な入出力ポートの使い方を説明するという意味で、割込みではなくポーリング方式を使用しました。

2.2 動かして覚えるリアルタイムOS

本章では μT-Kernel 3.0でプログラミングを行いながら、リアルタイムOSの基本的な機能について説明していきます。実際にプログラムを作り、マイコンボードで実行して動作を確認していくと、リアルタイムOSの機能や動作が理解しやすいでしょう。

2.2.1 μT-Kernel 3.0のプログラミング

プログラムの実行環境

　本章で説明するプログラムは、前章で説明したSTM32L476 Nucleo-64 と μT-Kernel 3.0 BSP、およびSTM32CubeIDEの実行環境の上で動作します。

　動作を確認するために、ボード上のLEDとボタン・スイッチを使用します。また、デバッグ用のシリアル通信も使用しますので、パソコン側にターミナルソフトを用意してください。

　なお、STM32L476 Nucleo-64のボードの持つ機能のうち、LED、スイッチ、シリアル通信のみを使用していますので、これらのデバイスの操作方法を正しく理解できれば、他のマイコンボードに移植して動かすことも容易だと思います。

プログラムの記述

　本章で説明するプログラムは、C言語のC99規格 (ISO/IEC 9899:1999) を前提としています。

　プログラムの中ではμT-Kernel 3.0で定義する以下の修飾子を使用しています。

表2-6 プログラムで使用する修飾子

修飾子	意味	対応するC言語修飾子[1]
EXPORT	ファイル外からも参照される定義	なし
LOCAL	ファイル内だけで使用される定義	static
CONST	定数であることを示す[2]	const

※1 μT-Kernel 3.0の修飾子は対応するC言語の修飾子に置き換えられます。
※2 μT-Kernel 3.0では、APIの引数に渡されたポインタの参照するデータが、APIの実行によって変更されないことを明示するために使用しています。

エラーコードのチェック

本章で説明するプログラムは、記述を簡潔にするために、エラー処理を含めていません。基本的には、これらのプログラムが実行時にエラーを発生することはありませんが、プログラムの入力時のミスなどをデバッグするには、エラー処理をきちんと行うほうが良い場合もあります。

たとえば、μT-Kernel 3.0 の API の多くは戻り値としてエラーコードを返しますので、戻り値をチェックすることにより、エラーの発生を検出することができます。

以下に API 呼出し時のエラーチェックを行うプログラム例を示します。

```
ER err;                                 // エラー型の変数定義
err = tk_dly_tsk(500);                  // API の発行
if( err < 0 ) {                         // 負の値であればエラー発生
   tm_printf("Error code #%d\n", err);  // デバッグ用出力
}
```

上記のプログラムでは、tk_dly_tsk の API の処理でエラーが発生した場合に、デバッグ用のシリアル通信にエラーコードの値を出力します。

2.2.2 タスクの生成と実行

μT-Kernel 上で動作するプログラムの基本的な実行単位はタスクです。ユーザプログラムは一つまたは複数のタスクから構成されます。タスクを生成して実行するプログラムを作ってみましょう。

以下のプログラムを作成します。

プログラム-2.1：タスクの生成と実行

一つのタスクを生成し実行します。タスクはデバッグ用のシリアル通信出力にメッセージ「Start Task-A」を出力して終了します。

本プログラムで使用するAPI

本プログラムで使用するタスク制御APIを以下に説明します。

● タスクの生成

タスクは、タスク生成API tk_cre_tsk により生成します。

tk_cre_tsk の API の仕様を表2-7に示します。

表2-7 tk_cre_tskのAPIの仕様

タスク生成API	
関数定義	ID tk_cre_tsk(CONST T_CTSK *pk_ctsk);
引数	T_CTSK *pk_ctsk　　タスク生成情報
戻り値	タスクID番号、またはエラーコード
機能	*pk_ctskで指定したタスク生成情報に基づき、タスクを生成します。生成したタスクのID番号を戻り値として返します。

　タスク生成情報T_CTSKは、タスクを生成するための情報を格納した構造体です。tk_cre_tskの引数にこの構造体を指すポインタを渡します。

　T_CTSK構造体のメンバーは必要に応じて設定しますが、以下のメンバーは必ず設定する必要があります。

- **タスク属性 tskatr**

　生成するタスクがどのようなタスクであるか、タスクの属性を指定します(「1.3.2 タスク」を参照)。

　一般的なアプリケーションのタスクの属性は、TA_HLNGおよびTA_RNG3です。TA_HLNG属性はタスクがC言語で記述されていることを示します。TA_RNG3はタスクが一般的なユーザプログラムであることを示します。

　なお、MMUによるメモリ保護を使用していないμT-Kernel 3.0では、保護レベルの指定があっても、実際の動作には影響しません。ただし、メモリ保護のあるシステムとの互換性を考慮し、タスクの用途に応じた保護レベルの設定を推奨します。

- **タスク起動アドレス task**

　タスクのプログラムの実行開始アドレスを示します。タスク属性がTA_HLNG(C言語で記述)の場合は、タスクの実行関数へのポインタを指定します。

　タスクの実行関数は、以下の形式の関数です。

```
void task(INT stacd, void *exinf);
```

　第一引数のstacdは、後述のタスク起動API tk_sta_tskで指定します。第二引数のexinfはタスク生成時に指定可能です(本書では使用しません)。

- **タスク起動時優先度 itskpri**

  タスクの優先度の初期値です。タスクが実行を開始する際には、ここで指定された優先度で動作します。

  タスクの優先度は、一般にはユーザプログラム全体を通じたシステム設計によって決める必要があります。ただし、本書に記載のプログラムでは、アプリケーションのタスクの標準的な優先度である10とします。

- **スタックサイズ stksz**

  タスクが使用するスタックのサイズです。タスクの生成時に指定したサイズのメモリがスタックとして確保されます。もし、タスクの実行中に指定を超えるサイズのスタックを使用した場合は、重大なエラーとなる危険があります。

  スタックサイズは、そのタスクのプログラムのスタック必要量から計算し、それ以上のサイズを設定する必要があります。本書に記載のプログラムでは、アプリケーションのタスクのスタックサイズを、余裕をみた値として1024バイトにしています。

tk_cre_tskは戻り値として新しく生成されたタスクのID番号を返します。以降は、このID番号を使って生成したタスクへの操作を行います。

● タスクの実行

生成したタスクは休止状態であり、まだ実行されていません。タスク起動API tk_sta_tskを呼び出し、タスクを実行できる状態とします。

tk_sta_tskのAPIの仕様を表2-8に示します。

表2-8 tk_sta_tskのAPIの仕様

タスク起動API	
関数定義	ER tk_sta_tsk(ID tskid, INT stacd);
引数	ID tskid　　　　　　　　タスクID番号 INT stacd　　　　　　　タスク起動コード
戻り値	エラーコード
機能	tskidで指定したタスクを休止状態から動作できる状態に移します。 stacdに設定した値は、タスクの実行関数の引数に渡されます。

● タスクの起床待ち（タスクの一時停止）

タスクの動作を一時的に停止するには、タスク起床待ちAPI tk_slp_tskを呼び出して、タスクを起床待ち状態にします。起床待ち状態のタスクは他のタスクから起床されるまで動作を停止します。

tk_slp_tskのAPIの仕様を表2-9に示します。

表2-9 tk_slp_tskのAPIの仕様

タスク起床待ちAPI	
関数定義	ER tk_slp_tsk(TMO tmout);
引数	TMO tmout　　　　タイムアウト時間（単位：ミリ秒）
戻り値	エラーコード
機能	APIを呼び出したタスクを起床待ち状態とします。 他のタスクから起床されると待ち状態は解除されます。またはtmoutで指定した時間内に、他の タスクから起床されなかった場合はタイムアウトのエラーで待ち状態は解除されます。

● タスクの終了

　タスクを終了する際には、自タスク終了API tk_ext_tskを呼び出して、タスクを終了させます。もしタスクを終了させることなく、タスクの実行関数が最後まで実行されてしまうと、そのタスクは暴走してしまいますので注意が必要です。

　tk_ext_tskのAPIの仕様を表2-10に示します。

表2-10 tk_ext_tskのAPIの仕様

タスク終了API	
関数定義	void tk_ext_tsk(void);
引数	なし
戻り値	なし
機能	APIを呼び出したタスクを終了します。

プログラム例

　「プログラム-2.1：タスクの生成と実行」のプログラムのリストを以下に示します。

リスト2-1　タスクの生成と実行

```
#include <tk/tkernel.h>
#include <tm/tmonitor.h>

/* ① タスクAの生成情報と関連データ */
LOCAL void task_a(INT stacd, void *exinf);// 実行関数
LOCAL ID       tskid_a;                // ID番号
LOCAL T_CTSK   ctsk_a = {
    .itskpri  = 10,                    // 初期優先度
    .stksz    = 1024,                  // スタックサイズ
    .task     = task_a,                // 実行関数のポインタ
```

```
    .tskatr   = TA_HLNG | TA_RNG3,      // タスク属性
};

/* ② タスクAの実行関数 */
LOCAL void task_a(INT stacd, void *exinf)
{
    tm_printf((UB*)"Start Task-A\n");    // デバッグ出力

    tk_ext_tsk();                        // 自タスクの終了
}

/* ③ usermain 関数 */
EXPORT INT usermain(void)
{
    tskid_a = tk_cre_tsk(&ctsk_a);       // タスクの生成
    tk_sta_tsk(tskid_a, 0);              // タスクの実行

    tk_slp_tsk(TMO_FEVR);                // 起床待ち

    return 0;                            // ここは実行されない
}
```

リスト2-1のプログラムの内容を順番に説明していきます。

① タスクAの生成情報と関連データ
　タスクAの実行関数task_aのプロトタイプ宣言、タスクAのID番号を格納するための変数 tskid_a、タスクAの生成情報の変数ctsk_aを記述しています。

② タスクAの実行関数
　関数task_aは、タスクAの実行関数です。本プログラムでは、tm_printfでメッセージ「Start Task-A」を出力したのち、自タスク終了API tk_ext_tskを呼び出してタスクAを終了します。

③ usermain 関数
　usermain関数は、タスク生成API tk_cre_tskを呼び出してタスクAを生成します。続いて タスク起動API tk_sta_tskを呼び出して生成したタスクAの実行を開始します。
　最後にusermain関数は、タスク起床待ちAPI tk_slp_tskを実行し、起床待ち状態となります。 これは、usermain関数の終了によりμT-Kernelのシステム全体が終了することを防ぐためです。 なお、usermain関数を実行している初期タスクの優先度は最高優先度（優先度1）ですので、 usermain関数の実行中は優先度10のタスクAは実行されません。
　tk_slp_tskの呼出しにより初期タスクが待ち状態になると、タスクAが実行されます。

2.2.3 マルチタスク

　複数のタスクを生成して同時に実行するマルチタスクのプログラムを作ってみましょう。

　ここでは、「2.1.3. マイコンボードのデバイス制御（LEDとスイッチ）」で作成したLED制御プログラムとスイッチ制御プログラムを、それぞれ別のタスクとして同時に実行させることにします。別々のプログラムに含まれていたタスクが、一つのプログラムの中で同時に動作することが確認できます。

　以下のプログラムを作成します。

プログラム-2.2：マルチタスクの実行

二つのタスクを生成、実行し、二つのタスクの機能が同時に動作することを確認します。二つのタスクは以下の動作をします。

① スイッチ制御タスク
ボタン・スイッチを監視し、ボタン・スイッチが押されると、デバッグ出力に「SW-ON」と表示します。

② LED 制御タスク
LED を 0.5 秒ごとに点滅させます。

本プログラムで使用するAPI

　「2.2.2 タスクの生成と実行」と同じです。

プログラム例

　「プログラム-2.2：マルチタスクの実行」のプログラムのリストを以下に示します。

リスト2-2 マルチタスクの実行

```
#include <tk/tkernel.h>
#include <tm/tmonitor.h>

/* ① スイッチ制御タスクの生成情報と関連データ */
LOCAL void task_sw(INT stacd, void *exinf);   // 実行関数
LOCAL ID      tskid_sw;                        // ID 番号
LOCAL T_CTSK  ctsk_sw = {
    .itskpri  = 10,                            // 初期優先度
    .stksz    = 1024,                          // スタックサイズ
    .task     = task_sw,                       // 実行関数のポインタ
    .tskatr   = TA_HLNG | TA_RNG3,             // タスク属性
};
```

```
/* ② LED 制御タスクの生成情報と関連データ */
LOCAL void task_led(INT stacd, void *exinf);   // 実行関数
LOCAL ID      tskid_led;                        // ID 番号
LOCAL T_CTSK  ctsk_led = {
    .itskpri = 10,                              // 初期優先度
    .stksz   = 1024,                            // スタックサイズ
    .tas k   = task_led,                        // 実行関数のポインタ
    .tskatr  = TA_HLNG | TA_RNG3,               // タスク属性
};

/* ③ スイッチ制御タスクの実行関数 */
LOCAL void task_sw(INT stacd, void *exinf)
{
    UW   sw_data, pre_sw_data;

    pre_sw_data = in_w(GPIO_IDR(C)) & (1<<13);  // 一つ前のスイッチの状態を読み取る
    while(1) {
        sw_data = in_w(GPIO_IDR(C))&(1<<13);    // スイッチの状態を読み取る
        if(pre_sw_data != sw_data) {            // スイッチに変化があったか？
            if(sw_data == 0) {                  // スイッチは ON か？
                tm_printf((UB*)"SW-ON\n");      // デバッグ出力
            }
            pre_sw_data = sw_data;              // 変数の更新
        }
        tk_dly_tsk(100);                        // 0.1 秒間、一時停止
    }

    tk_ext_tsk();                               // ここは実行されない
}

/* ④ LED 制御タスクの実行関数 */
LOCAL void task_led(INT stacd, void *exinf)
{
    UW   data_reg;

    while(1) {
        data_reg = in_w(GPIO_ODR(A));           // データレジスタの読み取り
        out_w(GPIO_ODR(A), data_reg^(1<<5));    // データレジスタの 5 ビット目を反転
        tk_dly_tsk(500);                        // 0.5 秒間、一時停止
    }

    tk_ext_tsk();                               // ここは実行されない
}

/* ⑤ usermain 関数 */
EXPORT INT usermain(void)
{
    tskid_sw = tk_cre_tsk(&ctsk_sw);      // スイッチ制御タスクの生成
    tk_sta_tsk(tskid_sw, 0);              // スイッチ制御タスクの実行

    tskid_led = tk_cre_tsk(&ctsk_led);    // LED 制御タスクの生成
```

```
    tk_sta_tsk(tskid_led, 0);          // LED 制御タスクの実行

    tk_slp_tsk(TMO_FEVR);              // 起床待ち
    return 0;                          // ここは実行されない
}
```

リスト2-2のプログラムの内容を順番に説明していきます。

① スイッチ制御タスクの生成情報と関連データ
  スイッチ制御タスクの実行関数task_swのプロトタイプ宣言、スイッチ制御タスクのID番号を格納するための変数tskid_sw、スイッチ制御タスクの生成情報の変数ctsk_swを記述しています。

② LED制御タスクの生成情報と関連データ
  LED制御タスクの実行関数task_ledのプロトタイプ宣言、LED制御タスクのID番号を格納するための変数tskid_led 、LED制御タスクの生成情報の変数ctsk_ledを記述しています。

③ スイッチ制御タスクの実行関数
  関数task_swは、スイッチ制御タスクの実行関数です。関数の処理内容は「2.1.3 マイコンボードのデバイス制御（LEDとスイッチ）」で説明したスイッチ制御プログラムと同じです。
  関数の最後に自タスク終了API tk_ext_tskを記述していますが、本関数はwhile文による無限ループから抜けませんので、このAPIが実行されることはありません。

④ LED制御タスクの実行関数
  関数task_ledは、LED制御タスクの実行関数です。関数の処理内容は「2.1.4. マイコンボードのデバイス制御（LEDとスイッチ）」で説明したLED制御プログラムと同じです。
  関数の最後に自タスク終了API tk_ext_tskを記述していますが、本関数はwhile文による無限ループから抜けませんので、このAPIが実行されることはありません。

⑤ usermain関数
  usermain関数では、スイッチ制御タスクとLED制御タスクの生成および実行を行います。
  最後にusermain関数は、タスクの起床待ちAPI tk_slp_tskを実行し、起床待ち状態となります。これはusermain関数の終了によりμT-Kernelのシステム全体が終了することを防ぐためです。tk_slp_tskの呼出しによって初期タスクが待ち状態になると、LED制御タスクとスイッチ制御タスクが実行されます。

2.2.4 タスク間の同期

　マルチタスクで実行するタスクでは、タスク付属同期機能を用いて、それぞれのタスクの動作を同期させる事ができます（「1.3.3 タスクの基本的な同期」を参照）。

　前項のプログラムは、LED制御とスイッチ制御の二つのタスクを独立に動作させました。この二つのタスクの動作を同期させ、スイッチが押されたら、LEDが一定時間点灯するようにしてみましょう。

　タスク間の同期には、タスク付属同期機能のタスクの起床を使用することにします。

　以下のプログラムを作成します。

プログラム-2.3：タスク間の同期

ボタン・スイッチを押すとLEDが3秒間点灯するプログラムを、二つのタスクを使い、タスク付属同期機能のタスクの起床で同期させることにより実現します。

二つのタスクは以下の動作をします。

① スイッチ制御タスク
ボタン・スイッチを監視し、ボタン・スイッチが押されると、LED制御タスクを起床します。

② LED制御タスク
タスクが起床されるのを待ち、起床後にLEDを3秒間点灯します。

本プログラムで使用するAPI

　本プログラムで使用するタスク付属同期機能のAPIを以下に説明します。タスク制御APIに関しては「2.2.2 タスクの生成と実行」で説明しています。

● タスクの起床待ち

　タスクを起床待ち状態にするには「2.2.2 タスクの生成と実行」で説明したタスク起床待ちAPI tk_slp_tskを使用します。

● タスクの起床

　タスク起床API tk_wup_tskを呼び出すことにより、起床待ち状態のタスクの待ちを解除し、動作できる状態にすることができます。

　tk_wup_tskのAPIの仕様を表2-11に示します。

表 2-11 tk_wup_tsk の API の仕様

タスク起床 API	
関数定義	ER tk_wup_tsk(ID tskid);
引数	ID tskid　　　　起床するタスクの ID 番号
戻り値	エラーコード
機能	tskid で指定されたタスクの起床待ちを解除します。

プログラム例

「プログラム-2.3：タスク間の同期」のプログラムのリストを以下に示します。

リスト 2-3 タスク間の同期

```
#include <tk/tkernel.h>
#include <tm/tmonitor.h>

/* ① スイッチ制御タスクの生成情報と関連データ */
LOCAL void task_sw(INT stacd, void *exinf);
LOCAL ID      tskid_sw;              // スイッチ制御タスクの ID 番号
LOCAL T_CTSK  ctsk_sw = {
    .itskpri = 10,              // 初期優先度
    .stksz   = 1024,           // スタックサイズ
    .task    = task_sw,        // 実行関数のポインタ
    .tskatr  = TA_HLNG | TA_RNG3,// タスク属性
};

/* ② LED 制御タスクの生成情報と関連データ */
LOCAL void task_led(INT stacd, void *exinf);
LOCAL ID      tskid_led;             // LED 制御タスクの ID 番号
LOCAL T_CTSK  ctsk_led = {
    .itskpri = 10,              // 初期優先度
    .stksz   = 1024,           // スタックサイズ
    .task    = task_led,       // 実行関数のポインタ
    .tskatr  = TA_HLNG | TA_RNG3, // タスク属性
};

/* ③ スイッチ制御タスクの実行関数 */
LOCAL void task_sw(INT stacd, void *exinf)
{
    UW   sw_data, pre_sw_data;

    pre_sw_data = in_w(GPIO_IDR(C)) & (1<<13);    // 一つ前のスイッチの状態を読み取る
    while(1) {
        sw_data = in_w(GPIO_IDR(C))&(1<<13);      // スイッチの状態を読み取る
        if(pre_sw_data != sw_data) {              // スイッチに変化があったか？
```

```
                    if(sw_data == 0) {                      // スイッチは ON か?
                            tk_wup_tsk(tskid_led);          // LED 制御タスクを起床
                    }
                    pre_sw_data = sw_data;                  // 変数の更新
            }
            tk_dly_tsk(100);                                // 0.1 秒間、一時停止
    }

    tk_ext_tsk();                                           // ここは実行されない
}

/* ④ LED 制御タスクの実行関数 */
LOCAL void task_led(INT stacd, void *exinf)
{
    UW    data_reg;

    while(1) {
        tk_slp_tsk(TMO_FEVR);                               // タスクの起床待ち
        data_reg = in_w(GPIO_ODR(A));                       // データレジスタの読み取り
        out_w(GPIO_ODR(A), data_reg | (1<<5));              // データレジスタの 5 ビット目を 1 にする
        tk_dly_tsk(3000);                                   // 3 秒間、一時停止
        out_w(GPIO_ODR(A), data_reg & ~(1<<5));             // データレジスタの 5 ビット目を 0 にする
    }

    tk_ext_tsk();                                           // ここは実行されない
}

/* ⑤ usermain 関数 */
EXPORT INT usermain(void)
{
    tskid_sw = tk_cre_tsk(&ctsk_sw);        // スイッチ制御タスクの生成
    tk_sta_tsk(tskid_sw, 0);                // スイッチ制御タスクの実行

    tskid_led = tk_cre_tsk(&ctsk_led);      // LED 制御タスクの生成
    tk_sta_tsk(tskid_led, 0);               // LED 制御タスクの実行

    tk_slp_tsk(TMO_FEVR);                   // 起床待ち
    return 0;                               // ここは実行されない
}
```

リスト2-3のプログラムの内容を順番に説明していきます。

① スイッチ制御タスクの生成情報と関連データ
「プログラム-2.2：マルチタスクの実行」と同じです。

② LED制御タスクの生成情報と関連データ
「プログラム-2.2：マルチタスクの実行」と同じです。

③ スイッチ制御タスクの実行関数
関数task_swは、0.1秒の間隔でボタン・スイッチの状態をポーリングします。ボタン・スイッチが押されたことを検出した場合には、タスクの起床API tk_wup_tskを呼び出し、LED制御タスクを起床します。

④ LED制御タスクの実行関数
関数task_ledは、最初にタスクの起床待ちAPI tk_slp_tskを呼び出し、起床待ち状態となって実行を一時停止します。その後で他のタスクから起床されると、LEDを点灯してから、タスクの遅延API tk_dly_tskを呼び出してタスクの動作を3秒間停止します。3秒が経過し再び実行されるとLEDを消灯します。以降、この動作を繰り返します。

⑤ usermain関数
「プログラム-2.2：マルチタスクの実行」と同じです。

　本プログラムで使用するtk_wup_tskによるタスクの起床では、起床の要求がカウントされます。そのため、最初にスイッチを押してから3秒間LEDが点灯している間に、もう一度スイッチを押した場合には、押した回数だけLEDの点灯時間が延びていきます。実際にプログラムを動かして試してみましょう。

2.2.5 イベントフラグによる同期

マルチタスクで実行するタスクの間では、イベントフラグを用いて、イベントの発生を通知し、動作の同期をとることができます(「1.3.4 イベントフラグ」を参照)。

前項のプログラムではタスクの起床待ちを使用してタスク間の同期を行いましたが、今回はイベントフラグを用いて、ボタン・スイッチが押されたというイベントをタスク間で通知し、タスクの動作を同期してみましょう。

以下のプログラムを作成します。

プログラム-2.4：イベントフラグによる同期

ボタン・スイッチを押すとLEDが3秒間点灯するプログラムを、二つのタスクをイベントフラグで同期させて実現します。
二つのタスクは以下の動作をします。

① スイッチ制御タスク
ボタン・スイッチを監視し、ボタン・スイッチが押されると、イベントフラグをセットします。

② LED制御タスク
イベントフラグがセットされるのを待ち、セットされると、LEDを3秒間点灯します。

本プログラムで使用するAPI

本プログラムで使用するイベントフラグのAPIを以下に説明します。タスク制御APIに関しては「2.2.2 タスクの生成と実行」で説明しています。

● イベントフラグの生成

イベントフラグはイベントフラグの生成API tk_cre_flgにより生成します。
tk_cre_flgのAPIの仕様を表2-12に示します。

表2-12 tk_cre_flgのAPIの仕様

イベントフラグ生成API	
関数定義	ID tk_cre_flg(CONST T_CFLG *pk_cflg);
引数	T_CFLG *pk_cflg　　イベントフラグ生成情報
戻り値	イベントフラグID番号、またはエラーコード
機能	*pk_cflgで指定したイベントフラグ生成情報に基づき、イベントフラグを生成します。 生成したイベントフラグのID番号を戻り値として返します。

イベントフラグ生成情報T_CFLGは、イベントフラグを生成するための情報を格納した構造体です。tk_cre_flgの引数にこの構造体へのポインタを渡します。

T_CFLG構造体のメンバーは必要に応じて設定しますが、以下のメンバーは必ず設定する必要があります。

・**イベントフラグ属性 flgatr**

イベントフラグの性質を表す属性です。主な属性を表2-13に示します。

表2-13 イベントフラグの主な属性

属性名	意味
TA_TFIFO	待ちタスクの並びは先着順（FIFO順）[3]
TA_TPRI	待ちタスクの並びは優先度順[3]
TA_WSGL	複数のタスクの待ちを許さない[4]
TA_WMUL	複数のタスクの待ちを許す[4]

[3] TA_TFIFOとTA_TPRIのいずれか一方を必ず指定する必要があります。
[4] TA_WSGLとTA_WMULのいずれか一方を必ず指定する必要があります。

・**イベントフラグの初期値 iflgptn**

イベントフラグの生成時の初期値です。イベントが何も発生してなければ、初期値は0とします。

● **イベントフラグのセット**

イベントフラグのセットは、イベントフラグのセット API tk_set_flgを使用します。
tk_set_flgのAPIの仕様を表2-14に示します。

表2-14 tk_set_flgのAPIの仕様

イベントフラグのセットAPI	
関数定義	ER tk_set_flg(ID flgid, UINT flgptn);
引数	ID flgid　　　　　　　イベントフラグのID番号 UINT flgptn　　　　　セットするビットパターン
戻り値	エラーコード
機能	flgidで指定したイベントフラグにflgptnで示されているビットパターンをセットします。 具体的にはその時点のイベントフラグの値に、flgptnの値の論理和がとられます。 イベントフラグの待ち状態のタスクの中から、条件が成立したタスクの待ちを解除します。

● **イベントフラグ待ち**

イベントフラグのセットを待つには、イベントフラグ待ちAPI tk_wai_flgを使用します。tk_wai_flgのAPIの仕様を表2-15に示します。

表2-15 tk_wai_flgのAPIの仕様

イベントフラグ待ちAPI	
関数定義	ER tk_wai_flg(ID flgid, UINT waiptn, UINT wfmode, UINT *p_flgptn, TMO tmout);
引数	ID flgid　　　　　　イベントフラグのID番号 UINT waiptn　　　　待ちビットパターン UINT wfmode　　　　待ちモード UINT *p_flgptn　　　解除時のビットパターン TMO tmout　　　　　タイムアウト時間(単位：ミリ秒)
戻り値	エラーコード
機能	flgidで指定したイベントフラグに対して、waiptnで指定したビットパターンと、wfmodeで指定したモードで、イベントフラグがセットされるのを待ちます。 条件が成立し待ちが解除されると、*p_flgptnに解除時のビットパターンが返されます。またはtmoutで指定した時間内に、条件が成立しなかった場合はタイムアウトのエラーで待ち状態は解除されます。

イベントフラグの待ちモードには表2-16に示すものがあります。

表2-16 イベントフラグの待ちモード

属性名	意味
TWF_ANDW	指定したすべてのビットがセットされるまで待つ[5]
TWF_ORW	指定したビットのいずれかがセットされるまで待つ[5]
TWF_CLR	条件が成立したら全ビットをクリアする
TWF_BITCLR	条件が成立したビットをクリアする

[5] TWF_ANDWとTWF_ORWのいずれか一方を必ず指定する必要があります。

プログラム例

「プログラム-2.4：イベントフラグによる同期」のプログラムのリストを以下に示します。

リスト2-4 イベントフラグによる同期

```
#include <tk/tkernel.h>
#include <tm/tmonitor.h>

/* ① イベントフラグの生成情報と関連データ */
LOCAL ID      flgid_a;               // イベントフラグのID番号
LOCAL T_CFLG  cflg_a = {
```

```
    .flgatr    = TA_TFIFO | TA_WMUL,// イベントフラグの属性
    .iflgptn   = 0,                 // イベントフラグの初期値
};

/* イベントを定義 */
#define FLG_SW_ON    (1<<0)         // スイッチオンイベント (ビット 0)

/* ② スイッチ制御タスクの生成情報と関連データ */
LOCAL void task_sw(INT stacd, void *exinf);
LOCAL ID         tskid_sw;         // スイッチ制御タスクの ID 番号
LOCAL T_CTSK     ctsk_sw = {
    .itskpri = 10,                 // 初期優先度
    .stksz   = 1024,               // スタックサイズ
    .task    = task_sw,            // 実行関数のポインタ
    .tskatr  = TA_HLNG | TA_RNG3,  // タスク属性
};

/* ③ LED 制御タスクの生成情報と関連データ */
LOCAL void task_led(INT stacd, void *exinf);
LOCAL ID          tskid_led;       // LED 制御タスクの ID 番号
LOCAL T_CTSK      ctsk_led = {
    .itskpri = 10,                 // 初期優先度
    .stksz   = 1024,               // スタックサイズ
    .task    = task_led,           // 実行関数のポインタ
    .tskatr  = TA_HLNG | TA_RNG3,  // タスク属性
};

/* ④ スイッチ制御タスクの実行関数 */
LOCAL void task_sw(INT stacd, void *exinf)
{
    UW   sw_data, pre_sw_data;

    pre_sw_data = in_w(GPIO_IDR(C)) & (1<<13);// 一つ前のスイッチの状態を読み取る
    while(1) {
        sw_data = in_w(GPIO_IDR(C))&(1<<13);// スイッチの状態を読み取る
        if(pre_sw_data != sw_data) {        // スイッチに変化があったか?
            if(sw_data == 0) {              // スイッチは ON か?
                tk_set_flg(flgid_a, FLG_SW_ON);// イベントフラグをセット
            }
            pre_sw_data = sw_data;          // 変数の更新
        }
        tk_dly_tsk(100);                    // 0.1 秒間、一時停止
    }

    tk_ext_tsk();                           // ここは実行されない
}

/* ⑤ LED 制御タスクの実行関数 */
LOCAL void task_led(INT stacd, void *exinf)
{
    UW        data_reg;
```

```
    UINT        flgptn;

    while(1) {
        tk_wai_flg(flgid_a, FLG_SW_ON,
            (TWF_ANDW | TWF_BITCLR), &flgptn, TMO_FEVR);// イベント待ち
        data_reg = in_w(GPIO_ODR(A));           // データレジスタの読み取り
        out_w(GPIO_ODR(A), data_reg | (1<<5));  // データレジスタの5ビット目を1にする
        tk_dly_tsk(3000);                       // 3秒間、一時停止
        out_w(GPIO_ODR(A), data_reg & ~(1<<5)); // データレジスタの5ビット目を0にする
    }

    tk_ext_tsk();                               // ここは実行されない
}

/* ⑥ usermain 関数 */
EXPORT INT usermain(void)
{
    flgid_a = tk_cre_flg(&cflg_a);          // イベントフラグの生成

    tskid_sw = tk_cre_tsk(&ctsk_sw);    // スイッチ制御タスクの生成
    tk_sta_tsk(tskid_sw, 0);            // スイッチ制御タスクの実行

    tskid_led = tk_cre_tsk(&ctsk_led);  // LED制御タスクの生成
    tk_sta_tsk(tskid_led, 0);           // LED制御タスクの実行

    tk_slp_tsk(TMO_FEVR);               // 起床待ち
    return 0;                           // ここは実行されない
}
```

　リスト2-4のプログラムの内容を順番に説明していきます。

① イベントフラグの生成情報と関連データ

　flgid_aはイベントフラグのID番号を格納するための変数です。

　cflg_aはイベントフラグの生成情報の変数です。イベントフラグ属性はTA_TFIFO（待ちタスクは先着順）とTA_WMUL（複数のタスクの待ちを許す）としましたが、今回はイベントを待つタスクが一つだけですので、実際の動作には影響しません。

　イベントフラグの初期値は、まだイベントが発生していないという意味で0とします。

　イベントフラグの内容は、スイッチを押したことを通知するイベントのみですので、イベントフラグの第0ビット目をスイッチオンイベントとして、以下のように定義します。

```
    #define FLG_SW_ON  (1<<0)
```

② スイッチ制御タスクの生成情報と関連データ
「プログラム-2.2：マルチタスクの実行」と同じです。

③ LED制御タスクの生成情報と関連データ
「プログラム-2.2：マルチタスクの実行」と同じです。

④ スイッチ制御タスクの実行関数
関数task_swは、0.1秒の間隔でスイッチの状態をポーリングし、スイッチが押されたことを検出した場合には、イベントフラグのセットAPI tk_set_flgを呼び出し、スイッチオンイベントをセットします。

⑤ LED制御タスクの実行関数
関数task_ledは、最初にイベントフラグ待ちAPI tk_wai_flgを呼び出し、イベント待ち状態となって実行を一時停止します。その際、TWF_BITCLRモードを指定し、待ちが解除された際に条件ビットがクリアされるように指定します。
イベントフラグがセットされると、LEDを点灯してから、タスクの遅延API tk_dly_tskを呼び出してタスクの動作を3秒間停止します。3秒が経過し再び実行されるとLEDを消灯します。以降、この動作を繰り返します。

⑥ usermain関数
usermain関数は、最初にイベントフラグ生成API tk_cre_flgを呼び出してイベントフラグを生成します。以降は「プログラム-2.2：マルチタスクの実行」と同じです。

　本プログラムは、「プログラム-2.3：タスク間の同期」とよく似ています。ただし、タスクの起床では要求の回数がカウントされたのに対して、イベントフラグは1ビットのフラグですのでカウントされないという違いがあります。
　具体的には、3秒間のLED点灯中に複数回スイッチを押した場合に、「プログラム-2.3：タスク間の同期」では押された回数に応じて3秒間ずつLED点灯時間の延長が行われるのに対して、本プログラムでは点灯時間の延長が行われるのは1回のみ（合計で6秒間まで）となります。

2.2.6 メッセージバッファによる通信

マルチタスクで実行するタスクの間で、メッセージバッファ機能を用いて、データの通信を行うことができます（「1.3.7 メッセージバッファ」を参照）。

前項の「プログラム-2.4：イベントフラグによる同期」では、ボタン・スイッチを押したというイベントをタスク間で通知するためにイベントフラグを使用しましたが、今回はメッセージバッファを使用して実現してみましょう。

スイッチ制御タスクからLED制御タスクにメッセージを送信し、そのメッセージに応じてLEDの制御を行います。メッセージでは各種の情報を伝えることができますので、スイッチがオンになった場合とオフになった場合をそれぞれ別のメッセージで伝え、スイッチが押されている間だけLEDを光らせることにします。

以下のプログラムを作成します。

プログラム-2.5：メッセージバッファによる通信
ボタン・スイッチを押すとLEDが点灯し、ボタン・スイッチを離すとLEDが消灯するプログラムを、二つのタスクがメッセージバッファを使って通信を行うことにより実現します。
二つのタスクは以下の動作をします。

① スイッチ制御タスク
ボタン・スイッチを監視し、ボタン・スイッチの変化に応じてメッセージバッファへスイッチのオン、オフのメッセージを送信します。

② LED制御タスク
メッセージバッファからの受信を待ち、受信したメッセージの内容に応じて、スイッチがオンの間だけLEDを点灯します。

本プログラムで使用するAPI

本プログラムで使用するメッセージバッファのAPIを以下に説明します。タスク制御APIに関しては「2.2.2 タスクの生成と実行」で説明しています。

● メッセージバッファの生成

メッセージバッファはメッセージバッファの生成API tk_cre_mbfにより生成します。tk_cre_mbfのAPIの仕様を表2-17に示します。

表2-17 tk_cre_mbfのAPIの仕様

メッセージバッファ生成 API	
関数定義	ID tk_cre_mbf(CONST T_CMBF *pk_cmbf);
引数	T_CMBF *pk_cmbf　メッセージバッファ生成情報
戻り値	メッセージバッファ ID 番号、またはエラーコード
機能	*pk_mbf で指定したメッセージバッファ生成情報に基づき、メッセージバッファを生成します。生成したメッセージバッファの ID 番号を戻り値として返します。

　メッセージバッファ生成情報 T_CMBFは、メッセージバッファを生成するための情報を格納した構造体です。tk_cre_mbfの引数にこの構造体へのポインタを渡します。
　T_CMBF構造体のメンバーは必要に応じて設定しますが、以下のメンバーは必ず設定する必要があります。

・ メッセージバッファ属性 mbfatr
　メッセージバッファの属性です。主な属性を表2-18に示します。

表2-18 メッセージバッファの主な属性

属性名	意味
TA_TFIFO	送信待ちタスクの並びは先着順（FIFO 順）[6]
TA_TPRI	送信待ちタスクの並びは優先度順[6]

※6 TA_TFIFOとTA_TPRIのいずれか一方を必ず指定する必要があります。

・ メッセージバッファのサイズ bufsz
　メッセージバッファのメッセージを格納するメモリ領域のサイズをバイト数で指定します。メッセージバッファの生成時には、指定されたサイズのメモリ領域が確保されます。

・ メッセージの最大長 maxmsz
　一つのメッセージの最大のサイズをバイト数で指定します。これを超えるサイズのメッセージを送信しようとするとエラーになります。

● メッセージバッファへの送信
　メッセージバッファへメッセージを送信するには、メッセージ送信 API tk_snd_mbfを使用します。
　tk_snd_mbfのAPIの仕様を表2-19に示します。

表2-19 tk_snd_mbfのAPIの仕様

メッセージ送信API	
関数定義	ID tk_snd_mbf(ID mbfid, CONST void *msg, INT msgsz, TMO tmout);
引数	ID mbfid　　　　　　メッセージバッファのID番号 CONST void *msg　送信メッセージの先頭アドレス INT msgsz　　　　　送信メッセージのサイズ TMO tmout　　　　　タイムアウト時間(単位：ミリ秒)
戻り値	エラーコード
機能	mbfidで指定したメッセージバッファへ、*msgとmsgszで指定したメッセージを送信します。 メッセージバッファに空きがなく送信ができない場合、タスクは送信待ち状態となります。tmout で指定した時間内に送信が成功しなかった場合はタイムアウトのエラーで待ちが解除されます。

● メッセージバッファからの受信

　メッセージバッファからメッセージを受信するには、メッセージ受信API tk_rcv_mbfを使用します。

　tk_rcv_mbfのAPIの仕様を表2-20に示します。

表2-20 tk_rcv_mbfのAPIの仕様

メッセージ受信API	
関数定義	ID tk_rcv_mbf(ID mbfid, void *msg, TMO tmout);
引数	ID mbfid　　　　　メッセージバッファのID番号 void *msg　　　　受信メッセージを格納する領域の先頭アドレス TMO tmput　　　　タイムアウト時間(単位：ミリ秒)
戻り値	受信したメッセージのサイズ、またはエラーコード
機能	mbfidで指定したメッセージバッファから、*msgで指定した領域へメッセージを受信します。 メッセージバッファにメッセージがなく受信ができない場合、タスクは受信待ち状態となります。 tmoutで指定した時間内に受信が成功しなかった場合はタイムアウトのエラーで待ちが解除されます。

プログラム例

　「プログラム-2.5：メッセージバッファによる通信」のプログラムのリストを以下に示します。

リスト2-5 メッセージバッファによる通信

```
#include <tk/tkernel.h>
#include <tm/tmonitor.h>

/* ① メッセージバッファの生成情報と関連データ */
LOCAL ID          mbfid_a;                    // メッセージバッファのID番号
```

```c
LOCAL T_CMBF        cmbf_a = {
    .mbfatr   = TA_TFIFO,              // メッセージバッファ属性
    .bufsz    = (sizeof(UINT) * 10),   // メッセージバッファのサイズ
    .maxmsz   = sizeof(UINT),
};
/* メッセージ内容を定義 */
#define SW_ON       1               // スイッチが押された
#define SW_OFF      0               // スイッチが離された


/* ② スイッチ制御タスクの生成情報と関連データ */
LOCAL void task_sw(INT stacd, void *exinf);
LOCAL ID          tskid_sw;        // スイッチ制御タスクの ID 番号
LOCAL T_CTSK      ctsk_sw = {
    .itskpri  = 10,               // 初期優先度
    .stksz    = 1024,             // スタックサイズ
    .task     = task_sw,          // 実行関数のポインタ
    .tskatr   = TA_HLNG | TA_RNG3,// タスク属性
};

/* ③ LED 制御タスクの生成情報と関連データ */
LOCAL void task_led(INT stacd, void *exinf);
LOCAL ID          tskid_led;       // LED 制御タスクの ID 番号
LOCAL T_CTSK      ctsk_led = {
    .itskpri  = 10,               // 初期優先度
    .stksz    = 1024,             // スタックサイズ
    .task     = task_led,         // 実行関数のポインタ
    .tskatr   = TA_HLNG | TA_RNG3,// タスク属性
};


/* ④ スイッチ制御タスクの実行関数 */
LOCAL void task_sw(INT stacd, void *exinf)
{
    UW        sw_data, pre_sw_data;
    UINT      msg;

    pre_sw_data = in_w(GPIO_IDR(C)) & (1<<13);// 一つ前のスイッチの状態を読み取る
    while(1) {
        sw_data = in_w(GPIO_IDR(C))&(1<<13);// スイッチの状態を読み取る
        if(pre_sw_data != sw_data) {       // スイッチに変化があったか？
            msg = (sw_data == 0)?SW_ON:SW_OFF;// メッセージの作成
            tk_snd_mbf(mbfid_a, &msg, sizeof(msg), TMO_FEVR);// メッセージの送信
            pre_sw_data = sw_data;        // 変数の更新
        }
        tk_dly_tsk(100);                  // 0.1 秒間、一時停止
    }

    tk_ext_tsk();                         // ここは実行されない
}
```

```
/* ⑤ LED制御タスクの実行関数 */
LOCAL void task_led(INT stacd, void *exinf)
{
    UW         data_reg;
    UINT       msg;

    while(1) {
        tk_rcv_mbf(mbfid_a, &msg, TMO_FEVR);  // メッセージの受信
        data_reg = in_w(GPIO_ODR(A));          // データレジスタの読み取り
        switch(msg) {
            case SW_ON:
                out_w(GPIO_ODR(A), data_reg | (1<<5));    // データレジスタの5ビット目を1にする
                break;
            case SW_OFF:
                out_w(GPIO_ODR(A), data_reg & ~(1<<5));   // データレジスタの5ビット目を0にする
                break;
            default:        /* 未定義のメッセージ（ありえない値） */
                break;
        }
    }

    tk_ext_tsk();          // ここは実行されない
}

/* ⑥ usermain 関数 */
EXPORT INT usermain(void)
{
    mbfid_a = tk_cre_mbf(&cmbf_a);        // メッセージバッファの生成

    tskid_sw = tk_cre_tsk(&ctsk_sw);      // スイッチ制御タスクの生成
    tk_sta_tsk(tskid_sw, 0);              // スイッチ制御タスクの実行

    tskid_led = tk_cre_tsk(&ctsk_led);    // LED制御タスクの生成
    tk_sta_tsk(tskid_led, 0);             // LED制御タスクの実行

    tk_slp_tsk(TMO_FEVR);                 // 起床待ち
    return 0;                             // ここは実行されない
}
```

　リスト2-5のプログラムの内容を順番に説明していきます。

① メッセージバッファの生成情報と関連データ
　mbfid_aはメッセージバッファのID番号を格納するための変数です。
　cmbf_aはメッセージバッファの生成情報の変数です。メッセージバッファ属性はTA_TFIFO（送信待ちタスクは先着順）とします。ただし、メッセージを送信するタスクは一つだけですので、どちらの属性を指定しても実際の動作には影響しません。

メッセージの内容はスイッチのオン、オフですので、以下のようにデータを定義します。

```
#define    SW_ON     1    // スイッチが押された
#define    SW_OFF    0    // スイッチが離された
```

メッセージはUINT型（符号無しの整数）で表現することができます。最大メッセージ長には
UINT型のサイズを指定します。メッセージバッファのサイズは、UINT型のメッセージが10
個まで格納可能なサイズとしました。ただし、今回のプログラムでは複数のメッセージが溜ま
ることはありません。

② スイッチ制御タスクの生成情報と関連データ
「プログラム-2.2：マルチタスクの実行」と同じです。

③ LED制御タスクの生成情報と関連データ
「プログラム-2.2：マルチタスクの実行」と同じです。

④ スイッチ制御タスクの実行関数
関数task_swは、0.1秒の間隔でスイッチの状態をポーリングし、スイッチの状態が変化した
ことを検出した場合には、状態に応じたメッセージを作成して送信します。
メッセージの内容は、スイッチが押されたときにSW_ON(1)、離されたときにSW_OFF(0) と
します。
作成したメッセージは、メッセージバッファへの送信API tk_snd_mbfを呼び出して送信しま
す。

⑤ LED制御タスクの実行関数
関数task_ledは、最初にメッセージバッファからの受信API tk_rcv_mbfを呼び出し、メッセー
ジの受信を待ちます。メッセージを受信すると、そのメッセージの値に応じてLEDを点灯また
は消灯します。以降、この動作を繰り返します。

⑥ usermain 関数
usermain 関数は、まずメッセージバッファ生成API tk_cre_mbfを呼び出してメッセージバッ
ファを生成します。以降は「プログラム-2.2：マルチタスクの実行」と同じです。

2.2.7 メールボックス、メモリプール、時刻管理

マルチタスクで実行するタスクの間で、メールボックス機能を用いて、データの通信を行うことができます（「1.3.9 メールボックス」を参照）。

前項の「プログラム-2.5：メッセージバッファによる通信」を、今回はメールボックスを使用して実現してみましょう。

メールボックスを使用する際には、メッセージ用のメモリを確保するために、メモリプールを使用します（「1.3.8 メモリプール管理機能」を参照）。

さらに、今回はボタン・スイッチが押された時刻もメッセージとして一緒に送ることにします。時刻を知るには、時間管理機能を使用して、システム稼働時間を取得します（「1.3.10 時間管理機能」を参照）。

今回使うメッセージは固定サイズでよいので、メモリプールは固定長メモリプールを使用します。以下のプログラムを作成します。

プログラム-2.6：メールボックス、メモリプール、時間管理

ボタン・スイッチを押すと LED が点灯し、ボタン・スイッチを離すと LED が消灯するプログラムを、二つのタスクがメールボックスで通信を行うことにより実現します。また、メールボックスのメッセージにはボタンが変化した時刻も含めることにします。

二つのタスクは以下の動作をします。

① スイッチ制御タスク
ボタン・スイッチを監視し、ボタン・スイッチの変化に応じてメールボックスへスイッチのオン、オフのメッセージを送信します。また、スイッチが変化した時点でのシステム稼働時間を取得し、メッセージの内容に含めます。メッセージのメモリ領域は固定長メモリプールから獲得します。

② LED 制御タスク
メールボックスからの受信を待ち、受信したらメッセージの内容に応じて、スイッチがオンの間だけ LED を点灯します（メッセージ中のシステム稼働時間は使用しません）。

本プログラムで使用するAPI

本プログラムで使用するメールボックス、メモリプール、時間管理機能のAPIを以下に説明します。タスク制御APIに関しては「2.2.2 タスクの生成と実行」で説明しています。

● メールボックスの生成

メールボックスはメールボックスの生成 API tk_cre_mbx により生成します。
tk_cre_mbx のAPIの仕様を表2-21に示します。

表2-21 tk_cre_mbxのAPIの仕様

メールボックス生成API	
関数定義	ID tk_cre_mbx(CONST T_CMBX *pk_cmbx);
引数	T_CMBX *pk_cmbx　メールボックス生成情報
戻り値	メールボックスID番号、またはエラーコード
機能	*pk_mbxで指定したメールボックス生成情報に基づき、メールボックスを生成します。生成したメールボックスのID番号を戻り値として返します。

　メールボックス生成情報T_CMBXは、メールボックスを生成するための情報を格納した構造体です。tk_cre_mbxの引数にこの構造体へのポインタを渡します。

　T_CMBX構造体のメンバーは必要に応じて設定しますが、以下のメンバーは必ず設定する必要があります。

・メールボックス属性 mbxatr

　メールボックスの属性です。主な属性を表2-22に示します。

表2-22 メールボックスの主な属性

属性名	意味
TA_TFIFO	待ちタスクの並びは先着順(FIFO順)[7]
TA_TPRI	待ちタスクの並びは優先度順[7]
TA_MFIFO	メッセージのキューイングは先着順(FIFO順)[8]
TA_MPRI	メッセージのキューイングは優先度順[8]

※7 TA_TFIFOとTA_TPRIのいずれか一方を必ず指定する必要があります。
※8 TA_MFIFOとTA_MPRIのいずれか一方を必ず指定する必要があります。

● メールボックスへの送信

　メールボックスへメッセージを送信するには、メッセージ送信API tk_snd_mbxを使用します。tk_snd_mbxのAPIの仕様を表2-23に示します。

表2-23 tk_snd_mbxのAPIの仕様

メッセージ送信API	
関数定義	ID tk_snd_mbx(ID mbxid, T_MSG *pk_msg);
引数	ID mbxid　　　　　　メールボックスのID番号 T_MSG *pk_msg　　送信メッセージの先頭アドレス
戻り値	エラーコード
機能	mbxidで指定したメッセージバッファへ、*pk_msgで指定したメッセージを送信します。

メールボックスのメッセージは、必ず先頭はT_MSG型のメッセージヘッダでなければなりません。T_MSG型の定義はOSの実装に依存します。

また、TA_MPRI属性のメールボックスの場合は、メッセージの先頭のT_MSG型のメッセージヘッダの後に、PRI型のメッセージ優先度を配置する必要があります。

● メールボックスからの受信

メールボックスからメッセージを受信するには、メッセージ受信API tk_rcv_mbxを使用します。tk_rcv_mbxのAPIの仕様を表2-24に示します。

表2-24 tk_rcv_mbxのAPIの仕様

メッセージ受信API	
関数定義	ID tk_rcv_mbx(ID mbxid, T_MSG **ppk_msg, TMO tmout);
引数	ID mbxid　　　　　　　メールボックスのID番号 T_MSG **ppk_msg　受信メッセージの先頭アドレスを格納する領域の先頭アドレス TMO tmput　　　　　　タイムアウト時間（単位：ミリ秒）
戻り値	エラーコード
機能	mbxidで指定したメッセージバッファから、メッセージの先頭アドレスを受信し、**ppk_msgで指定した領域へ格納します。 メールボックスにメッセージがなく受信ができない場合、タスクは受信待ち状態となります。 tmoutで指定した時間内に受信が成功しなかった場合はタイムアウトのエラーで待ちが解除されます。

本APIで取得できるのはメッセージの先頭アドレスであることに注意してください。そのため、引数で渡す**ppk_msgは、メッセージの先頭アドレスを格納する変数へのポインタになります。

● 固定長メモリプールの生成

固定長メモリプールは固定長メモリプールの生成API tk_cre_mpfにより生成します。tk_cre_mpfのAPIの仕様を表2-25に示します。

表2-25 tk_cre_mpfのAPIの仕様

固定長メモリプール生成API	
関数定義	ID tk_cre_mpf(CONST T_CMPF *pk_cmpf);
引数	T_CMPF *pk_cmpf　固定長メモリプール生成情報
戻り値	固定長メモリプールID番号、またはエラーコード
機能	*pk_mpfで指定した固定長メモリプール生成情報に基づき、固定長メモリプールを生成します。 生成した固定長メモリプールのID番号を戻り値として返します。

固定長メモリプール生成情報T_CMPFは、固定長メモリプールを生成するための情報を格納した構造体です。tk_cre_mpfの引数にこの構造体へのポインタを渡します。

T_CMPF構造体のメンバーは必要に応じて設定しますが、以下のメンバーは必ず設定する必要があります。

- **メモリプール属性 mpfatr**

  固定長メモリプールの属性です。主な属性を表2-26に示します。

表2-26 固定長メモリプールの主な属性

属性名	意味
TA_TFIFO	メモリ獲得待ちタスクの並びは先着順（FIFO順）[9]
TA_TPRI	メモリ獲得待ちタスクの並びは優先度順[9]
TA_RNGn	メモリのアクセス制限の保護レベル（n = 0 ～ 3）

※9 TA_TFIFOとTA_TPRIのいずれか一方を必ず指定する必要があります。

メモリのアクセス制限の保護レベルは、タスクの属性で指定した保護レベルに対応します。アプリケーションのタスクの保護レベルはTA_RNG3ですので、アプリケーションから使用するメモリプールではTA_RNG3を指定します。

なお、MMUによるメモリ保護を使用していないμT-Kernel 3.0では、保護レベルを指定しても実際の動作には影響しません。ただし、メモリ保護のあるシステムとの互換性を考慮し、タスクの用途に応じた保護レベルの設定を推奨します。

- **メモリプール全体のブロック数 mpfcnt**

  生成する固定長メモリプールが管理するメモリブロックの数を指定します。

- **固定長メモリブロックサイズ blfsz**

  生成する固定長メモリプールが管理するメモリブロックのサイズをバイト数で指定します。

● 固定長メモリブロックの獲得

固定長メモリプールからメモリブロックを獲得するには、固定長メモリブロック獲得 API tk_get_mpfを使用します。

tk_get_mpf の API の仕様を表2-27に示します。

表2-27 tk_get_mpf の API の仕様

固定長メモリブロック獲得API		
関数定義	ID tk_get_mpf(ID mpfid, void **p_buf, TMO tmout);	
引数	ID mpfid void **p_buf TMO tmout	固定長メモリプールID番号 メモリブロックの先頭アドレスを格納する先頭アドレス タイムアウト時間（単位：ミリ秒）
戻り値	エラーコード	
機能	mpfidで指定した固定長メモリプールから、メモリブロックを獲得し、その先頭アドレスを*p_bufで指定された変数に格納します。 固定長メモリプールにメモリブロックがない場合、タスクはメモリ獲得待ち状態となります。tmoutで指定した時間内にメモリが獲得できなかった場合はタイムアウトのエラーで待ちが解除されます。	

● 固定長メモリブロックの返却

固定長メモリプールにメモリブロックを返却するには、固定長メモリブロック返却 API tk_rel_mpfを使用します。

tk_rel_mpf の API の仕様を表2-28に示します。

表2-28 tk_rel_mpf の API の仕様

固定長メモリブロック返却API		
関数定義	ID tk_rel_mpf(ID mpfid, void *buf);	
引数	ID mpfid void *buf	固定長メモリプールID番号 返却するメモリブロックの先頭アドレス
戻り値	エラーコード	
機能	mpfidで指定した固定長メモリプールへ、*bufで示すメモリブロックを返却します。	

● システム稼働時間の取得

システム稼働時間を取得するには、システム稼働時間参照 API tk_get_otmを使用します。

tk_get_otm の API の仕様を表2-29に示します。

表2-29 tk_get_otmのAPIの仕様

システム稼働時間取得API	
関数定義	ID tk_get_otm(SYSTIM *pk_tim);
引数	SYSTIM *pk_tim　　システム稼働時間
戻り値	エラーコード
機能	システム稼働時間（OSが起動してからの経過時間）を取得します。 単位はミリ秒です。

　システム稼働時間は、システム時刻を表すSYSTIM型のデータです。SYSTIM型は以下のように定義されています。

```
typedef struct systim { /* ミリ秒単位のシステム時刻 */
    W  hi;   /* 上位32ビット */
    UW lo;   /* 下位32ビット */
} SYSTIM;
```

プログラム例

　「プログラム-2.6：メールボックス、メモリプール、時間管理」のプログラムのリストを以下に示します。

リスト2-6 メールボックス、メモリプール、時間管理

```
#include <tk/tkernel.h>
#include <tm/tmonitor.h>

/* ① メッセージの定義 */
typedef struct {
    T_MSG    msgque;       // メッセージヘッダ (OS が使用)
    UINT     sw_data;      // スイッチの状態
    UW       time;         // スイッチ変化時の時間
} T_SW_MSG;

/* メッセージ内容を定義 */
#define SW_ON     1        // スイッチが押された
#define SW_OFF    0        // スイッチが離された

/* ② 固定長メモリプールの生成情報と関連データ */
LOCAL ID        mpfid_a;                   // 固定長メモリプールの ID 番号
LOCAL T_CMPF    cmpf_a = {
    .mpfatr  = TA_TFIFO | TA_RNG3,         // メモリプール属性
    .mpfcnt  = 10,                         // ブロック数
    .blfsz   = sizeof(T_SW_MSG),           // ブロックサイズ
```

```
};

/* ③ メールボックスの生成情報と関連データ */
LOCAL ID          mbxid_a;                    // メールボックスのID番号
LOCAL T_CMBX      cmbx_a = {
    .mbxatr  = TA_TFIFO | TA_MFIFO,          // メールボックス属性
};

/* ④ スイッチ制御タスクの生成情報と関連データ */
LOCAL void task_sw(INT stacd, void *exinf);
LOCAL ID          tskid_sw;                   // スイッチ制御タスクのID番号
LOCAL T_CTSK      ctsk_sw = {
    .itskpri  = 10,                          // 初期優先度
    .stksz    = 1024,                        // スタックサイズ
    .task     = task_sw,                     // 実行関数のポインタ
    .tskatr   = TA_HLNG | TA_RNG3,           // タスク属性
};

/* ⑤ LED制御タスクの生成情報と関連データ */
LOCAL void task_led(INT stacd, void *exinf);
LOCAL ID          tskid_led;                  // LED制御タスクのID番号
LOCAL T_CTSK      ctsk_led = {
    .itskpri  = 10,                          // 初期優先度
    .stksz    = 1024,                        // スタックサイズ
    .task     = task_led,                    // 実行関数のポインタ
    .tskatr   = TA_HLNG | TA_RNG3,           // タスク属性
};

/* ⑥ スイッチ制御タスクの実行関数 */
LOCAL void task_sw(INT stacd, void *exinf)
{
    UW           sw_data, pre_sw_data;
    SYSTIM       otm;
    T_SW_MSG     *msg;

    pre_sw_data = in_w(GPIO_IDR(C)) & (1<<13);     // 一つ前のスイッチの状態を読み取る
    while(1) {
        sw_data = in_w(GPIO_IDR(C))&(1<<13);       // スイッチの状態を読み取る
        if(pre_sw_data != sw_data) {               // スイッチに変化があったか?
            tk_get_mpf(mpfid_a, (void**)&msg, TMO_FEVR);   // メモリブロックの獲得
            tk_get_otm(&otm);                      // システム稼働時間の参照

            /* メッセージの作成 */
            msg->sw_data = (sw_data == 0)?SW_ON:SW_OFF;
            msg->time = otm.lo;

            tk_snd_mbx(mbxid_a, (T_MSG*)msg);      // メッセージの送信
            pre_sw_data = sw_data;                 // 変数の更新
        }
        tk_dly_tsk(100);                           // 0.1秒間、一時停止
    }
```

```
    tk_ext_tsk();                                  // ここは実行されない
}

/* ⑦ LED 制御タスクの実行関数 */
LOCAL void task_led(INT stacd, void *exinf)
{
    UW              data_reg;
    T_SW_MSG        *msg;

    while(1) {
        tk_rcv_mbx(mbxid_a, (T_MSG**)&msg, TMO_FEVR); // メッセージの受信
        data_reg = in_w(GPIO_ODR(A));                 // データレジスタの読み取り
        switch(msg->sw_data) {
            case SW_ON:
                out_w(GPIO_ODR(A), data_reg | (1<<5));// データレジスタの 5 ビット目を 1 にする
                break;
            case SW_OFF:
                out_w(GPIO_ODR(A), data_reg & ~(1<<5));// データレジスタの 5 ビット目を 0 にする
                break;
            default:  /* 未定義のメッセージ（ありえない値） */
                break;
        }
        tk_rel_mpf(mpfid_a, (void*)msg);           // メモリブロックの返却
    }

    tk_ext_tsk();                                  // ここは実行されない
}

/* ⑧ usermain 関数 */
EXPORT INT usermain(void)
{
    mpfid_a = tk_cre_mpf(&cmpf_a);      // 固定長メモリプールの生成
    mbxid_a = tk_cre_mbx(&cmbx_a);      // メールボックスの生成

    tskid_sw = tk_cre_tsk(&ctsk_sw);    // スイッチ制御タスクの生成
    tk_sta_tsk(tskid_sw, 0);            // スイッチ制御タスクの実行

    tskid_led = tk_cre_tsk(&ctsk_led);  // LED 制御タスクの生成
    tk_sta_tsk(tskid_led, 0);           // LED 制御タスクの実行

    tk_slp_tsk(TMO_FEVR);               // 起床待ち
    return 0;                           // ここは実行されない
}
```

リスト2-6のプログラムの内容を順番に説明していきます。

① メッセージの定義

メールボックスのメッセージの型と値を定義します。

メッセージは構造体として定義し、その先頭の構造体メンバーはOSが使用するメッセージヘッダとする必要があります。アプリケーションが使用する構造体のメンバーは、スイッチのオン、オフの状態を表す情報と、その時点でのシステム稼働時間です。システム稼働時間はSYSTIM型のデータですが、下位の32ビットの値のみ使用することにします。メッセージの構造体は以下の定義となります。

```
typedef struct {
    T_MSG msgque;        // メッセージヘッダ (OS が使用)
    UINT  sw_data;       // スイッチの状態
    UW time;             // スイッチの状態変化時のシステム稼働時間
} T_SW_MSG;
```

スイッチの状態sw_dataの内容は「プログラム-2.5：メッセージバッファ」と同じく以下とします。

```
#define    SW_ON     1   // スイッチが押された
#define    SW_OFF    0   // スイッチが離された
```

② 固定長メモリプールの生成情報と関連データ

mpfid_aは固定長メモリプールのID番号を格納するための変数です。

cmpf_aは固定長メモリプールの生成情報の変数です。メモリプール属性はTA_TFIFO（待ちタスクは先着順）とTA_RNG3（アプリケーションのレベルのアクセス制限）です。

固定長メモリブロックサイズは、メッセージの型であるT_SW_MSGのサイズです。また、メモリプール全体のブロック数は、メッセージが10個まで使用可能なサイズとしています。実際には、今回のプログラムで複数のメッセージが同時に使用されることはありません。

③ メールボックスの生成情報と関連データ

mbxid_aはメールボックスのID番号を格納するための変数です。

cmbx_aはメールボックスの生成情報の変数です。メールボックス属性はTA_TFIFO（送信待ちタスクは先着順）とTA_MFIFO（メッセージのキューイングはFIFO順）とします。ただし、メッセージを送信するタスクは一つだけですので、これらの属性の設定は実際の動作には影響しません。

④ スイッチ制御タスクの生成情報と関連データ

「プログラム-2.2：マルチタスクの実行」と同じです。

⑤ LED制御タスクの生成情報と関連データ

「プログラム-2.2：マルチタスクの実行」と同じです。

⑥ スイッチ制御タスクの実行関数

関数task_swは、0.1秒の間隔でスイッチの状態をポーリングし、スイッチの状態が変化したことを検出した場合には、メモリブロック獲得API tk_get_mpfを呼び出し、固定長メモリプールからメッセージに使用するメモリブロックを獲得します。

メッセージの「スイッチの状態」は、スイッチが押されたときはSW_ON(1)、離されたときはSW_OFF(0)とします。また、メッセージの「スイッチの状態変化時のシステム稼働時間」は、システム稼働時間の参照API tk_get_otmを呼び出して取得した値を設定します。

作成したメッセージはメールボックスへの送信API tk_snd_mbxを呼び出して送信します。

⑦ LED制御タスクの実行関数

関数task_ledは、最初にメールボックスからの受信API tk_rcv_mbxを呼び出し、メッセージの受信を待ちます。メッセージを受信すると、そのメッセージの値に応じてLEDを点灯または消灯します。メッセージの値を読み終わった後は、メモリブロック返却API tk_rel_mpfを呼び出して、メッセージ用のメモリブロックを固定長メモリプールに返却します。以降、この動作を繰り返します。

⑧ usermain関数

usermain関数は、まず固定長メモリプール生成API tk_cre_mpfとメールボックス生成API tk_cre_mbxを呼び出して、固定長メモリプールとメッセージバッファを生成します。以降は「プログラム-2.2：マルチタスクの実行」と同じです。

2.2.8 セマフォによる排他制御

タスク間で共有する資源はセマフォによって排他制御を行うことができます。セマフォによるタスク間の排他制御を実際に試してみましょう（「1.3.5 セマフォ」を参照）。

ここでは、LEDの点灯状態をタスク間で共有する資源と考えます。一方のタスクではLEDを0.5秒間隔で点滅させ、もう一方のタスクではボタンが押されている間のみLEDを3秒間点灯させるものとします。この二つのタスクをマルチタスクで同時に実行すると、それぞれのタスクによるLEDの制御が干渉するため、期待した動作にはなりません。セマフォを使用してLEDを排他的に制御することにより、干渉を避けることができます。

以下のプログラムを作成します。

プログラム-2.7 セマフォによる排他制御

ボタン・スイッチが押されていない場合はLEDを0.5秒間隔で点滅し、ボタン・スイッチが押された場合はLEDを3秒間点灯させるプログラムを、以下の二つのタスクを同時に実行して実現します。タスク間で共有されるLEDはセマフォを用いて排他的に制御します。

二つのタスクは以下の動作をします。

① タスクA

LEDを0.5秒間隔で点滅させ続けます。

② タスクB

ボタン・スイッチを監視し、スイッチが押されたらLEDを3秒間点灯したのち消灯します。

本プログラムで使用するAPI

本プログラムで使用するセマフォのAPIを以下に説明します。タスク制御APIに関しては「2.2.2 タスクの生成と実行」で説明しています。

● セマフォの生成

セマフォはセマフォの生成API tk_cre_semにより生成します。

tk_cre_semのAPIの仕様を表2-30に示します。

表2-30 tk_cre_semのAPIの仕様

セマフォ生成API	
関数定義	ID tk_cre_sem(CONST T_CSEM *pk_csem);
引数	T_CSEM *pk_csem　セマフォ生成情報
戻り値	セマフォID番号、またはエラーコード
機能	*pk_semで指定したセマフォ生成情報に基づき、セマフォを生成します。生成したセマフォのID番号を戻り値として返します。

　セマフォ生成情報T_CSEMは、セマフォを生成するための情報を格納した構造体です。tk_cre_semの引数にこの構造体へのポインタを渡します。

　T_CSEM構造体のメンバーは必要に応じて設定しますが、以下のメンバーは必ず設定する必要があります。

・セマフォ属性 sematr
　セマフォの性質を表す属性です。主な属性を表2-31に示します。

表2-31 セマフォの主な属性

属性名	意味
TA_TFIFO	待ちタスクの並びは先着順(FIFO順)[10]
TA_TPRI	待ちタスクの並びは優先度順[10]
TA_FIRST	待ち行列先頭のタスクを優先[11]
TA_CNT	要求する資源数の少ないタスクを優先[11]

※10 TA_TFIFOとTA_TPRIのいずれか一方を必ず指定する必要があります。
※11 TA_FIRSTとTA_CNTのいずれか一方を必ず指定する必要があります。

・セマフォ資源数の初期値 isemcnt
　セマフォを排他制御の目的で使用する場合、この値はセマフォが管理する共有資源の数(同時にタスクが使用できる数)となります。

・セマフォ資源数の最大値 maxcnt
　セマフォを排他制御の目的で使用する場合、この値は初期値isemcntと同じ値に設定します。

　なお、本書では説明しませんが、セマフォは排他制御だけではなくタスク間の同期に使用することもできます。

● セマフォからの資源獲得

セマフォから資源を獲得するには、セマフォ資源獲得API tk_wai_semを使用します。
tk_wai_semのAPIの仕様を表2-32に示します。

表2-32 tk_wai_semのAPIの仕様

セマフォ資源獲得API	
関数定義	ID tk_wai_sem(ID semid, INT cnt, TMO tmout);
引数	ID semid　　　　　セマフォID番号 INT cnt　　　　　　要求するセマフォ資源数 TMO tmout　　　　タイムアウト時間（単位：ミリ秒）
戻り値	エラーコード
機能	semidで指定したセマフォに対して、cntで指定した数の資源を要求します。 セマフォの資源が足りなかった場合、タスクはセマフォ資源の獲得待ち状態となります。tmoutで 指定した時間内に資源が獲得できなかった場合はタイムアウトのエラーで待ちが解除されます。

● セマフォへの資源返却

セマフォに対して資源を返却するには、セマフォ資源返却API tk_sig_semを使用します。
tk_sig_semのAPIの仕様を表2-33に示します。

表2-33 tk_sig_semのAPIの仕様

セマフォ資源返却API	
関数定義	ID tk_sig_sem(ID semid, INT cnt);
引数	ID semid　　　　　セマフォID番号 INT cnt　　　　　　返却するセマフォ資源数 TMO tmout　　　　タイムアウト時間（単位：ミリ秒）
戻り値	エラーコード
機能	semidで指定したセマフォに対して、cntで指定した数の資源を返却します。 セマフォ資源の獲得待ち状態のタスクの中から、条件が成立したタスクの待ちを解除します。

● **プログラム例**

「プログラム-2.7：セマフォによる排他制御」のプログラムのリストを以下に示します。

リスト2-7 セマフォによる排他制御

```
#include <tk/tkernel.h>
#include <tm/tmonitor.h>

/* ① セマフォの生成情報と関連データ */
LOCAL ID           semid_a;            // セマフォのID番号
LOCAL T_CSEM       csem_a = {
    .sematr  = TA_TFIFO | TA_FIRST,    // セマフォ属性
    .isemcnt = 1,                      // 資源数初期値
    .maxsem  = 1,                      // 資源数最大値
};

/* ② タスクAの生成情報と関連データ */
LOCAL void task_a(INT stacd, void *exinf);
LOCAL ID tskid_a;                      // タスクAのID番号
LOCAL T_CTSK   ctsk_a = {
    .itskpri = 10,                     // 初期優先度
    .stksz   = 1024,                   // スタックサイズ
    .task    = task_a,                 // 実行関数のポインタ
    .tskatr  = TA_HLNG | TA_RNG3,      // タスク属性
};

/* ③ タスクBの生成情報と関連データ */
LOCAL void task_b(INT stacd, void *exinf);
LOCAL ID           tskid_b;            // タスクAのID番号
LOCAL T_CTSK       ctsk_b = {
    .itskpri = 10,                     // 初期優先度
    .stksz   = 1024,                   // スタックサイズ
    .task    = task_b,                 // 実行関数のポインタ
    .tskatr  = TA_HLNG | TA_RNG3,      // タスク属性
};

/* ④ タスクAの実行関数 */
LOCAL void task_a(INT stacd, void *exinf)
{
    UW         led_data;

    while(1) {
        tk_wai_sem(semid_a, 1, TMO_FEVR);       // セマフォから資源獲得

        led_data = in_w(GPIO_ODR(A));           // LEDのデータの読み取り
        out_w(GPIO_ODR(A), led_data ^ (1<<5));  // LEDのデータの5ビット目を反転する

        tk_sig_sem(semid_a, 1);                 // セマフォへ資源返却

        tk_dly_tsk(500);                        // 0.5秒間、一時停止
```

```
    }

    tk_ext_tsk();                              // ここは実行されない
}

/* ⑤ タスク B の実行関数 */
LOCAL void task_b(INT stacd, void *exinf)
{
    UW    sw_data, pre_sw_data;
    UW    led_data;

    pre_sw_data = in_w(GPIO_IDR(C)) & (1<<13);// 一つ前のスイッチの状態を読み取る
    while(1) {
        sw_data = in_w(GPIO_IDR(C))&(1<<13);       // スイッチの状態を読み取る
        if(pre_sw_data != sw_data) {               // スイッチに変化があったか？
            if(sw_data == 0) {                     // スイッチは ON か？
                tk_wai_sem(semid_a, 1, TMO_FEVR);   // セマフォから資源獲得

                led_data = in_w(GPIO_ODR(A));  // LED のデータの読み取り
                out_w(GPIO_ODR(A), led_data | (1<<5));     // LED のデータの 5 ビット目を 1 にセット
                tk_dly_tsk(3000);             // 3 秒間、一時停止
                out_w(GPIO_ODR(A), led_data & ~(1<<5));   // LED のデータの 5 ビット目を 0 にクリア

                tk_sig_sem(semid_a, 1);        // セマフォへ資源返却
            }
            pre_sw_data = sw_data;               // 変数の更新
        }
        tk_dly_tsk(100);                         // 0.1 秒間、一時停止
    }

    tk_ext_tsk();                              // ここは実行されない
}

/* ⑥ usermain 関数 */
EXPORT INT usermain(void)
{
    semid_a = tk_cre_sem(&csem_a);     // セマフォの生成

    tskid_a = tk_cre_tsk(&ctsk_a);     // タスク A の生成
    tk_sta_tsk(tskid_a, 0);            // タスク A の実行

    tskid_b = tk_cre_tsk(&ctsk_b);     // タスク B の生成
    tk_sta_tsk(tskid_b, 0);            // タスク B の実行

    tk_slp_tsk(TMO_FEVR);              // 起床待ち
    return 0;                          // ここは実行されない
}
```

リスト2-7のプログラムの内容を順番に説明していきます。

① セマフォの生成情報と関連データ

semid_aはセマフォのID番号を格納するための変数です。

csem_aはセマフォの生成情報の変数です。セマフォ属性はTA_TFIFO（待ちタスクは先着順）とTA_FIRST（待ち行列先頭タスクを優先）としましたが、今回はセマフォの資源獲得を待つタスクは一つだけですので、どちらの属性を指定しても実際の動作には影響しません。

同時にLEDの制御を行うタスクは多くても一つのみですので、資源数の初期値と最大値は1とします。

② タスクAの生成情報と関連データ

「プログラム-2.2：マルチタスクの実行」と同じです（タスクの名称は異なります）。

③ タスクBの生成情報と関連データ

「プログラム-2.2：マルチタスクの実行」と同じです（タスクの名称は異なります）。

④ タスクAの実行関数

関数task_aは、0.5秒の間隔でLEDの点灯と消灯を繰り返します。LEDを制御する際にはセマフォ資源獲得API tk_wai_semを呼び出して資源の獲得を行い、LEDの制御が終わるとセマフォ資源返却API tk_sig_semを呼び出して資源の返却を行います。

⑤ タスクBの実行関数

関数task_bは、0.1秒の間隔でスイッチの状態をポーリングし、スイッチが押されたことを検出した場合には、LEDを点灯した後にタスクの遅延API tk_dly_tskを呼び出してタスクの動作を3秒間停止します。LEDを制御する際にはセマフォ資源獲得API tk_wai_semを呼び出して資源の獲得を行い、LEDの制御が終わるとセマフォ資源返却API tk_sig_semを呼び出して資源の返却を行います。

⑥ usermain関数

usermain関数は、最初にセマフォ生成API tk_cre_semを呼び出してセマフォを生成します。以降は「プログラム-2.2：マルチタスクの実行」と同じです（タスクの名称は異なります）。

　タスクAおよびタスクBのLEDの制御の前後で、セマフォ資源獲得API tk_wai_semとセマフォ資源返却API tk_sig_semを呼び出していることに注意してください。これらのセマフォのAPIの呼出しを削除すると、ボタン・スイッチを押してもLEDを3秒間点灯させることができません。実際にプログラムを変更してセマフォの効果を確認してみましょう。

2.2.9 ミューテックスによる排他制御

　特定のタスクが同時に実行できない区間（クリティカルセクション）に対して排他制御を行うには、セマフォのほかにミューテックスを使うこともできます。ミューテックスによるタスク間の排他制御を実際に試してみましょう（「1.3.6 ミューテックス」を参照）。

　前項の「プログラム-2.7：セマフォによる排他制御」では、セマフォを用いて共有資源であるLEDを排他制御しました。今回はミューテックスを用いてタスクがLEDを制御する区間を排他制御します。

　以下のプログラムを作成します。

プログラム-2.8：ミューテックスによる排他制御

ボタン・スイッチが押されていない場合はLEDを0.5秒間隔で点滅し、ボタン・スイッチが押された場合はLEDを3秒間点灯させるプログラムを、以下の二つのタスクを同時に実行して実現します。タスクがLEDを操作する区間（クリティカルセクション）を、ミューテックスを用いてタスク間で排他制御します。
二つのタスクは以下の動作をします。

① タスクA
LEDを0.5秒間隔で点滅させ続けます。

② タスクB
ボタン・スイッチを監視し、スイッチが押されたらLEDを3秒間点灯したのち消灯します。

本プログラムで使用するAPI

　本プログラムで使用するミューテックスのAPIを以下に説明します。タスク制御APIに関しては「2.2.2 タスクの生成と実行」で説明しています。

● ミューテックスの生成
　ミューテックスはミューテックスの生成API tk_cre_mtxにより生成します。
　tk_cre_mtxのAPIの仕様を表2-34に示します。

表2-34 tk_cre_mtxのAPIの仕様

ミューテックス生成API	
関数定義	ID tk_cre_mtx(CONST T_CMTX *pk_cmtx);
引数	T_CMTX *pk_cmtx　ミューテックス生成情報
戻り値	ミューテックスID番号、またはエラーコード
機能	*pk_mtxで指定したミューテックス生成情報に基づき、ミューテックスを生成します。生成したミューテックスのID番号を戻り値として返します。

ミューテックス生成情報T_CMTXは、ミューテックスを生成するための情報を格納した構造体です。tk_cre_mtxの引数にこの構造体へのポインタを渡します。

T_CMTX構造体のメンバーは必要に応じて設定しますが、以下のメンバーは必ず設定する必要があります。

・ミューテックス属性 mtxatr

ミューテックスの性質を表す属性です。主な属性を表2-35に示します。

表2-35 ミューテックスの主な属性

属性名	意味
TA_TFIFO	待ちタスクの並びは先着順（FIFO順）[12]
TA_TPRI	待ちタスクの並びは優先度順[12]
TA_INHERIT	優先度継承プロトコルを使用[13]
TA_CELING	優先度上限プログラムを使用[13]

[12] TA_TFIFOとTA_TPRIのいずれか一方を必ず指定する必要があります。
[13] TA_INHERITとTA_CELINGの両方を指定することはできません。

● ミューテックスのロック

ミューテックスのロック（資源獲得）には、ミューテックスのロックAPI tk_loc_mtxを使用します。tk_loc_mtxのAPIの仕様を表2-36に示します。

表2-36 tk_loc_mtxのAPIの仕様

ミューテックスのロックAPI	
関数定義	ID tk_loc_mtx(ID mtxid, TMO tmput);
引数	ID mtxid　　　　　　ミューテックスID番号 TMO tmput　　　　　タイムアウト時間（単位：ミリ秒）
戻り値	エラーコード
機能	mtxidで指定したミューテックスをロックします。 すでに他のタスクからミューテックスがロックされている場合、タスクはミューテックスのロック待ち状態となります。tmoutで指定した時間内にロックできなかった場合はタイムアウトのエラーで待ちが解除されます。

● ミューテックスのアンロック

ミューテックスのアンロック（資源返却）には、ミューテックスのアンロックAPI tk_unl_mtx を使用します。

tk_unl_mtxのAPIの仕様を表2-37に示します。

表2-37 tk_unl_mtxのAPIの仕様

ミューテックスのアンロックAPI	
関数定義	ID tk_unl_mtx(ID mtxid);
引数	ID mtxid　　　　　　　　ミューテックスID番号
戻り値	エラーコード
機能	mtxidで指定したミューテックスをアンロックします。 ミューテックスのロック待ち状態のタスクの中から、条件が成立したタスクの待ちを解除します。

プログラム例

「プログラム-2.8：ミューテックスによる排他制御のプログラムのリストを以下に示します。

リスト2-8 ミューテックスによる排他制御

```
#include <tk/tkernel.h>
#include <tm/tmonitor.h>

/* ① ミューテックスの生成情報と関連データ */
LOCAL ID         mtxid_a;              // ミューテックスのID番号
LOCAL T_CMTX     cmtx_a = {
    .mtxatr   = TA_TFIFO,             // ミューテックス属性
};

/* ② タスクAの生成情報と関連データ */
LOCAL void task_a(INT stacd, void *exinf);
LOCAL ID         tskid_a;             // タスクAのID番号
LOCAL T_CTSK     ctsk_a = {
    .itskpri  = 10,                   // 初期優先度
    .stksz    = 1024,                 // スタックサイズ
    .task     = task_a,               // 実行関数のポインタ
    .tskatr   = TA_HLNG | TA_RNG3,    // タスク属性
};

/* ③ タスクBの生成情報と関連データ */
LOCAL void task_b(INT stacd, void *exinf);
LOCAL ID         tskid_b;             // タスクAのID番号
LOCAL T_CTSK     ctsk_b = {
    .itskpri  = 10,                   // 初期優先度
    .stksz    = 1024,                 // スタックサイズ
```

```
    .task    = task_b,                // 実行関数のポインタ
    .tskatr  = TA_HLNG | TA_RNG3,     // タスク属性
};

/* ④ タスク A の実行関数 */
LOCAL void task_a(INT stacd, void *exinf)
{
    UW   led_data;

    while(1) {
        tk_loc_mtx(mtxid_a, TMO_FEVR);      // ミューテックスのロック

        led_data = in_w(GPIO_ODR(A));        // LED のデータの読み取り
        out_w(GPIO_ODR(A), led_data ^ (1<<5));// LED のデータの 5 ビット目を反転する

        tk_unl_mtx(mtxid_a);                // ミューテックスのアンロック

        tk_dly_tsk(500);                    // 0.5 秒間、一時停止
    }

    tk_ext_tsk();                           // ここは実行されない
}

/* ⑤ タスク B の実行関数 */
LOCAL void task_b(INT stacd, void *exinf)
{
    UW   sw_data, pre_sw_data;
    UW   led_data;

    pre_sw_data = in_w(GPIO_IDR(C)) & (1<<13);   // 一つ前のスイッチの状態を読み取る
    while(1) {
        sw_data = in_w(GPIO_IDR(C))&(1<<13);     // スイッチの状態を読み取る
        if(pre_sw_data != sw_data) {             // スイッチに変化があったか？
            if(sw_data == 0) {                   // スイッチは ON か？
                tk_loc_mtx(mtxid_a, TMO_FEVR); // ミューテックスのロック

                led_data = in_w(GPIO_ODR(A)); // LED のデータの読み取り
                out_w(GPIO_ODR(A), led_data | (1<<5));    // LED のデータの 5 ビット目を 1 にセット
                tk_dly_tsk(3000);             // 3 秒間、一時停止
                out_w(GPIO_ODR(A), led_data & ~(1<<5));   // LED のデータの 5 ビット目を 0 にクリア

                tk_unl_mtx(mtxid_a);          // ミューテックスのアンロック
            }
            pre_sw_data = sw_data;             // 変数の更新
        }
        tk_dly_tsk(100);                       // 0.1 秒間、一時停止
    }

    tk_ext_tsk();                              // ここは実行されない
}
```

```
/* ⑥ usermain 関数 */
EXPORT INT usermain(void)
{
    mtxid_a = tk_cre_mtx(&cmtx_a);       // ミューテックスの生成

    tskid_a = tk_cre_tsk(&ctsk_a);       // タスクAの生成
    tk_sta_tsk(tskid_a, 0);              // タスクAの実行

    tskid_b = tk_cre_tsk(&ctsk_b);       // タスクBの生成
    tk_sta_tsk(tskid_b, 0);              // タスクBの実行

    tk_slp_tsk(TMO_FEVR);                // 起床待ち
    return 0;                            // ここは実行されない
}
```

リスト2-8のプログラムの内容を順番に説明していきます。

① ミューテックスの生成情報と関連データ

mtxid_aはミューテックスのID番号を格納するための変数です。
cmtx_aはミューテックスの生成情報の変数です。ミューテックス属性はTA_TFIFO（待ちタスクは先着順）としましたが、今回はミューテックスを待つタスクが一つだけですので、この属性の設定は実際の動作には影響しません。同じ理由で、TA_INHERITやTA_CEILINGなどの優先度を自動的に変更する属性も設定していません。

② タスクAの生成情報と関連データ

「プログラム-2.2：マルチタスクの実行」と同じです（タスクの名称は異なります）。

③ タスクBの生成情報と関連データ

「プログラム-2.2：マルチタスクの実行」と同じです（タスクの名称は異なります）。

④ タスクAの実行関数

関数task_aは、0.5秒の間隔でLEDの点灯と消灯を繰り返します。LEDを制御する際にはミューテックスのロックAPI tk_loc_mtxを呼び出してクリティカルセクションをロックし、LEDの制御が終わるとミューテックスのアンロックAPI tk_sig_semを呼び出してクリティカルセクションをアンロックします。

⑤ タスクBの実行関数

関数task_bは、0.1秒の間隔でスイッチの状態をポーリングし、スイッチが押されたことを検出した場合には、LEDを点灯した後にタスクの遅延API tk_dly_tskを呼び出してタスクの動作を3秒間停止します。LEDを制御する際にはミューテックスのロックAPI tk_loc_mtxを呼び出

してクリティカルセクションをロックし、LEDの制御が終わるとミューテックスのアンロック API tk_sig_sem を呼び出してクリティカルセクションをアンロックします。

⑥ usermain 関数

usermain 関数は、最初にミューテックス生成 API tk_cre_mtx を呼び出してミューテックスを生成します。以降は「プログラム-2.2：マルチタスクの実行」と同じです（タスクの名称は異なります）。

本プログラムは前項の「プログラム-2.7：セマフォによる排他制御」のプログラムとよく似ており、排他制御にミューテックスを使用するか、セマフォを使用するかという点のみが違います。ただ、マルチタスクで実行しているタスクの数がもっと増えて、プログラムの動作がさらに複雑になってきた場合には、排他制御中の優先度を自動的に変更できるミューテックスのメリットが出てきます。

2.2.10 周期ハンドラの実行

周期ハンドラは、指定した時間間隔で繰り返し実行されるプログラムです（「1.3.12 周期ハンドラ」を参照）。

たとえば、LEDを点滅させるには、LEDの点灯と消灯を周期的に繰り返す必要があります。このような動作は、「プログラム-2.7：セマフォによる排他制御」のタスクAではタスクの遅延API tk_dly_tskを使用して実現していましたが、周期ハンドラを使用して実現することも可能です。周期ハンドラを用いてLEDを点滅させてみましょう。

以下のプログラムを作成します。

> **プログラム-2.9：周期ハンドラの実行**
> ボタン・スイッチが押されるごとに、LEDの点滅（0.5秒間隔）と消灯を繰り返すプログラムを、タスクと周期ハンドラを用いて実現します。
> タスクと周期ハンドラは以下の動作をします。
>
> ① タスクA
> ボタン・スイッチを監視し、スイッチが押されたら周期ハンドラの動作を開始します。再びスイッチが押されたら周期ハンドラを停止します。以降、この動作を繰り返します。
>
> ② 周期ハンドラ
> 0.5秒ごとに実行され、実行される度にLEDの点灯と消灯を反転させます。

本プログラムで使用するAPI

本プログラムで使用する周期ハンドラのAPIを以下に説明します。タスク制御APIに関しては「2.2.2 タスクの生成と実行」で説明しています。

● 周期ハンドラの生成

周期ハンドラは周期ハンドラの生成API tk_cre_cycにより生成します。
tk_cre_cycのAPIの仕様を表2-38に示します。

表2-38 tk_cre_cycのAPIの仕様

周期ハンドラ生成API	
関数定義	ID tk_cre_cyc(CONST T_CCYC *pk_ccyc);
引数	T_CCYC *pk_cmcyc　　　　周期ハンドラ生成情報
戻り値	周期ハンドラID番号、またはエラーコード
機能	*pk_ccycで指定した周期ハンドラ生成情報に基づき、周期ハンドラを生成します。生成した周期ハンドラのID番号を戻り値として返します。

周期ハンドラ生成情報T_CCYCは、周期ハンドラを生成するための情報を格納した構造体です。tk_cre_cycの引数にこの構造体へのポインタを渡します。

　T_CCYC構造体のメンバーは必要に応じて設定しますが、以下のメンバーは必ず設定する必要があります。

- **周期ハンドラ属性 cycatr**

　周期ハンドラの性質を表す属性です。主な属性を表2-39に示します。

表 2-39　周期ハンドラの主な属性

属性名	意味
TA_ASM	アセンブリ言語で記述[14]
TA_HLNG	高級言語（C言語）で記述[14]
TA_STA	生成後、直ちに実行する
TA_PHS	起動位相を保持する

※14 TA_ASMとTA_HLNGのいずれか一方を必ず指定する必要があります。

- **周期ハンドラアドレス cychdr**

　周期ハンドラのプログラムの実行開始アドレスを示します。周期ハンドラの属性がTA_HLNG（C言語で記述）の場合は、周期ハンドラのの実行関数へのポインタを指定します。

　周期ハンドラの実行関数は、以下の形式の関数です。

```
void cychdr(void *exinf);
```

　引数exinfは周期ハンドラ生成時に指定可能です（本書では使用しません）。

- **周期起動時間間隔 cyctim**

　周期ハンドラが周期起動される時間間隔を設定します。単位はミリ秒です。

● **周期ハンドラの動作開始**

周期ハンドラは、周期ハンドラの動作開始API tk_sta_cyc で動作を開始します。
tk_sta_cycのAPIの仕様を表2-40に示します。

表2-40 tk_sta_cycのAPIの仕様

周期ハンドラの動作開始API	
関数定義	ID tk_sta_cyc(ID cycid);
引数	ID cycid　　　　　周期ハンドラID番号
戻り値	エラーコード
機能	cycidで指定された周期ハンドラの動作を開始します。 すでに動作が開始している場合は何もせずに動作を継続します。

● **周期ハンドラの動作停止**

周期ハンドラは、周期ハンドラの動作停止API tk_stp_cyc で動作を停止します。
tk_stp_cycのAPIの仕様を表2-41に示します。

表2-41 tk_stp_cycのAPIの仕様

周期ハンドラの動作停止API	
関数定義	ID tk_stp_cyc(ID cycid);
引数	ID cycid　　　　　周期ハンドラID番号
戻り値	エラーコード
機能	cycidで指定された周期ハンドラの動作を停止します。 すでに動作が停止している場合は何もしません。

プログラム例

「プログラム-2.9：周期ハンドラの実行」のプログラムのリストを以下に示します。

リスト2-9 周期ハンドラの実行

```
#include <tk/tkernel.h>
#include <tm/tmonitor.h>

/* ① 周期ハンドラの生成情報と関連データ */
LOCAL void cychdr_a(void *exinf);  // 実行関数
LOCAL ID        cycid_a;        // ID番号
LOCAL T_CCYC    ccyc_a = {
    .cycatr   = TA_HLNG,        // 周期ハンドラ属性
    .cychdr   = cychdr_a,       // 周期起動ハンドラアドレス
    .cyctim   = 500,            // 周期起動時間間隔
```

```
};

/* ② タスク A の生成情報と関連データ */
LOCAL void task_a(INT stacd, void *exinf);// 実行関数
LOCAL ID        tskid_a;        // ID 番号
LOCAL T_CTSK    ctsk_a = {
    .itskpri = 10,                  // 初期優先度
    .stksz   = 1024,                // スタックサイズ
    .task    = task_a,              // 実行関数のポインタ
    .tskatr  = TA_HLNG | TA_RNG3,   // タスク属性
};

/* ③ 周期ハンドラの実行関数 */
LOCAL void cychdr_a(void *exinf)
{
    UW        led_data;

    led_data = in_w(GPIO_ODR(A));           // LED のデータの読み取り
    out_w(GPIO_ODR(A), led_data ^ (1<<5));  // LED のデータの 5 ビット目を反転する
}

/* ④ タスク A の実行関数 */
LOCAL void task_a(INT stacd, void *exinf)
{
    UW        sw_data, pre_sw_data;
    BOOL      cychdr_start  = FALSE;

    pre_sw_data = in_w(GPIO_IDR(C)) & (1<<13);// 一つ前のスイッチの状態を読み取る
    while(1) {
        sw_data = in_w(GPIO_IDR(C))&(1<<13);// スイッチの状態を読み取る
        if(pre_sw_data != sw_data) {        // スイッチに変化があったか？
            if(sw_data == 0) {              // スイッチは ON か？
                if(cychdr_start) {
                    tk_stp_cyc(cycid_a); // 周期ハンドラ動作開始
                } else {
                    tk_sta_cyc(cycid_a); // 周期ハンドラ動作停止
                }
                cychdr_start = cychdr_start?FALSE:TRUE;
            }
            pre_sw_data = sw_data;          // 変数の更新
        }
        tk_dly_tsk(100);                    // 0.1 秒間、一時停止
    }

    tk_ext_tsk();                           // ここは実行されない
}

/* ⑤ usermain 関数 */
EXPORT INT usermain(void)
{
    cycid_a = tk_cre_cyc(&ccyc_a); // 周期ハンドラの生成
```

```
        tskid_a = tk_cre_tsk(&ctsk_a); // タスクの生成
        tk_sta_tsk(tskid_a, 0);        // タスクの実行

        tk_slp_tsk(TMO_FEVR);          // 起床待ち

        return 0;                      // ここは実行されない
}
```

リスト2-9のプログラムの内容を順番に説明していきます。

① 周期ハンドラの生成情報と関連データ
周期ハンドラの実行関数cychdr_aのプロトタイプ宣言、周期ハンドラのID番号を格納するための変数cycid_a、周期ハンドラの生成情報の変数cyc_aを記述しています。
周期ハンドラ属性はTA_HLNG（C言語により記述）のみを設定しています。周期起動時間間隔は500ミリ秒です。

② タスクAの生成情報と関連データ
「プログラム-2.1：タスクの生成と実行」と同じです。

③ 周期ハンドラの実行関数
関数almhdr_aは、実行されるとLEDの点灯と消灯を反転させ、終了します。

④ タスクAの実行関数
関数task_aは、0.1秒の間隔でボタン・スイッチの状態をポーリングし、ボタン・スイッチが押されるごとに、周期ハンドラの動作開始API tk_sta_cycと、周期ハンドラの動作停止API tk_stp_cycを交互に呼び出します。

⑤ usermain関数
usermain関数では、最初に周期ハンドラ生成API tk_cre_almを呼び出してアラームハンドラを生成します。その後は「プログラム-2.1：タスクの生成と実行」と同じです。

2.2.11 アラームハンドラの実行

アラームハンドラは、指定した時間の経過後に1回だけ実行されるプログラムです（「1.3.11 アラームハンドラ」を参照）。

ボタン・スイッチによりLEDの点灯と消灯の制御を行うプログラムで、LEDが5秒以上連続して点灯していた場合には自動的に消灯するプログラムを、アラームハンドラを使って作ってみましょう。

以下のプログラムを作成します。

プログラム-2.10：アラームハンドラの実行

ボタン・スイッチが押されるごとにLEDの点灯と消灯を繰り返し、LEDが5秒以上連続して点灯したら自動的に消灯するプログラムを、タスクとアラームハンドラを用いて実現します。
タスクとアラームハンドラは以下の動作をします。

① タスクA
ボタン・スイッチを監視し、スイッチが押されるごとにLEDの点灯と消灯を繰り返します。また、LEDを点灯する際には5秒後に起動するアラームハンドラの動作を開始し、LEDを消灯する際にはそのアラームハンドラの動作を停止します。

② アラームハンドラ
実行したらLEDを消灯します。

本プログラムで使用するAPI

本プログラムで使用するアラームハンドラのAPIを以下に説明します。タスク制御APIに関しては「2.2.2 タスクの生成と実行」で説明しています。

● アラームハンドラの生成

アラームハンドラはアラームハンドラの生成API tk_cre_almにより生成します。
tk_cre_almのAPIの仕様を表2-42に示します。

表2-42 tk_cre_almのAPIの仕様

アラームハンドラ生成API	
関数定義	ID tk_cre_alm(CONST T_CALM *pk_calm);
引数	T_CALM *pk_calm　アラームハンドラ生成情報
戻り値	アラームハンドラID番号、またはエラーコード
機能	*pk_calmで指定したアラームハンドラ生成情報に基づき、アラームハンドラを生成します。生成したアラームハンドラのID番号を戻り値として返します。

アラームハンドラ生成情報T_CALMは、アラームハンドラを生成するための情報を格納した構造体です。tk_cre_almの引数にこの構造体へのポインタを渡します。

T_CALM構造体のメンバーは必要に応じて設定しますが、以下のメンバーは必ず設定する必要があります。

・アラームハンドラ属性 almatr

アラームハンドラの性質を表す属性です。主な属性を表2-43に示します。

表2-43 アラームハンドラの主な属性

属性名	意味
TA_ASM	アセンブリ言語で記述[15]
TA_HLNG	高級言語（C言語）で記述[15]

[15] TA_ASMとTA_HLNGのいずれか一方を必ず指定する必要があります。

・アラームハンドラアドレス

アラームハンドラのプログラムの実行開始アドレスを示します。アラームハンドラの属性がTA_HLNG（C言語で記述）の場合は、アラームハンドラの実行関数へのポインタを指定します。アラームハンドラの実行関数は、以下の形式の関数です。

```
void almhdr(void *exinf);
```

引数exinfはアラームハンドラ生成時に指定可能です（本書では使用しません）。

● アラームハンドラの動作開始

アラームハンドラは、アラームハンドラの動作開始API tk_sta_almで動作を開始します。
tk_sta_almのAPIの仕様を表2-44に示します。

表2-44 tk_sta_almのAPIの仕様

アラームハンドラの動作開始API		
関数定義	ID tk_sta_alm(ID almid, RILTIM almtim);	
引数	ID almid	アラームハンドラID番号
	RILTIM almtim	アラームハンドラ起動時刻（単位：ミリ秒）
戻り値	エラーコード	
機能	almidで指定されたアラームハンドラに、起動時刻almtimを設定して動作を開始します。設定した時刻になるとアラームハンドラが起動されます。すでに動作を開始している場合は、新しい起動時刻が設定された上で動作を継続します。	

● アラームハンドラの動作停止

アラームハンドラは、アラームハンドラの動作停止 API tk_stp_alm で動作を停止します。
tk_stp_alm の API の仕様を表2-45に示します。

表2-45 tk_stp_alm の API の仕様

アラームハンドラの動作停止 API	
関数定義	ID tk_stp_alm(ID almid);
引数	ID almid　　　　　　　アラームハンドラID番号
戻り値	エラーコード
機能	almidで指定されたアラームハンドラの動作を停止します。すでに動作が停止している場合は何もしません。

プログラム例

「プログラム -2.10：アラームハンドラの実行」のプログラムのリストを以下に示します。

リスト2-10 アラームハンドラの実行

```
#include <tk/tkernel.h>
#include <tm/tmonitor.h>

/* ① アラームハンドラの生成情報と関連データ */
LOCAL void almhdr_a(void *exinf);// 実行関数
LOCAL ID          almid_a;       // ID番号
LOCAL T_CALM      calm_a = {
    .almatr   = TA_HLNG,         // 周期ハンドラ属性
    .almhdr   = almhdr_a,        // 周期起動ハンドラアドレス
};

/* ② タスクAの生成情報と関連データ */
LOCAL void task_a(INT stacd, void *exinf);// 実行関数
LOCAL ID          tskid_a;       // ID番号
LOCAL T_CTSK      ctsk_a = {
    .itskpri  = 10,              // 初期優先度
    .stksz    = 1024,            // スタックサイズ
    .task     = task_a,          // 実行関数のポインタ
    .tskatr   = TA_HLNG | TA_RNG3, // タスク属性
};

/* ③ アラームハンドラの実行関数 */
LOCAL void almhdr_a(void *exinf)
{
    UW        led_data;
```

```
    led_data = in_w(GPIO_ODR(A));                // LED のデータの読み取り
    out_w(GPIO_ODR(A), led_data & ~(1<<5));  // LED のデータの 5 ビット目を 0 にする
}


/* ④ タスク A の実行関数 */
LOCAL void task_a(INT stacd, void *exinf)
{
    UW   sw_data, pre_sw_data;
    UW   led_data;

    pre_sw_data = in_w(GPIO_IDR(C)) & (1<<13);    // 一つ前のスイッチの状態を読み取る
    while(1) {
        sw_data = in_w(GPIO_IDR(C))&(1<<13);      // スイッチの状態を読み取る
        if(pre_sw_data != sw_data) {              // スイッチに変化があったか？
            if(sw_data == 0) {                    // スイッチは ON か？
                led_data = in_w(GPIO_ODR(A));  // LED のデータの読み取り
                if(led_data & (1<<5)) {           // LED は点灯？
                    out_w(GPIO_ODR(A), led_data & ~(1<<5));    // LED のデータの 5 ビット目を 0 にする
                    tk_stp_alm(almid_a);      // アラームハンドラの動作停止
                } else {
                    out_w(GPIO_ODR(A), led_data | (1<<5));     // LED のデータの 5 ビット目を 1 にする
                    tk_sta_alm(almid_a, 5000);// アラームハンドラの動作開始
                }
            }
            pre_sw_data = sw_data;               // 変数の更新
        }
        tk_dly_tsk(100);                         // 0.1 秒間、一時停止
    }

    tk_ext_tsk();                                // ここは実行されない
}

/* ⑤ usermain 関数 */
EXPORT INT usermain(void)
{
    almid_a = tk_cre_alm(&calm_a);       // アラームハンドラの生成

    tskid_a = tk_cre_tsk(&ctsk_a);       // タスクの生成
    tk_sta_tsk(tskid_a, 0);              // タスクの実行

    tk_slp_tsk(TMO_FEVR);                // 起床待ち

    return 0;                            // ここは実行されない
}
```

リスト2-10のプログラムの内容を順番に説明していきます。

① アラームハンドラの生成情報と関連データ

アラームハンドラの実行関数almhdr_aのプロトタイプ宣言、アラームハンドラのID番号を格納するための変数almid_a、アラームハンドラの生成情報の変数calm_aを記述しています。
アラームハンドラ属性はTA_HLNG（C言語で記述）のみを設定しています。

② タスクAの生成情報と関連データ

「プログラム-2.1：タスクの生成と実行」と同じです。

③ アラームハンドラの実行関数

関数almhdr_aは、実行されるとLEDを消灯してから終了します。

④ タスクAの実行関数

関数task_aは、0.1秒の間隔でボタン・スイッチの状態をポーリングし、ボタン・スイッチが押されるごとに、LEDの点灯と消灯を繰り返します。LEDを点灯する際にはアラームハンドラの動作開始API tk_sta_almを呼び出して、5秒後に実行されるアラームハンドラalmhdr_aを設定します。また、LEDを消灯する際にはアラームハンドラの動作停止API tk_stp_almを呼び出して、アラームハンドラを停止します。

⑤ usermain関数

usermain関数では、最初にアラームハンドラ生成API tk_cre_almを呼び出してアラームハンドラを生成します。その後は「プログラム-2.1：タスクの生成と実行」と同じです。

2.3 μT-Kernel 3.0からI/Oデバイスを制御

本章ではμT-Kernel 3.0のデバイスドライバの機能を使用した各種のI/Oデバイスの制御について説明します。また、前章と同様にマイコンボードSTM32L476 Nucleo-64を使用して実際にプログラムを作成し、I/Oデバイスを制御してみます。

● ●

2.3.1 I/Oデバイスとデバイスドライバ

I/Oデバイスとは

I/Oデバイスは、マイコンで使用されるさまざまな入出力の装置です。

組込みシステムで使用されるマイコンには、いろいろな種類のI/Oデバイスが内蔵されています。前章までで使用した入出力ポート（GPIO）も内蔵I/Oデバイスの一つです。

例としてSTM32L476の主な内蔵I/Oデバイスを表2-46に示します。

表2-46 STM32L476の主な内蔵I/Oデバイス

分類	デバイス名	機能
入出力ポート	GPIO	汎用入出力ポート
通信関係	UART	調歩同期シリアル通信
	I2C	I²C通信
	SPI	クロック同期シリアル通信
	SAI	シリアルオーディオインタフェース
	USB	USB通信
	QUADSPI	Quad SPI通信
タイマ	TIM	汎用タイマ
	RTC	リアルタイムクロック
	WDT	ウォッチドックタイマ
A/Dコンバータ	ADC	A/D変換
D/Aコンバータ	DAC	D/A変換
その他	SDMMC	SD/MMCカードインタフェース
	DCMI	デジタルカメラインタフェース
	LCD	液晶ディスプレイコントローラ
	TSC	タッチセンシングコントローラ

また、マイコンには外部 I/O デバイスを接続することができます。IoT エッジノードでは、各種のセンサーやアクチュエータを外部 I/O デバイスとして使用します。また、LED やスイッチなども、機能はシンプルですが、外部 I/O デバイスの一つです。

外部 I/O デバイスの制御

マイコンと外部 I/O デバイスの接続方式にはいろいろな種類があり、プログラムからの制御方法もそれぞれ異なります。

以下に、主な外部 I/O デバイスの接続方式を説明します。

● メモリマップド I/O

I/O デバイスの内部のレジスタが、マイコンのアドレス空間に配置され、プログラムからはメモリと同様にアクセスできる方式です。

この方式は主にマイコンの内蔵 I/O デバイスの接続に使用されています。外部 I/O デバイスの接続に使用される場合もありますが、接続のためにアドレスバス信号やデータバス信号など多くの信号線を必要とすることや、マイコンの動作周波数が高くなったことなどから、今ではあまり使用されません。

メモリマップド I/O 方式で接続された I/O デバイスでは、C 言語のポインタや µT-Kernel 3.0 の I/O ポートアクセスサポート機能を用いて、その中のレジスタの操作を行うことができます。

● アナログ信号入力 (A/D 変換)

外部 I/O デバイスからのアナログ信号をマイコンに入力し、内蔵の A/D コンバータでデジタル信号に変換する方式です。

アナログ信号を出力する I/O デバイスには、各種のセンサーなどがあります。たとえば、アナログ出力の温度センサーは、計測した温度に応じて出力信号の電圧を変化させます。

アナログ信号入力を扱う具体的なプログラムは「2.3.2 A/D コンバータによるセンサー入力」で説明します。

● シリアル通信

シリアル通信とは、データを 1 ビットずつ連続的に送受信する通信方式です。少ない信号線での接続が可能であるため、外部 I/O デバイスとの接続によく使用されます。

シリアル通信にはいろいろな方式が存在します。大きく分けて、データ信号線とは別に用意されたクロック信号線を使用して同期をとるクロック同期方式と、クロック信号線を使用しない調歩同期方式 (クロック非同期方式) があります。

主なシリアル通信の具体的な方式について、以下に説明します。

- **調歩同期シリアル通信**

  クロック信号線を使用しないシリアル通信です。データの転送速度が比較的低速であることなどから、近年ではI/Oデバイスの接続に使用されることは少なくなってきましたが、しくみが簡単で実装が容易であることや、古くからの工業規格、電話線（モデム）経由のデータ通信、シリアルポート（COMポート）を使ったパソコンとの通信などの場面で広く普及していたため、外部の機器との通信やそれほどの速度が必要とされない用途には今でも使用されています。

  STM32L476 Nucleo-64用のµT-Kernel 3.0 BSPでも、デバッグ出力に調歩同期シリアル通信を使用してパソコンとの通信を行っています（実際にはボード上でUSB信号に変換されてパソコンに接続されます）。

  具体的なプログラムは「2.3.3 UARTによるシリアル通信」で説明します。

- **I²C通信**

  I²C (Inter-Integrated Circuit) 通信は、クロック同期シリアル通信の方式の一つです。フィリップス（現NXPセミコンダクターズ）が提唱し、広く普及しました。

  2本の信号線で複数のデバイス間の通信を実現することができ、マイコンと外部I/Oデバイスとの接続によく使われています。

  具体的なプログラムは「2.3.4 I²C通信による外部I/Oデバイスの制御」で説明します。

- **SPI通信**

  SPI (Serial Peripheral Interface) 通信も、クロック同期シリアル通信の方式の一つです。モトローラ（現NXPセミコンダクターズ）が提唱し、広く普及しました。

  前述のI²C通信と同じく、マイコンと外部I/Oデバイスとの接続によく使われています。信号線は4本使用しますが、I²C通信よりも高速な通信が可能なことから、データ通信量の多いデバイスとの通信によく使われます。

I/Oデバイスと割込み

　I/Oデバイスからマイコンへの各種の通知には、マイコンの割込みの機能が利用されます。たとえば、通信デバイスはデータの受信や送信の完了、通信エラーの発生などを通知するために割込みを発生させます。また、A/DコンバータはA/D変換の処理が完了すると割込みを発生させます。

　割込みを使用せずにI/Oデバイスを制御するには、I/Oデバイスの状態の変化をプログラムからポーリングして、常に監視し続けなくてはなりません。マイコンに接続されている多くのI/Oデバイスに対しポーリングを行うには、監視のためのプログラムが動作し続ける必要があり、実行効率の面から望ましくはありません。

　割込みは、内蔵I/Oデバイスからの要求により発生するものと、マイコン外部からの入力信号により発生するものがあります。外部I/Oデバイスはこの入力信号による割込みを利用して各種の通知を行います。スイッチのような単純なI/Oデバイスでは、割込みの通知だけで制御する場合もあります。

具体的なプログラムは「2.3.5 割込みによる外部入力信号の検出」で説明します。

デバイスドライバとは

デバイスドライバとは、I/Oデバイスを制御するソフトウェアです。

アプリケーションは、I/Oデバイスのハードウェアを直接制御するのではなく、デバイスドライバを使用して制御することにより、簡単にI/Oデバイスを使用することができます。

デバイスドライバは、OSに付属して提供される場合もありますが、OSとは別に提供される場合もあります。

μT-Kernel 3.0では、OS自体にはデバイスドライバを含みませんが、標準的なデバイスに対するサンプルのデバイスドライバを提供しています。μT-Kernel 3.0 BSPの場合は、対応するマイコンボードのI/Oデバイスに対する標準的なデバイスドライバを実装しています。表2-47にμT-Kernel 3.0 BSPのデバイスドライバを示します。

表2-47 μT-Kernel 3.0 BSPのデバイスドライバ

名称	対応I/Oデバイス
シリアル通信デバイスドライバ	調歩同期式シリアル通信デバイス
A/D変換デバイスドライバ	A/Dコンバータ
I²C通信デバイスドライバ	I²C通信デバイス（マスターのみ対応）

μT-Kernel 3.0のデバイス管理機能

デバイスドライバは、一般にOSによって管理されます。組込みシステム用のリアルタイムOSではデバイスドライバの管理機能を持たないものもありますが、μT-Kernel 3.0にはデバイス管理機能があり、デバイスドライバを管理しています。

μT-Kernel 3.0のデバイス管理機能は、アプリケーションに対して、I/Oデバイスを操作するための標準的なAPIを提供します。そのため、アプリケーションからデバイスドライバを意識する必要はなく、μT-Kernel 3.0のデバイス管理機能のAPIを使用してI/Oデバイスを操作することができます。

アプリケーションがデバイス管理機能のAPIを呼び出すと、そのAPI処理の中で対応するデバイスドライバが呼び出され、実際のI/Oデバイスの制御が行われます（図2-21）。

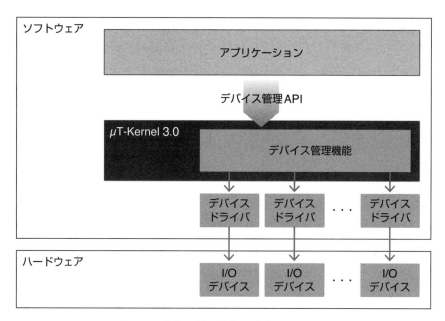

図2-21 デバイス管理機能とデバイスドライバ

　µT-Kernel 3.0のデバイス管理機能の主なAPIを表2-48に示します。なお、これらのAPIは
タスクからのみ呼出しが可能です。ハンドラからは使用できません。

表2-48 デバイス管理機能の主なAPI

API名	機能
tk_opn_dev	デバイスのオープン
tk_cls_dev	デバイスのクローズ
tk_rea_dev	デバイスの読み込み開始（非同期アクセス）
tk_wri_dev	デバイスの書き込み開始（非同期アクセス）
tk_wai_dev	デバイスの要求完了待ち（非同期アクセス）
tk_srea_dev	デバイスの同期読み込み（同期アクセス）
tk_swri_dev	デバイスの同期書き込み（同期アクセス）

I/Oデバイスのオープンとクローズ

μT-Kernel 3.0のデバイス管理機能では、各I/Oデバイスをデバイス名で識別します。デバイス名は各デバイスドライバの実装時に決められています。

I/Oデバイスを使用するには、まずデバイスのオープンAPI tk_opn_devを呼び出します。オープンしたI/Oデバイスに対して入出力の操作ができます。

tk_opn_devのAPIの仕様を表2-49に示します。

表2-49 tk_opn_devのAPIの仕様

デバイスのオープンAPI	
関数定義	ID tk_opn_dev(CONST UB* devnm, UINT omode);
引数	CONST UB* devnm　デバイス名 UINT omode　　　　オープンモード
戻り値	デバイスディスクリプタ、またはエラーコード
機能	devnmで指定した名称のデバイスを、omodeで指定したモードでオープンし、デバイスへのアクセスを可能とします。 オープンしたデバイスのデバイスディスクリプタを戻り値として返します。

引数のオープンモードは、デバイスへのアクセス方法やその制限について指定します。

表2-50にデバイスのオープンモードを示します。

表2-50 デバイスのオープンモード

オープンモード	意味
TD_READ	読み込み専用[16]
TD_WRITE	書き込み専用[16]
TD_UPDATE	読み込みおよび書き込み[16]
TD_EXCL	排他(一切の同時オープンを禁止)[17]
TD_WEXCL	排他書き込み(書き込みの同時オープンを禁止)[17]
TD_REXCL	排他読み込み(読み込みの同時オープンを禁止)[17]

[16] いずれか一つを必ず指定します。
[17] いずれか一つが指定できます(指定しなくてもかまいません)。

I/Oデバイスの使用を終了するには、デバイスのクローズAPI tk_cls_devを呼び出します。
tk_cls_devのAPIの仕様を表2-51に示します。

表2-51 tk_cls_devのAPIの仕様

デバイスのクローズ API	
関数定義	ID tk_cls_dev(ID dd, UINT option);
引数	ID dd　　　　　　　　デバイスディスクリプタ UINT option　　　　　クローズオプション
戻り値	エラーコード
機能	ddで指定したデバイスをクローズし、デバイスへのアクセスを停止します。

デバイスの同期アクセスと非同期アクセス

オープンしたI/Oデバイスに対しては、オープン時にAPIの戻り値で得られたデバイスディスクリプタを使って対象I/Oデバイスを指定することにより、入出力の操作ができます。

I/Oデバイスへの入出力操作では、デバイスへの書き込み（出力）と読み込み（入力）のAPIを使用します。ここでは同期アクセスと非同期アクセスの2種類のAPIが用意されています。

同期アクセスのAPIの場合は、APIの中でデバイスへの入出力の処理の完了を待ち、入出力処理が終わってからAPIの実行が終了します。たとえば、デバイスへの同期書き込みAPI tk_swri_devを呼び出した場合には、APIが終了した段階で、デバイスへの出力はすでに完了しています。

一方、非同期アクセスのAPIの場合、APIの中ではデバイスへの入出力の開始要求が行われるだけで、実際の入出力処理がAPIの実行中に完了するわけではありません。たとえば、デバイスへの書き込み開始API tk_wri_devを呼び出した場合、APIが終了した段階では出力の開始要求が行われただけで、デバイスへの実際の出力が完了しているわけではありません。

ただし、非同期アクセスのAPIが意味を持つのは、デバイスドライバが非同期アクセスに対応している場合のみです。非同期アクセスに対応していないデバイスドライバに対して非同期アクセスのAPIを使用した場合、エラーにはなりませんが、実際の動作は同期アクセスのAPIを呼び出した場合と同じになります。

同期アクセスと非同期アクセスのそれぞれのAPIについて説明します。

I/O デバイスの入出力操作（同期アクセス）

I/O デバイスからの入力を行うには、デバイスの同期読み込み API tk_srea_dev を使用します。tk_srea_dev の API の仕様を表 2-52 に示します。

表 2-52 tk_srea_dev の API の仕様

デバイスの同期読み込み（同期アクセス）API	
関数定義	ER tk_srea_dev(ID dd, W start, void *buf, SZ size, SZ *asz);
引数	ID dd　　　　　デバイスディスクリプタ W start　　　　読み込み開始位置 void *buf　　　読み込んだデータを格納する領域へのポインタ SZ size　　　　読み込むデータのサイズ SZ *asize　　　実際に読み込んだデータのサイズを返す変数へのポインタ
戻り値	エラーコード
機能	dd で指定したデバイスの start で指定した位置から、size で指定したサイズのデータを読み込み、*buf で指定した領域へ格納します。実際に読み込んだサイズは、*asize で指定した変数に返します。

I/O デバイスへの出力を行うには、デバイスの同期書き込み API tk_swri_dev を使用します。tk_swri_dev の API の仕様を表 2-53 に示します。

表 2-53 tk_swri_dev の API の仕様

デバイスの同期書き込み（同期アクセス）API	
関数定義	ER tk_swri_dev(ID dd, W start, CONST void *buf, SZ size, SZ *asz);
引数	ID dd　　　　　デバイスディスクリプタ W start　　　　書き込み開始位置 void *buf　　　書き込むデータを格納した領域へのポインタ SZ size　　　　書き込むデータのサイズ SZ *asize　　　実際に書き込んだデータのサイズを返す変数へのポインタ
戻り値	エラーコード
機能	dd で指定したデバイスの start で指定した位置へ、*buf で指定した領域から、size で指定したサイズのデータを書き込みます。実際に書き込んだサイズは、*asize で指定した変数に返します。

　API の引数で指定する読み込み／書き込み開始位置やデータのサイズ、またデータのサイズの単位は、それぞれの I/O デバイスに対するデバイスドライバの実装により決まります。

　たとえば、SD カードのような外部記憶デバイスであれば、データは決められたサイズのブロック単位で入出力され、読み込み／書き込みの位置はブロック番号で指定されます。一方、シリアル通信であれば、データは 1 バイト単位で入出力され、特定の読み込み／書き込みの位置は存在しません（通常は 0 を指定します）。

　実際の仕様は各 I/O デバイスに応じて決められていますので、それぞれの仕様書やマニュアルを参照する必要があります。

I/O デバイスの入出力操作（非同期アクセス）

I/O デバイスからの入力を非同期アクセスで行うには、デバイスの読み込み開始 API tk_rea_dev を使用します。

tk_rea_dev の API の仕様を表2-54に示します。

表2-54 tk_rea_dev の API の仕様

デバイスの読み込み開始（非同期アクセス）API	
関数定義	ID tk_rea_dev(ID dd, W start, void *buf, SZ size,TMO tmout);
引数	ID dd　　　　デバイスディスクリプタ W start　　　読み込み開始位置 void *buf　　読み込んだデータを格納する領域へのポインタ SZ size　　　読み込むデータのサイズ TMO tmout　タイムアウト時間（単位：ミリ秒）
戻り値	リクエストID、またはエラーコード
機能	dd で指定したデバイスの start で指定した位置から、size で指定したサイズのデータの読み込みを開始します。読み込んだデータは *buf で指定した領域へ格納されます。 本 API はデータの読み込みの開始要求を行うのみで、API 完了時に読み込みが完了していることは保証されません。戻り値として、データ読み込みの要求に対するリクエスト ID が返ります。 tmout で指定した時間内にデータ読み込みの要求が受け付けられなかった場合はエラーとなります。

I/O デバイスへの出力を非同期アクセスで行うには、デバイスの書き込み開始 API tk_wri_dev を使用します。

tk_wri_dev の API の仕様を表2-55に示します。

表2-55 tk_wri_dev の API の仕様

デバイスの書き込み開始（非同期アクセス）API	
関数定義	ID tk_wri_dev(ID dd, W start, CONST void *buf, SZ size, TMO tmout);
引数	ID dd　　　　デバイスディスクリプタ W start　　　書き込み開始位置 void *buf　　書き込むデータを格納した領域へのポインタ SZ size　　　書き込むデータのサイズ TMO tmout　タイムアウト時間（単位：ミリ秒）
戻り値	リクエストID、またはエラーコード
機能	dd で指定したデバイスの start で指定した位置へ、*buf で指定した領域へからsize で指定したサイズのデータの書き込みを開始します。 本 API はデータの書き込みの開始要求を行うのみで、API 完了時に書き込みが完了していることは保証されません。戻り値として、データ書き込みの要求に対するリクエスト ID が返ります。 tmout で指定した時間内にデータ書き込みの要求が受け付けられなかった場合はエラーとなります。

APIの引数で指定する読み込み／書き込み開始位置やデータのサイズ、またデータのサイズの単位は、同期アクセスのAPIと同様に、それぞれのI/Oデバイスに対するデバイスドライバの実装により決まります。

　非同期アクセスの場合、APIではデバイスへの入出力の開始要求を行うだけで、実際の入出力処理の完了を待つわけではありません。入出力の処理の完了待ちと結果の取得を行うには、デバイスの要求完了待ちAPI tk_wai_devを呼び出します。

　tk_wai_devのAPIの仕様を表2-56に示します。

表2-56 tk_wai_devのAPIの仕様

デバイスの要求完了待ち（非同期アクセス）API	
関数定義	ID tk_wai_dev(ID dd, ID reqid, SZ *asize, ER *ioer, TMO tmout);
引数	ID dd　　　　　　　　　デバイスディスクリプタ ID reqid　　　　　　　　リクエストID SZ *asize　　　　　　　実際に読み込み／書き込みしたデータのサイズを返す変数へのポインタ ER *ioer　　　　　　　　読み込み／書き込み処理のエラーコードを返す変数へのポインタ TMO tmout　　　　　　　タイムアウト時間（単位：ミリ秒）
戻り値	完了したリクエストID、またはエラーコード
機能	ddで指定したデバイスに対して、reqidで指定したデータの読み込み／書き込みの要求の完了を待ち、その結果を返します。 完了した要求の結果として、実際に読み込み／書き込みしたデータのサイズが*asizeで指定した変数に、またエラーコードが*ioerで指定した変数に返されます。 reqidに0を指定した場合は、API呼出し時に受け付けられているすべての要求が対象となります。 tmoutで指定した時間内にデータの読み込み／書き込みの要求を完了しなかった場合はエラーとなります。

　注意すべき点は、デバイスの読み込み開始API tk_rea_devおよびデバイスの書き込み開始API tk_wri_devで行われたデータの読み込み／書き込みの要求に対して、必ずデバイスの要求完了待ちAPI tk_wai_devで処理結果を得る必要があるということです。tk_wai_devが呼ばれないと、入出力要求の処理の完了やエラー状態が不明なままで、アプリケーションがその先の処理を続けることになってしまいます。

同期アクセスと非同期アクセスの比較

　デバイスの入出力を行う際に同期アクセスと非同期アクセスのいずれを使用するのかは、各デバイスドライバの設計や実装によって決まります。

　非同期アクセスのメリットは、I/Oデバイスの処理完了を待たずに、タスクが他の処理を実行できる点です。

　例として、センサーからデータを取得し、そのデータに対して何らかの演算処理を行った後に、外部記憶デバイスに演算結果を出力して記録する処理を考えてみます。ハードディスクなどの外部記憶デバイスは、一般にマイコンの実行速度と比べて非常に低速です。

　これを一つのタスクで処理すると、図2-22のフローチャートとなります。（a）が外部記憶デバイスへのアクセスに同期アクセスを使用した場合、（b）が非同期アクセスを使用した場合です。

　どちらもの処理も流れは似ていますが、（a）同期アクセスの③の処理では、外部記憶デバイスへの出力が完了するまでタスクが待ち状態となります。

　一方で、（b）非同期アクセスの④の処理は、外部記憶デバイスへの出力の開始を要求するだけですので速やかに終了し、次の①の処理に進むことができます。その後は③で要求の処理完了を待ちますので、外部記憶デバイスへの出力中に①から②の処理を行うことができ、効率が良くなっていることがわかります。

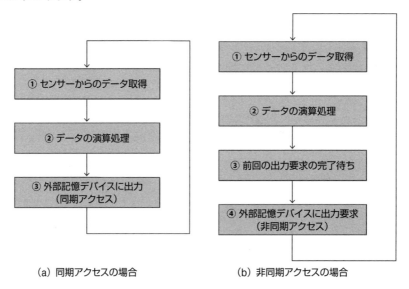

（a）同期アクセスの場合　　　　（b）非同期アクセスの場合

図2-22 同期アクセスと非同期アクセスの比較例

　ただし、非同期アクセスが同期アクセスと比べて常に効率向上できるとは限りません。この例の場合、①のセンサーからのデータ取得で非同期アクセスを行ったとしても、実際にデータが取得できるまでは次の②の処理に進めませんので、効率向上はできないと考えられます。

　逆に、非同期アクセスのデメリットとしては、デバイスドライバのプログラムが複雑化することです。非同期アクセスでは、デバイスドライバが入出力の要求を受け付けた後に、APIを呼び出したタスクと並行して入出力の処理を行う必要があります。つまり、デバイスドライバ自体が要求元のタスクとは独立した別のタスクとして動作するように設計する必要があります。

　デバイスドライバを同期アクセスとするか非同期アクセスとするかは、以上のメリットやデメリットをふまえて設計する必要があります。一般に、I/Oデバイスの入出力が低速でデータのバッファリングなどの処理を行ったり、その他の複雑な制御処理が必要であったりする場合以外は、同期アクセスを採用することが多いです。

　μT-Kernel 3.0 BSPのデバイスドライバでは同期アクセスを採用し、非同期アクセスには対応していません。

デバイスの固有データと属性データ

I/Oデバイスは、そのハードウェアに応じた入出力データを扱います。I/Oデバイスに対して実際に入出力されるデータを、μT-Kernel 3.0ではデバイスの固有データとよんでいます。

たとえば、通信デバイスの場合には、送信するデータや受信するデータがそのデバイスの固有データです。A/Dコンバータであればアナログ信号を変換したデジタル値が固有データです。

一方、それぞれのI/Oデバイスは、そのデバイスを制御するための設定値などの情報も持っています。このような設定値などの情報を、μT-Kernel 3.0ではデバイスの属性データとよんでいます。

たとえば、通信デバイスの場合には、通信速度や通信モードなどがデバイスの属性データです。A/Dコンバータであればアナログ信号を変換するクロックの設定値などが属性データとなります。

属性データは、I/Oデバイスの制御用レジスタを仮想化したものと考えることができます。また、デバイス制御のための設定値以外にも、通常のデータの入出力だけでは実現できない特別な動作のために属性データを使用する場合があります。たとえば、シリアル通信ではブレーク信号とよばれる特別な信号を送信することがありますが、その場合にも属性データが使用されます。

属性データは、固有データと同じように、デバイス管理機能のAPIで読み書きができます。それぞれの属性データにはデータ番号が割り当てられており、これを読み書きのAPIの開始位置として指定します。固有データと区別するため、属性データの番号は負の整数と決められています。一方、デバイスの固有データの読み書きの開始位置は、0または正の整数と決められています。

デバイスの固有データと属性データのイメージを図2-23に示します。

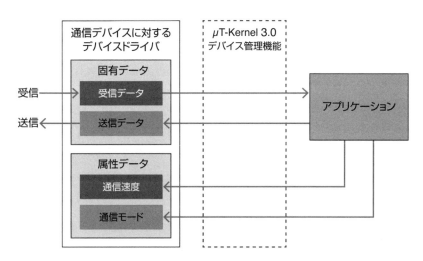

図2-23 デバイスの固有データと属性データ

2.3.2 A/Dコンバータによるセンサー入力

センサーとA/D変換

A/D（Analog/Digital）変換とは、アナログ信号をデジタル信号に変換することを意味します。具体的には、アナログ信号の電圧をデジタルの数値（離散値）に変換します。

一般的なセンサーの多くは、センサーで取得したデータをアナログ信号として出力します。つまり、これらのセンサーは、計測したデータの値に応じて出力信号の電圧を変化させます。たとえば、計測した温度に応じて電圧が変化する温度センサー、明るさに応じて電圧が変化する照度センサー、障害物との距離に応じて電圧が変化する距離センサーなどがあります。

これらのセンサーから出力されたアナログ信号をA/D変換することにより、センサーが計測した値をデジタル値として得ることができます。

A/Dコンバータとは

A/Dコンバータは、A/D変換を行うI/Oデバイスです。A/Dコンバータは、入力されたアナログ信号をデジタル値に変換します。

入力するアナログ信号の電圧の範囲や、変換されたデジタル値の分解能（ビット幅）は、A/Dコンバータのハードウェア仕様により決まります。

たとえば、入力するアナログ信号の電圧範囲が0Vから3.3Vで、分解能12ビットの場合は、0Vから3.3Vの電圧が0から4095の数値に変換されます。すなわち、図2-24に示すように、入力信号が0Vの場合は変換後の値が0となり、3.3Vの場合は4095となります。

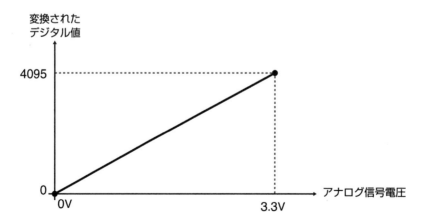

図2-24 A/D変換によるアナログ信号とデジタル値の関係

STM32L476のA/Dコンバータ

A/Dコンバータはよく使われるI/Oデバイスですので、多くのマイコンに内蔵されています。

STM32L476には、三つのA/Dコンバータ（ADC1 ～ ADC3）が内蔵されています。一つのA/Dコンバータには最大19本のアナログ信号の入力が接続されます。アナログ入力の電圧範囲は0 ～ 3.3V、分解能は最大12ビットです。

STM32L476 Nucleo-64のボード上にはArduino互換インタフェースがあります。このインタフェースには6本のアナログ入力端子（A0 ～ A5）が用意されています。ボードのアナログ入力端子と、マイコン内蔵のA/Dコンバータの信号の対応を表2-57に示します。

表2-57 STM32L476 Nucleo-64のアナログ入力

ボードの信号名	マイコンの端子名	A/Dコンバータの入力
A0	PA0	ADC1_IN5、ADC2_IN5
A1	PA1	ADC1_IN6、ADC2_IN6
A2	PA4	ADC1_IN9、ADC2_IN9
A3	PB0	ADC1_IN15、ADC2_IN15
A4	PC1	ADC1_IN2、ADC2_IN2、ADC3_IN2
A5	PC0	ADC1_IN1、ADC2_IN1、ADC3_IN1

たとえば、ボードのA0端子にアナログ信号を入力すると、STM32L476のPA0端子に入力されます。PA0の入力信号は、STM32L476内蔵のA/DコンバータADC1またはADC2の5番目の入力となります（図2-25）。ADC1とADC2のどちらを使用するかは、STM32L476のI/Oデバイスの制御レジスタの設定により決まります。

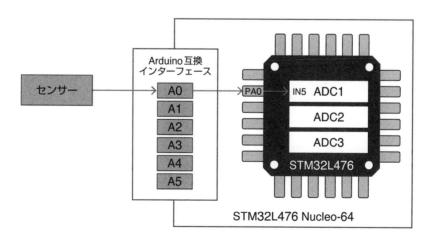

図2-25 STM32L476 Nucleo-64のセンサー接続

写真2-3は、STM32L476 Nucleo-64に音センサーを接続している例です。

この例では、STM32L476 Nucleo-64のArduino互換インタフェースに、Groveベースシールド[注]を装着し、Groveベースシールドの A0 コネクタに音センサーを接続しています。また、未接続となっている A1 から A3 のアナログ入力コネクタがGroveベースシールド上に確認できます。

注) Groveは、Seeed studio社が開発している、ケーブルの接続だけで扱えるセンサーなどの各種I/Oデバイスのモジュールです。

写真2-3 STM32L476 Nucleo-64に音センサーを接続した例

A/D変換デバイスドライバ

μT-Kernel 3.0 BSPのA/D変換デバイスドライバは、A/Dコンバータを制御してA/D変換を行うデバイスドライバです。μT-Kernel 3.0 BSPのSTM32L476用A/D変換デバイスドライバの対象デバイスを表2-58に示します。

表2-58 STM32L476用のA/D変換デバイスドライバ

I/Oデバイス	デバイス名	チャンネル数[※18]
ADC1	adca	19
ADC2	adcb	18
ADC3	adcc	16

※18 A/Dコンバータに入力されるアナログ信号入力の数

μT-Kernel 3.0 BSPでは、OSの起動時にADC1のデバイスドライバ（デバイス名adca）を初期化します。また、Arduino互換インタフェースのアナログ入力A0からA3がADC1から使用可能となるように、マイコンの端子設定を行います。

アプリケーションは、まずデバイスのオープンAPI tk_opn_devを呼び出して、デバイスadcaをオープンします。これにより、Arduino互換インタフェースのアナログ入力A0からA3の4本が使用可能になります（A4およびA5を使用する場合は端子の設定が必要です）。

A/Dコンバータから変換された値を取得するには、デバイスへの同期読み込みAPI tk_srea_devを呼び出します。APIで指定する読み込み開始位置やデータのサイズ、また各データの単位は、A/D変換デバイスドライバの仕様として表2-59のように定められています。

表2-59 A/D変換デバイスドライバのデータ仕様

項目	内容
読み込み開始位置	読み込みを開始するチャンネルの番号を指定
読み込むデータのサイズ	連続で読み込むチャンネルの数を指定 ただし、STM32L476のA/D変換デバイスドライバは連続の読み込みに非対応のため、常に1を指定
データの単位	一つのデータはUW型（符号無し32ビット整数）

A/Dコンバータ制御プログラム

A/D変換デバイスドライバを使ってA/Dコンバータを制御し、アナログ入力信号の値を読み取って表示するプログラムを作ってみましょう。

以下のプログラムを作成します。

プログラム-3.1：A/Dコンバータ制御プログラム
タスクからA/D変換デバイスドライバを使用して、0.5秒間隔でボード上のアナログ入力A0の値を読み取り、デバッグ出力に表示します。

STM32L476 Nucleo-64のアナログ入力A0は、A/DコンバータADC1のチャンネル5に接続されています。したがって、デバイスadcaの開始位置5の値を読み取ることにより、目的のアナログ入力値を得ることができます、

「プログラム-3.1：A/Dコンバータ制御プログラム」のプログラムのリストを以下に示します。

リスト3-1 A/Dコンバータ制御プログラム

```
#include <tk/tkernel.h>
#include <tm/tmonitor.h>

/* A/Dコンバータ制御タスクの生成情報と関連データ */
```

```
LOCAL void task_adc(INT stacd, void *exinf); // 実行関数
LOCAL ID          tskid_adc;      // ID番号
LOCAL T_CTSK      ctsk_adc = {
    .itskpri = 10,              // 初期優先度
    .stksz   = 1024,            // スタックサイズ
    .task    = task_adc,        // 実行関数のポインタ
    .tskatr  = TA_HLNG | TA_RNG3, // タスク属性
};

/* A/Dコンバータ制御タスクの実行関数 */
LOCAL void task_adc(INT stacd, void *exinf)
{
    ID   dd_adc;
    UW   data_adc;
    SZ   asz_adc;
    ER   err;

    // ① デバイスのオープン
    dd_adc = tk_opn_dev((UB*)"adca", TD_READ);
    if(dd_adc < E_OK) {
        tm_printf((UB*)"Open Error %d\n", dd_adc);
        tk_ext_tsk();           // タスクの終了
    }

    while(1) {
        // ② デバイスの読込み
        err = tk_srea_dev(dd_adc, 5, &data_adc, 1, &asz_adc);
        if(err >= E_OK) {
            // ③ 読み取った値をデバッグ出力
            tm_printf((UB*)"A/D = %d\n", data_adc);
        } else {
            tm_printf((UB*)"READ error %d\n", err);
        }
        tk_dly_tsk(500);        // 0.5秒間待ち
    }
    tk_ext_tsk();               // ここは実行されない
}

/* usermain関数 */
EXPORT INT usermain(void)
{
    tskid_adc = tk_cre_tsk(&ctsk_adc);// タスクの生成
    tk_sta_tsk(tskid_adc, 0);    // タスクの実行

    tk_slp_tsk(TMO_FEVR);        // 起床待ち

    return 0;                    // ここは実行されない
}
```

リスト3-1のプログラムの内容を説明します。

① デバイスのオープン

デバイスのオープンAPI tk_opn_devを呼び出し、デバイスadcaをオープンします。これにより STM32L476の内蔵A/DコンバータADC1が使用可能になります。

ここではデータの読み込みしか行わないので、オープンモードにはTA_READ（読み込み専用）を指定しています。

② デバイスの読み込み

デバイスの同期読み込みAPI tk_srea_devを呼び出し、デバイスadcaの開始位置5からデータを一つ読み取り、変数data_adcに格納します。

なお、読み取ったデータのサイズはUW型（符号無し32ビット整数）ですが、A/Dコンバータの分解能は12ビットですので、実際に値が入っているのはdata_adcの下位12ビットです。

STM32L476 Nucleo-64のアナログ入力A0にアナログ信号を出力するセンサーを接続した状態で、リスト3-1のプログラムを実行すれば、デバッグ出力にセンサーの値を出力します。このとき、USB接続しているパソコンでターミナルエミュレータを実行しておけば、そのセンサーの値が表示されます。

A1からA3の他のアナログ入力に別のセンサーを接続することもできます。その場合は、②デバイス読み込みの処理のところで、デバイスの同期読み込みAPI tk_srea_devのデバイスadacの開始位置を変更すれば対応できます。

もちろん、複数のセンサーを同時に接続することも可能です。その場合は、各センサーに対して、デバイスの同期読み込みAPI tk_srea_devを呼び出します。

2.3.3 UARTによるシリアル通信

調歩同期方式シリアル通信とUART

　調歩同期方式シリアル通信とは、同期のためにデータとは別のクロック信号を使用せず、データ信号自体に先頭と末尾を識別する信号（スタートビットとストップビット）を付加することによって同期をとるシリアル通信方式です。

　クロック信号線はありませんが、送信と受信にはそれぞれ別のデータ信号線を使用しますので、送受信を同時に行うのであれば2本のデータ信号線が必要となります。

　また通信を行う際、送信されたデータを受信先が取りこぼすことが起こらないように、通信相手の受信可否に応じて送信を止めるような制御をする場合があります。これをフロー制御といいますが、ハードウェアによってフロー制御を行うためには、フロー制御用の信号線が必要となります。

　UART（Universal Asynchronous Receiver/Transmitter　汎用非同期送受信装置）は、調歩同期方式のシリアル通信を行うI/Oデバイスです。多くのマイコンには、UARTの機能を持ったI/Oデバイスが搭載されています。

　一般的なUARTでは、表2-60に示す4本の信号線を使用して通信を行います。RTSとCTSはハードウェアによるフロー制御を行うときのみ使用します。

表2-60　一般的なUARTの信号線

信号線	入出力	機能
TXD	出力	送信データ信号
RXD	入力	受信データ信号
RTS	出力	ハードフロー制御信号（送信要求）
CTS	入力	ハードフロー制御信号（送信可）

STM32L476のUART

　STM32L476には、UARTの機能を持ったI/Oデバイスが六つ内蔵されています（USART1 ～ USART3、UART4、UART5、LPUART1）。USART（Universal Synchronous Asynchronous Receiver/Transmitter）とは、UARTの機能に加えて、クロック同期方式の通信機能も使えるように拡張されたI/Oデバイスです。本書では、USARTもUARTの一種として扱い、USARTの持つ調歩同期方式のシリアル通信機能についてのみ説明します。

　STM32L476 Nucleo-64では、USART2の入出力信号がボード上でUSB通信に変換され、パソコンとの通信に使用されています（図2-26）。

　μT-Kernel 3.0 BSPでは、デバッグ出力用のシリアル通信にUSART2を使用しています。また、

USART2に対応したシリアル通信デバイスドライバを実装しています。

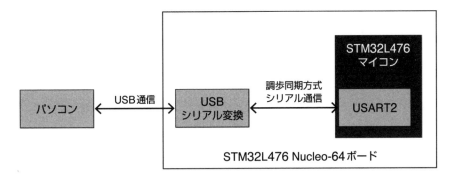

図2-26 STM32L476 Nucleo-64のシリアル通信

デバッグ出力とシリアル通信デバイスドライバ

　μT-Kernel 3.0 BSPでSTM32L476 Nucleo-64のシリアル通信を使用する方法としては、デバッグ出力用シリアル通信とシリアル通信デバイスドライバの2種類があります。

　デバッグ出力用シリアル通信では、デバッグ出力関数tm_printfによりUSART1から文字データを出力できます。これまで本書に掲載したプログラムでも、このデバッグ出力を使用してパソコンのターミナルエミュレータに表示を行っています。

　一方、シリアル通信デバイスドライバは、μT-Kernel 3.0のデバイス管理機能に合わせて実装された標準仕様のデバイスドライバです。

　両者の機能には共通するところもありますが、デバッグ出力はμT-Kernel 3.0の機能を使用せず、さらにOSよりも優先的に動作するように実装されています。その理由は、デバッグ時の使用を想定して、アプリケーションやOSが異常な状態やOSが動作していない状態（OSの起動前など）であっても、可能な限りデバッグ出力を動作させるためです。

　また、デバイス管理機能のAPIはタスクからしか使用できませんが、デバッグ出力はタスク以外のプログラム、たとえば割込みハンドラからでも使用できます。

　デバッグ出力の処理プログラムはOSよりも優先的に実行されるため、その実行中はOSを含めて他のすべてのプログラムの動作を止めてしまう点に注意してください。デバッグ出力が行われている間に他のプログラムが停止するということは、システム全体の性能や応答速度、実行のタイミングなどに大きな影響を与えます。また、シリアル通信による文字データの出力は、人間から見れば高速ですが、マイコンの実行速度と比較した場合には非常に低速です。そのため、デバッグ出力は原則としてデバッグ時にのみ使用します。

　アプリケーション本来の機能を実現するためにシリアル通信を行うのであれば、シリアル通信デバイスドライバを使用してください。

シリアル通信デバイスドライバ

μT-Kernel 3.0 BSPのシリアル通信デバイスドライバは、UARTなどのI/Oデバイスを用いて調歩同期方式のシリアル通信を実現するデバイスドライバです。

μT-Kernel 3.0 BSPでは、STM32L476用に表2-61のシリアル通信デバイスドライバを実装しています。

表2-61 STM32L476用のシリアル通信デバイスドライバ

I/Oデバイス	デバイス名	備考
USART1	sera	
USART2	serb	USB信号に変換されます。
USART3	serc	

μT-Kernel 3.0 BSPは、OSの起動時にUSART2のデバイスドライバ（デバイス名serb）を初期化し、マイコンの端子からUSART2が使用できるように設定を行います。

アプリケーションは、まずデバイスのオープンAPI tk_opn_devを呼び出して、デバイスseraをオープンします。これにより、USART1を使ったシリアル通信が使用可能になります。

シリアル通信でデータを受信するときは、デバイスの同期読み込みAPI tk_srea_devを呼び出します。また、データを送信するときは、デバイスの同期書き込みAPI tk_swri_devを呼び出します。

各APIで指定する読み込み／書き込みの開始位置やデータのサイズ、またデータの単位は、シリアル通信デバイスドライバの仕様として表2-62のように定められています。

表2-62 シリアル通信デバイスドライバのデータ仕様

項目	内容
読み込み／書き込み開始位置	0以上の任意の整数 シリアル通信ではデータ位置が意味を持たないため、この値は動作に影響しません。
データのサイズ	送信または受信するデータのサイズ 単位はバイト
データの単位	一つのデータはUB型（符号無し8ビット整数）

通信の設定と属性データ

シリアル通信を行う際には、通信速度や通信モードなどの通信設定の設定値を、通信の相手側と合わせる必要があります。

μT-Kernel 3.0 BSPは、OSの起動時にUSART1をNucleo-64のボード上のUSB変換に合わせて初期設定しますので、アプリケーションから設定や変更を行う必要はありません。ただし、このマイコンを別の用途で使用したい場合などには、通信設定の変更を要する場合があります。

シリアル通信の設定変更は、デバイスの属性データを書き換えることによって可能です。シリアル通信ドライバの主な属性データを表2-63に示します。

表2-63 シリアル通信ドライバの主な属性データ

名称	データ番号	型	意味
TDN_SER_MODE	-100	UW	シリアル通信モード
TDN_SER_SPEED	-101	UW	シリアル通信速度
TDN_SER_SNDTMO	-102	UW	送信タイムアウト時間
TDN_SER_RCVTMO	-103	UW	受信タイムアウト時間
TDN_SER_COMERR	-104	TMO	通信エラー
TDN_SER_BREAK	-105	TMO	ブレーク信号送出

シリアル通信モードとしては、表2-64に示す値が設定可能です。なお、ハードウェアのフロー制御を行うためのハードフロー制御以外は、同一の分類中でいずれか一つのみを指定します。

表2-64 シリアル通信モードの設定値

分類	モード名	内容
データ長	DEV_SER_MODE_7BIT	7ビットデータ長
	DEV_SER_MODE_8BIT	8ビットデータ長
ストップビット	DEV_SER_MODE_1STOP	1ストップビット
	DEV_SER_MODE_2STOP	2ストップビット
パリティ	DEV_SER_MODE_PODD	奇数パリティ
	DEV_SER_MODE_PEVEN	偶数パリティ
	DEV_SER_MODE_PNON	パリティ無し
ハードフロー制御	DEV_SER_MODE_CTSEN	CTSハードフロー制御有効
	DEV_SER_MODE_RTSEN	RTSハードフロー制御有効

　デバイスの属性データは、固有データと同様に、デバイスの同期書き込み API tk_swri_dev で書き込むことができます。以下にシリアル通信の設定を変更するプログラムの例を示します。この例では、通信モードを 7 ビットデータ長、2 ストップビット、偶数パリティに設定し、通信速度を 9600bps に設定しています。なお、変数 dd にはデバイスディスクリプタが設定済みとします。

```
UW  data;
SZ  asz;

/* 通信モードの設定 */
data = (DEV_SER_MODE_7BIT | DEV_SER_MODE_2STOP | DEV_SER_MODE_PEVEN);
tk_swri_dev(dd, TDN_SER_MODE, &data, sizeof(data), &asz);

/* 通信速度の設定 */
data = 9600;
tk_swri_dev(dd, TDN_SER_SPEED, &data, sizeof(data), &asz);
```

シリアル通信プログラム

　シリアル通信デバイスドライバを使って、パソコンとの間で簡単なシリアル通信を行います。受信したデータをそのまま相手に送り返すことをエコーバックといいますが、シリアル通信でこのエコーバックを行うプログラムを作ってみましょう。

　以下のプログラムを作成します。

プログラム-3.2：シリアル通信プログラム
シリアル通信デバイスドライバを使用するタスクで、パソコンからのシリアル通信の受信データをエコーバックします。

　「プログラム-3.2：シリアル通信プログラム」のプログラムのリストを以下に示します。

リスト 3-2 シリアル通信プログラム

```
#include <tk/tkernel.h>
#include <tm/tmonitor.h>

/* 通信制御タスクの生成情報と関連データ */
LOCAL void task_com(INT stacd, void *exinf);// 実行関数
LOCAL ID          tskid_com;       // ID番号
LOCAL T_CTSK      ctsk_com = {
    .itskpri  = 10,              // 初期優先度
    .stksz    = 1024,           // スタックサイズ
    .task     = task_com,        // 実行関数のポインタ
    .tskatr   = TA_HLNG | TA_RNG3,// タスク属性
```

```
};

/* 通信制御タスクの実行関数 */
LOCAL void task_com(INT stacd, void *exinf)
{
    ID    dd_com;
    UB    data_com;
    SZ    asz_com;
    ER    err;

    // ① デバイスのオープン
    dd_com = tk_opn_dev((UB*)"serb", TD_UPDATE);
    if(dd_com < E_OK) {
        tm_printf((UB*)"Open Error %d\n", dd_com);
        tk_ext_tsk();              // タスクの終了
    }

    while(1) {
        // ② デバイスの読込み
        err = tk_srea_dev(dd_com, 0, &data_com, 1, &asz_com);
        if(err >= E_OK) {
            // ③ デバイスの書込み
            err = tk_swri_dev(dd_com, 0, &data_com, 1, &asz_com);
        } else {
            tm_printf((UB*)"READ error %d\n", err);
        }
    }
    tk_ext_tsk();              // ここは実行されない
}

/* usermain 関数 */
EXPORT INT usermain(void)
{
    tskid_com = tk_cre_tsk(&ctsk_com);  // タスクの生成
    tk_sta_tsk(tskid_com, 0);           // タスクの実行

    tk_slp_tsk(TMO_FEVR);               // 起床待ち

    return 0;                           // ここは実行されない
}
```

リスト3-2のプログラムの内容を説明します（タスクの制御などは前章を参考にしてください）。

① デバイスのオープン

デバイスのオープンAPI tk_opn_devを呼び出し、デバイスserbをオープンします。これによりSTM32L476の内蔵USART2が使用可能になります。

データの送受信を行いますので、オープンモードとしてTA_UPDATE（読み込みおよび書き込み）を指定しています。

② デバイスの読み込み

デバイスの同期読み込みAPI tk_srea_devを呼び出し、デバイスserbからデータを一つ読み込みます。シリアル通信の場合、読み込み位置は意味がないので0を指定しています。

データが受信できると、変数data_comに受信したデータが格納されます。

③ デバイスの書き込み

デバイスの同期書き込みAPI tk_swri_devを呼び出し、②で読み込んだデータをデバイスserbへ書き込みます。シリアル通信の場合、書き込み位置は意味がないので0を指定しています。

デバイスserbに書き込んだデータが送信されます。

STM32L476 Nucleo-64とパソコンをUSBで接続した状態で、リスト3-2のプログラムを実行します。パソコンではターミナルエミュレータを実行します。

ターミナルエミュレータで文字を入力すると、エコーバックされた文字が表示されるのを確認できます。ターミナルエミュレータのデフォルトの設定ではローカルエコーがオフになっていますので、画面に表示されているのは、STM32L476 Nucleo-64から送り返されてきた文字です。ローカルエコーをオンにすると、文字が二重に表示されるのが確認できるでしょう。

2.3.4 I²C通信による外部I/Oデバイスの制御

I²C通信とは

I²C通信は、クロック同期シリアル通信の方式の一つです。クロック信号 (SCL) とデータ信号 (SDA) の2本の信号線を使って、複数のデバイス間の通信を実現することができます。

一般に、一つの通信経路に複数のデバイスが接続される形態をバス型接続とよびます。I²C通信はバス型接続の形態をとっており、I²C通信の通信経路となる信号線をI²Cバスとよびます。

I²Cバスに接続されたデバイスは、マスターとスレーブに分けられます。基本的に、マスターは一つのI²Cバスに一つだけです。通常はマイコンがI²Cバスのマスターとなり、他のI/Oデバイスをスレーブとして使用します (図2-27)。

スレーブには、識別のための固有のI²Cアドレスが割り当てられています。

マスターはI²Cバスにクロック信号を出力し、データの入出力を指示します。スレーブはマスターからの指示に従って、データの入出力を行います。

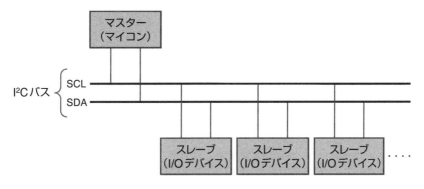

図2-27 I²Cバスによるデバイスの接続

STM32L476のI²C通信デバイス

STM32L476には、三つのI²Cインタフェース (I²C1 ～ I²C3) が内蔵されています。

STM32L476 Nucleo-64のボード上のArduino互換インタフェースのI²C信号には、I²C1の信号が接続されています (図2-28)。

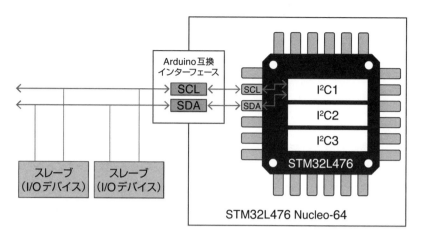

図2-28 STM32L476 Nucleo-64のI²C接続

I²C通信デバイスドライバ

　µT-Kernel 3.0 BSPのI²C通信デバイスドライバは、マスターとしてI²C通信を行うデバイスドライバです。µT-Kernel 3.0 BSPでは、STM32L476用のI²C通信デバイスドライバが表2-65のように実装されています。

表2-65 STM32L476用のI²C通信デバイスドライバ

I/Oデバイス	デバイス名	備考
I²C1	iica	Arduino互換インタフェースに接続
I²C2	iicb	
I²C3	iicc	

　µT-Kernel 3.0 BSPは、OSの起動時にI²C1のデバイスドライバ（デバイス名iica）を初期化し、マイコンの端子からI²C1が使用できるように設定を行います。

　アプリケーションは、まずデバイスのオープンAPI tk_opn_devを呼び出して、デバイスiicaをオープンします。これにより、I²C通信が使用可能になります。

　I²C通信によりデータを受信するときは、デバイスの同期読み込みAPI tk_srea_devを呼び出します。また、データを送信するときは、デバイスの同期書き込みAPI tk_swri_devを呼び出します。

　各APIで指定する読み込み／書き込みの開始位置やデータのサイズ、またデータの単位は、I²C通信デバイスドライバの仕様として表2-66のように定められています。

表2-66 I²C通信デバイスドライバのデータ仕様

項目	内容
読み込み／書き込み開始位置	対象とするI/Oデバイス（スレーブ）のI²Cアドレス
データのサイズ	送信または受信するデータのサイズ 単位はバイト
データの単位	一つのデータはUB型（符号無し8ビット整数）

I²C通信による外部I/Oデバイスのアクセス

I²C通信によって接続された外部I/Oデバイスにアクセスし、そのI/Oデバイスを操作する際の具体的な手順は、それぞれのI/Oデバイスで決められています。

EEPROM（不揮発性の外部メモリ）など一部のデバイスでは、単純にデータを送信または受信するだけで操作できます。しかし、その他の多くのI/Oデバイスでは、より複雑な操作手順が必要です。

I²Cバスのスレーブを操作するには、そのスレーブのI/Oデバイス内にあるレジスタに対して、I²C通信を用いてアクセスする方法が一般的です。I/Oデバイス内のレジスタには、一意的なアドレスが割り振られており、そのアドレスを使って以下の手順でアクセスします。

・I/Oデバイス内のレジスタへのデータ書き込み

マスターから、書き込みの対象となるI/Oデバイス内のレジスタのアドレスと、そのレジスタに書き込むデータを、続けて送信します。

・I/Oデバイス内のレジスタからのデータ読み込み

マスターから、読み込みの対象となるI/Oデバイス内のレジスタのアドレスを送信し、続いてそのレジスタからデータの受信を行います。

前者のレジスタへのデータ書き込みは、デバイスの同期書き込みAPI tk_swri_devを使って実行することができます。しかし、後者のレジスタからのデータ読み込みでは、アドレスの送信とデータの受信を連続して行わなければならないため、通常のデバイス管理APIでは実現できません。そこで、I²C通信デバイスドライバでは、属性データTDN_I2C_EXECを用いて、上記のような送信と受信が連続した処理を実行できるようにしています。

I²C通信デバイスドライバの属性データTDN_I2C_EXECは、以下の構造体で定義されます。

```
typedef  struct {
        UW    sadr;       // I2C アドレス
        SZ    snd_size;   // 送信するデータ数（単位：バイト）
        UB    *snd_data;  // 送信データを格納した領域の先頭アドレス
        SZ    rcv_size;   // 受信するデータ数（単位：バイト）
        UB    *rcv_data;  // 受信データを格納する領域の先頭アドレス
} T_I2C_EXEC;
```

I^2C通信デバイスドライバは、属性データTDN_I2C_EXECに上記の構造体データが書き込まれると、sadrで指定されたI^2CアドレスのI/Oデバイスに対して、まずsnd_dataとsnd_sizeで指定されたデータの送信を行います。それに継続して、rcv_dataとrcv_sizeで指定されたデータの受信を行います。

外部I/Oデバイスへのアクセスプログラム

I^2C通信デバイスドライバを使って、外部I/Oデバイス内のレジスタへアクセスするプログラムを作ってみましょう。

I/Oデバイス内のレジスタのアドレスとデータのサイズは1バイトとします。

以下のプログラムを作成します。

> **プログラム-3.3：外部I/OデバイスへのI^2C通信プログラム**
> I^2C通信デバイスドライバを使用するタスクで、I^2Cバスに接続された外部I/Oデバイス内のレジスタの読み書きを行います。

「プログラム-3.3：外部I/OデバイスへのI^2C通信プログラム」のプログラムのリストを以下に示します。

リスト3-3　外部I/OデバイスへのI^2C通信プログラム

```
#include <tk/tkernel.h>
#include <tk/device.h>              // デバイスドライバ定義ファイル
#include <tm/tmonitor.h>

#define I2CADR_DEV1  0x73           // ① I/OデバイスのI2Cアドレス定義

/* ② 外部I/Oデバイスへの書き込み関数 */
LOCAL ER i2c_write_reg(ID dd_i2c, UW dev_addr, UB reg_addr, UB data)
{
    UB   snd_data[2];              // 送信データ
    SZ   asz;
    ER   err;

    snd_data[0] = reg_addr;        // レジスタのアドレスを設定
    snd_data[1] = data;            // 書き込むデータを設定

    err = tk_swri_dev(dd_i2c, dev_addr, snd_data, sizeof(snd_data), &asz);

    return err;
}

/* ③ 外部I/Oデバイスからの読み込み関数 */
```

```
ER i2c_read_reg(ID dd_i2c, UW dev_addr, UB reg_addr, UB *data)
{
    T_I2C_EXECexec;                    // 属性データ TDN_I2C_EXEC
    SZ          asz;
    ER          err;

    exec.sadr     = dev_addr;          // 外部 I/O デバイスの I2C アドレス
    exec.snd_size = 1;                 // 送信データサイズ
    exec.snd_data = &reg_addr;         // 送信データへのポインタ
    exec.rcv_size = 1;                 // 受信データサイズ
    exec.rcv_data = data;              // 受信データを格納するアドレス

    err = tk_swri_dev(dd_i2c, TDN_I2C_EXEC, &exec,sizeof(T_I2C_EXEC), &asz);

    return err;
}


/* I2C 通信タスクの生成情報と関連データ */
LOCAL void task_i2c(INT stacd, void *exinf);// 実行関数
LOCAL ID tskid_i2c;                // ID 番号
LOCAL T_CTSK ctsk_i2c = {
    .itskpri = 10,                 // 初期優先度
    .stksz   = 1024,               // スタックサイズ
    .task    = task_i2c,           // 実行関数のポインタ
    .tskatr  = TA_HLNG | TA_RNG3,  // タスク属性
};

/* ④ I2C 通信タスクの実行関数 */
LOCAL void task_i2c(INT stacd, void *exinf)
{
    ID   dd_i2c;
    UB   data;
    ER   err;

    dd_i2c = tk_opn_dev((UB*)"iica", TD_UPDATE);       // デバイスのオープン

    data = 0xAA;
    err = i2c_write_reg(dd_i2c, I2CADR_DEV1, 0x00, data);  // レジスタへの書込み
    if(err < E_OK) {
        tm_printf((UB*)"Write error %d\n", err);
    }

    err = i2c_read_reg(dd_i2c, I2CADR_DEV1, 0x00, &data);  // レジスタからの読込み
    if(err >= E_OK) {
        tm_printf((UB*)"Regster = %x\n", data);
    } else {
        tm_printf((UB*)"Read error %d\n", err);
    }

    tk_ext_tsk();
}
```

```
/* usermain 関数 */
EXPORT INT usermain(void)
{
    tskid_i2c = tk_cre_tsk(&ctsk_i2c);  // タスクの生成
    tk_sta_tsk(tskid_i2c, 0);           // タスクの実行

    tk_slp_tsk(TMO_FEVR);               // 起床待ち

    return 0;                           // ここは実行されない
}
```

　リスト3-3のプログラムの内容を説明します（タスクの制御などは前章を参考にしてください）。

① I/Oデバイスのl²Cアドレス定義

　　対象とするI/Oデバイスのl²Cアドレスを、I2CADR_DEV1として定義します。l²Cアドレスは
I/Oデバイスのハードウェア仕様として決められています。

　　リストのプログラム中では、暫定的なl²Cアドレスとして0x73を割り当てていますが、この
プログラムを実行するにあたって、実際のI/Oデバイスのl²Cアドレスに変更する必要があり
ます。

② 外部I/Oデバイスへの書き込み関数

　　外部I/Oデバイス内のレジスタに対してデータを書き込む処理を、i2c_write_reg関数として
定義しています。

　　i2c_write_reg関数の引数は表2-67のとおりです。

表2-67 i2c_write_reg関数の引数

引数	内容
ID dd_i2c	デバイスディスクリプタ
UW dev_addr	外部I/Oデバイスのl²Cアドレス
UB reg_addr	外部I/Oデバイス内のレジスタのアドレス
UB data	レジスタに書き込むデータ

　　i2c_write_reg関数は、dd_i2cで指定されたl²C通信デバイスを使用して、dev_addrで指定
された外部デバイスのreg_addrで指定されたレジスタに、dataで指定されたデータを書き込
みます。

　　関数内ではデバイスへの同期書き込みAPI tk_swri_devを使用してl²C通信を行っています。

③ 外部 I/O デバイスからの読み込み関数

外部 I/O デバイス内のレジスタからデータを読み込む処理を、i2c_read_reg 関数として定義しています。

i2c_read_reg 関数の引数は表 2-68 のとおりです。

表 2-68 i2c_read_reg 関数の引数

引数	内容
ID dd_i2c	デバイスディスクリプタ
UW dev_addr	外部 I/O デバイスの I²C アドレス
UB reg_addr	外部 I/O デバイス内のレジスタのアドレス
UB *data	レジスタから読み込んだデータの格納先アドレス

i2c_read_reg 関数は、dd_i2c で指定された I²C 通信デバイスを使用して、dev_addr で指定された外部デバイスの reg_addr で指定されたレジスタからデータを読み込み、*data で指定された変数に格納します。

関数内では、デバイスへの同期書き込み API tk_swri_dev を使用して属性データ TDN_I2C_EXEC へ書き込みを行うことにより、I²C 通信を行っています。

④ I²C 通信タスクの実行関数

タスクの実行処理の最初に、デバイスのオープン API tk_opn_dev を呼び出して、デバイス iica をオープンします。これにより STM32L476 の内蔵 I²C1 が使用可能になります。データの送受信を行いますので、オープンモードとして TA_UPDATE（読み込みおよび書き込み）を指定しています。

続いて、タスクから上記②③の関数を呼び出すことにより、I²C1 の I²C バスに接続された外部 I/O デバイス内のレジスタの読み書きを行います。

対象となる外部 I/O デバイスは、①で I²C アドレスを定義したデバイスです。なお、リスト 3-3 のプログラム中では、外部 I/O デバイス内のレジスタのアドレスを 0x00、書き込むデータを 0xAA としていますが、この値は実際の外部 I/O デバイスのハードウェア仕様に応じて変更する必要があります。

　STM32L476 Nucleo-64のI²C1のI²Cバスに外部I/Oデバイスを接続した状態で、リスト3-3のプログラムを実行すると、外部I/Oデバイス内のレジスタに対してデータの読み書きが行われ、デバッグ出力に処理結果のメッセージが出力されます。このとき、USB接続しているパソコンでターミナルエミュレータを実行しておけば、そのメッセージが表示されます。

　リスト3-3のプログラムは、外部I/Oデバイス内のレジスタの読み書きをしているだけですので、I²C通信の通信機能を確認する意味しかありませんが、実際のアプリケーションではレジスタの読み書きによって外部I/Oデバイスを操作し、そのデバイス固有の機能を動作させることができます。

　写真2-4は、STM32L476 Nucleo-64に外部デバイスをI²C通信で接続している例です。

　この例では、STM32L476 Nucleo-64のArduino互換インタフェースに、Groveベースシールドを装着し、GroveベースシールドのI²Cコネクタに、ジェスチャーモジュール（動きの検出できる光センサー）を接続しています。

写真2-4 STM32L476 Nucleo-64にジェスチャーモジュールを接続した例

2.3.5 割込みによる外部入力信号の検出

外部からの入力信号と割込み

I/Oデバイスは、割込みによって各種の通知を行います。外部I/Oデバイスの場合は、マイコンに対して割込みの要求信号を送ります。マイコンは割込み要求信号の変化を検知し、割込みを発生させます。

これまでの本書のプログラムでは、マイコンに接続したボタン・スイッチの信号をタスクによるポーリングで検知していました。これはタスクの動作を解説する目的があったためですが、実用的には割込みを使用して検知することが望ましいです。

本項では、ボタン・スイッチの入力信号を、ポーリングではなく割込みを使用して検知してみます。

なお、μT-Kernel 3.0 BSPのデバイスドライバは、その内部で割込みを使用してI/Oデバイスの制御を行っています。しかし、割込みに関する処理はすべてデバイスドライバ側で行いますので、アプリケーションがデバイスドライバを使用する際に割込みを意識する必要はありません。

入力信号による割込みの検知

割込みの要求信号は、HighとLowの二つの状態を持つデジタル信号です。この信号から割込みを検知する方法としては、エッジセンスとレベルセンスの2種類があります。

エッジセンスでは、信号が切り替わる瞬間（エッジ）を検知して割込みを発生します。エッジには、信号がLowからHighに切り替わる立ち上がりエッジと、HighからLowに切り替わる立ち下がりエッジがあります。

レベルセンスでは、信号がHighかLowかのレベルを検知して割込みを発生します。レベルには、HighレベルとLowレベルがあります。

図2-29に各方式において、割込み要求信号から割込みが検出される箇所を示します。

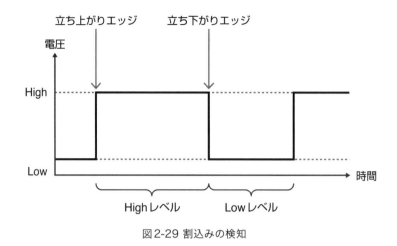

図2-29 割込みの検知

STM32L476の割込みコントローラ

　一般的なマイコンでは、割込みを制御するための割込みコントローラを内蔵しています。割込み
コントローラは、同時に発生した割込みの優先度を管理する機能や、特定の割込みの発生をマスク
する機能などを持っています。

　STM32L476には、NVIC（ネスト化されたベクター割込みコントローラ）とEXTI（拡張割込み／
イベントコントローラ）の2種類の割込みコントローラが内蔵されています。

　NVICは、Arm Cortex-Mで標準に用意されている割込みコントローラです。

　EXTIは、割込みの入力を拡張するために、NVICの前段にカスケード接続（多段接続）された
割込みコントローラです（図2-30）。

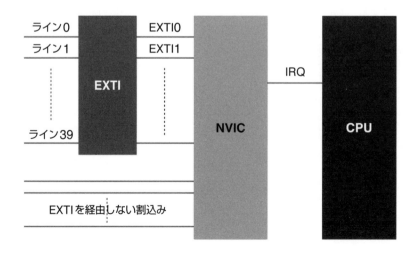

図2-30 STM32L476の割込みコントローラ

EXTIには40本の割込み入力（ライン0〜39）があり、各ラインについて割込みのマスクや割込み検出条件の設定が可能です。ただし、EXTIで割込みの優先度の設定はできません。

EXTIはNVICに対して、割込みが発生した割込み入力ラインに対応したEXTI割込みを出力します。

NVICには、EXTIからのEXTI割込みと、EXTIを経由しない割込みが入力されます。NVICでは、それぞれの割込み入力に対して、割込みのマスクや優先度の設定が可能です。ただし、NVICで割込み検出条件の設定はできません。

最終的には、NVICからCPUに対してIRQ割込みを出力し、CPUの内部で割込みの処理が行われます。

入力ポート信号の割込み

STM32L476 Nucleo-64のボタン・スイッチは、入力ポートPC13に接続されています。STM32L476の入力ポートの信号は、STM32L476のシステム設定コントローラ（SYSCFG）の設定により、EXTIに入力されます。PC13の信号は、EXTIのライン13への入力が可能です。

EXTIはライン13の信号から割込みを検出すると、NVICに対してEXTI[15:10]割込みを出力します。この割込みは、最終的にマイコンのIRQ割込みとして処理されます（図2-31）。

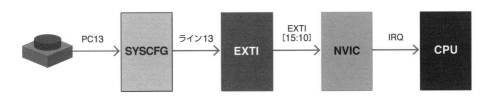

図2-31 ボタン・スイッチの入力信号の流れ

したがって、STM32L476 Nucleo-64のボタン・スイッチを割込み入力として使用するには、SYSCFGの設定と、NVICおよびEXTIの割込みコントローラの制御、そして割込みハンドラの定義が必要です。

割込みコントローラの制御と割込みハンドラの定義は、μT-Kernel 3.0の割込み管理機能を使って行うことができます。

μT-Kernel 3.0の割込み管理機能

本項で使用する割込み管理機能のAPIを以下に説明します。なお、割込み管理機能の概要については「1.3.13 割込みハンドラ」で説明していますので、あわせて参照してください。

● 割込みハンドラの定義

割込みハンドラは、割込み発生時に実行されるプログラムです。割込みハンドラは、割込みハン

ドラ定義API tk_def_intを呼び出すことにより、割込み要因ごとに定義できます。

tk_def_intのAPIの仕様を表2-69に示します。

表2-69 tk_def_intのAPIの仕様

割込みハンドラ定義API	
関数定義	ER tk_def_int(UINT intno, CONST T_DINT *pk_dint);
引数	UINT intno　　　　　　　　割込み番号 CONST T_DINT *pk_dint　　割込みハンドラ定義情報
戻り値	エラーコード
機能	intnoで指定した割込みに対して、*pk_dintの情報に基づき割込みハンドラを定義します。

　割込み番号は、割込みの要因を識別するための番号です。割込み番号は、μT-Kernel 3.0の実装に応じて決められていますが、通常はマイコンのハードウェア仕様で定められている割込み要因の番号に準じています。

　割込みハンドラ定義情報T_DINTは、割込みハンドラを定義するための情報を格納した構造体です。tk_def_intの引数として、この構造体へのポインタを渡します。

　T_DINT構造体のメンバーは必ず設定する必要があります。以下にメンバーを説明します。

・ 割込みハンドラ属性 intatr

　割込みハンドラの性質を表す属性です。割込みハンドラがC言語の関数として記述されている場合はTA_HLNG属性を指定します。指定可能な属性を表2-70に示します。

表2-70 割込みハンドラの属性

属性名	意味
TA_ASM	アセンブリ言語で記述[19]
TA_HLNG	高級言語（C言語）で記述[19]

※19 TA_ASMとTA_HLNGのいずれか一方を必ず指定する必要があります。

・ 割込みハンドラアドレス inthdr

　割込みハンドラのプログラムの実行開始アドレスを示します。割込みハンドラの属性がTA_HLNG（C言語で記述）の場合は、割込みハンドラの実行関数のポインタを指定します。

　割込みハンドラの実行関数は、以下の形式の関数です。

```
void inthdr(UINT intno);
```

　引数intnoは、発生した割込み番号です。ここには、tk_def_intの第一引数で指定した割込み番号と同じ値が入ります。複数の割込みに対して共通の割込みハンドラ実行関数を使用する場合に、このintnoを使って発生した割込みを識別することができます。

● 割込みの許可

マイコンの初期状態では、多くの割込みが動作しないように設定されています。割込みが動作するように設定を変更するには、割込み許可API EnableIntを呼び出します。

EnableIntのAPIの仕様を表2-71に示します。

表2-71 EnableIntのAPIの仕様

割込み許可API		
関数定義	void EnableInt(UINT intno, INT level);	
引数	UINT intno	割込み番号
	INT level	割込み優先度レベル
戻り値	なし	
機能	intnoで指定した割込みを許可します。割込みの優先度が設定可能なシステムではlevelで指定された優先度に設定します。	

● 割込み発生のクリア

割込みハンドラが動作して発生した割込みに対する処理が終了した場合には、引き続き同じ割込みが発生しないように、割込みの元になった発生要因を解除しておく必要があります。そのためには、割込み発生のクリアAPI ClearIntを呼び出して、割込みの発生をクリアします。

ClearIntのAPIの仕様を表2-72に示します。

表2-72 ClearIntのAPIの仕様

割込み発生のクリアAPI	
関数定義	void ClearInt(UINT intno);
引数	UINT intno 割込み番号
戻り値	なし
機能	intnoで指定した割込みが発生していればクリアします。

一般に、ClearIntは割込みハンドラの中から呼び出します。ClearIntの処理を行わずに割込みハンドラを終了した場合、割込み発生の要求が残ったままとなり、同じ割込みハンドラが再度呼び出されてしまう場合があります。割込みハンドラの実行はタスクよりも優先されるので、そうなった場合はすべてのタスクが動作できなくなります。

なお、マイコンのハードウェア仕様によっては、割込みハンドラが実行された段階で、自動的に割込みの発生がクリアされる場合もあります。割込みの発生がクリアされている状態でClearIntを呼び出しても、特に問題はありません。一般的な処理としては、割込みハンドラの中でClearIntを呼び出すようにしてください。

● 割込みモードの設定

　外部入力信号から割込みを検出する際の割込み検出条件は、割込みモード設定API SetIntMode を呼び出すことにより設定できます。

　SetIntModeのAPIの仕様を表2-73に示します。

表2-73 SetIntModeのAPIの仕様

割込みモード設定API	
関数定義	void SetIntMode(UINT intno, UINT mode);
引数	UINT intno　　　　割込み番号 UINT mode　　　　割込みモード
戻り値	なし
機能	intnoで指定した割込みをmodeで指定したモードに設定します。

　割込みモードでは、入力信号から割込みを検知する方法を指定します。レベルトリガIM_LEVELとエッジトリガIM_EDGE、High信号IM_HIとLow信号IM_LOWの組み合わせによる指定が可能です。割込みモードの指定を表2-74に示します。実際に指定可能な割込みモードはハードウェア仕様に依存します。

表2-74 一般的な割込みモード

モード指定	意味
IM_LEVEL | IM_HI	Highレベルで割込み検知
IM_LEVEL | IM_LOW	Lowレベルで割込み検知
IM_EDGE | IM_HI	立ち上がりエッジで割込み検知
IM_HI | IM_LOW	立ち下がりエッジで割込み検知

スイッチ割込み処理プログラム

割込みを利用して、STM32L476 Nucleo-64のボタン・スイッチの操作に反応するプログラムを作ってみましょう。ボタン・スイッチが押されるごとにLEDの点灯と消灯を繰り返すプログラムを、割込みで実現します。

以下のプログラムを作成します。

プログラム-3.4：スイッチ割込み処理プログラム

ボタン・スイッチが押されるごとにLEDの点灯と消灯を繰り返すプログラムを、割込みハンドラとタスクで実現します。

割込みハンドラとタスクは以下の動作をします。

① 割込みハンドラ
ボタン・スイッチによる割込みが発生すると、割込みハンドラが起動し、その中でLED制御タスクを起床します。

② LED制御タスク
タスクが起床されるのを待ち、起床後にLEDの点灯と消灯の状態を反転させます。

「プログラム-3.4：スイッチ割込み処理プログラム」のプログラムのリストを以下に示します。

リスト3-4 スイッチ割込み処理プログラム

```c
#include <tk/tkernel.h>
#include <tm/tmonitor.h>

/* ① 割込み番号と割込み優先度の定義 */
#define INTNO_SW        40          // 割込み番号 (EXTI[15:10] 割込み)
#define EXTI_SW         213         // 割込み番号 (EXTI ライン 13)
#define INTLV_SW        6           // 割込みレベル

/* ② 割込みハンドラ定義情報 */
LOCAL void inthdr_sw(intno);
LOCAL T_DINT dint_sw = {
    .intatr         = TA_HLNG,      // 割込みハンドラ属性
    .inthdr         = inthdr_sw,    // 割込みハンドラアドレス
};

/* LED 制御タスクの生成情報と関連データ */
LOCAL void task_led(INT stacd, void *exinf);// 実行関数
LOCAL ID         tskid_led;      // ID番号
LOCAL T_CTSK     ctsk_led = {
    .itskpri = 10,                  // 初期優先度
    .stksz   = 1024,                // スタックサイズ
    .task    = task_led,            // 実行関数のポインタ
    .tskatr  = TA_HLNG | TA_RNG3,   // タスク属性
};
```

```
/* ③ 割込みハンドラ */
LOCAL void inthdr_sw(UINT intno)
{
    tk_wup_tsk(tskid_led);          // LED 制御タスクを起床
    ClearInt(EXTI_SW);              // 割込み発生のクリア (EXTI)
    ClearInt(INTNO_SW);             // 割込み発生のクリア (NVIC)
}

/* ④ LED 制御タスクの実行関数 */
LOCAL void task_led(INT stacd, void *exinf)
{
    UW   data_reg;

    while(1) {
        tk_slp_tsk(TMO_FEVR);
        data_reg = in_w(GPIO_ODR(A));        // データレジスタの読み取り
        out_w(GPIO_ODR(A), data_reg ^ (1<<5));// データレジスタの 5 ビット目を反転する
    }
    tk_ext_tsk();                            // ここは実行されない
}

/* usermain 関数 */
EXPORT INT usermain(void)
{
    /* ⑤ 割込みの設定と許可 */
    tk_def_int(INTNO_SW, &dint_sw);          // ⑤-1 割込みハンドラの定義
    out_w( SYSCFG_EXTICR4, (2<<4));          // ⑤-2 GPIO 割込みの選択
    SetIntMode(EXTI_SW,(IM_LOW|IM_EDGE));    // ⑤-3 割込みモードの設定 (EXTI)
    EnableInt(EXTI_SW, 0);                   // ⑤-4 割込み許可 (EXTI)
    EnableInt(INTNO_SW, INTLV_SW);           // ⑤-5 割込み許可 (NVIC)

    tskid_led = tk_cre_tsk(&ctsk_led);       // タスクの生成
    tk_sta_tsk(tskid_led, 0);                // タスクの実行

    tk_slp_tsk(TMO_FEVR);                    // 起床待ち

    return 0;                                // ここは実行されない
}
```

リスト3-4のプログラムの内容を説明します。

① 割込み番号と割込み優先度の定義

ボタン・スイッチの入力に対応するEXTIの割込み番号EXTI_SWと、NVICの割込み番号
INTNO_SWを定義します。

EXTIの割込み番号とNVICの割込み番号の重複を避けるため、μT-Kernel 3.0では、EXTIの
ライン番号に200を加算した値をEXTIの割込み番号としています。したがって、EXTIライン
13の割込み番号は213になります。

割込みの優先度はINTLV_SWとして定義します。ただし、本プログラムでは一つの割込みしか
使いませんので、割込みの優先度はプログラムの動作に影響しません。

② 割込みハンドラ定義情報

割込みハンドラの実行関数inthdr_swのプロトタイプ宣言、割込みハンドラの定義情報の変数
dint_swを記述しています。

割込みハンドラの属性はTA_HLNG属性（C言語で記述）です。

③ 割込みハンドラ

関数inthdr_swは、割込みハンドラの実行関数です。割込みが発生してこの関数が実行されると、
タスクの起床API tk_wup_tskを呼び出し、LED制御タスクを起床します。

さらに、EXTIとNVICのそれぞれの割込みコントローラに対して、割込み発生のクリアAPI
ClearIntを呼び出し、割込み発生をクリアしています。

④ LED制御タスクの実行関数

LED制御タスクは、タスクの起床待ちAPI tk_slp_tskを呼び出し、起床待ち状態となって実行
を一時停止します。割込みハンドラから起床されると、LEDの点灯と消灯の状態を反転させま
す。以降、この動作を繰り返します。

⑤ 割込みの設定と許可

usermain関数にて割込みの設定と許可を以下の手順で行っています。

⑤-1 割込みハンドラの定義API tk_def_intを呼び出し、割込みハンドラを定義します。割込
み発生時に割込みハンドラが定義されていないと正常な動作ができませんので、割込み
ハンドラの定義は割込みを許可する前に行う必要があります。

⑤-2 システム設定コントローラ（SYSCFG）のレジスタSYSCFG_EXTICR4を、ボタン・スイッ
チの入力ポートの信号がEXTIに入力されるように設定します。

⑤-3　割込みモードの設定API SetIinModeを呼び出し、入力ポートの信号の立ち下がりエッジ
　　　で割込みを検出するように設定します。これにより、ボタン・スイッチが押されたとき
　　　に割込みが発生するようになります。

⑤-4、⑤-5　割込みコントローラEXTIとNVICそれぞれについて、割込み許可API EnableInt
　　　を呼び出し、割込みを許可します。これ以降、ボタン・スイッチが押されると割込みが
　　　発生するようになります。

　本プログラムでは、割込みハンドラとタスクとの連携を説明するために、LEDの制御をタスク
で実行していますが、割込みハンドラの中で直接LEDの制御を行うことも可能です。そうすると
タスクが不要になって、割込みハンドラだけでボタン・スイッチによるLEDの点灯と消灯を実現
できます。
　ただ、一般的なアプリケーションでは、割込みに対する処理がもっと複雑になることが多く、
途中で待ち状態に入るような処理が必要になる場合もあります。その場合は、やはり割込みハン
ドラだけで割込みに対する処理を行うことができず、タスクを使用する必要があります。

第3部

応用編

IoT エッジノードへの応用と展開

応用編では、μT-Kernel 3.0 を IoT エッジノードやその他の
機器の OS として使用するために必要となるカスタマイズの
方法について説明します。
また、新たなマイコンへの μT-Kernel 3.0 のポーティングや、
デバイスドライバの作成方法について説明します。

μT-Kernel 3.0

3.1 µT-Kernel 3.0 のカスタマイズ

本章では、アプリケーションやハードウェアに応じて µT-Kernel 3.0 の機能をカスタマイズするシステムコンフィグレーションと、カスタマイズによるOSの設定や提供機能の差異を知るためのサービスプロファイルについて説明します。

3.1.1 カスタマイズの基本

カスタマイズの必要性

　トロンフォーラムから公開されている µT-Kernel 3.0 のソースコードは、同フォーラムのIoTエッジノードの標準プラットフォームであるIoT-Engineで動作するように実装されています。また、µT-Kernel 3.0 BSPでは市販のマイコンボードに対応しています。

　しかし、組込みシステムの機器にはさまざまなものがあり、使用するマイコンやI/Oデバイスからハードウェア全体の構成にいたるまで、そのハードウェアの仕様も多様です。

　また、同じハードウェアを使用していても、組込みシステムとしてのメモリ容量や消費電力などの制約から、OSの適応化や最適化が必要な場合もあります。

　µT-Kernel 3.0 は、組込みシステムのOSとして使用されることを前提に設計されていますので、これらのカスタマイズが容易に行えるようにシステムコンフィグレーションのしくみを備えています。

システムコンフィグレーションとは

　µT-Kernel 3.0 のシステムコンフィグレーションは、各種のOSの機能や利用可能な資源数などの設定を変更するしくみです。OSのソースコード自体は変更せずに、アプリケーションや用途に応じてシステムの構成を最適化できます。

　たとえば、アプリケーションによって使用するタスクやその他のカーネルオブジェクトの数は異なります。µT-Kernel 3.0 は、使用するカーネルオブジェクトの数に応じて、それらを管理するメモリ領域をOS内部に確保します。そこで、システムコンフィグレーションの設定により、使用するカーネルオブジェクトの数をアプリケーションで必要とする最小限の値にすることによって、メモリ使用量の節約ができます。

　また、たとえば排他制御にはセマフォを使用するのでミューテックスは使用しないなど、OSの一部の機能が使用されない場合は、その機能を実現するためのコードも削除することにより、さら

にメモリの節約ができます。

　システムコンフィグレーションの詳細は「3.1.2 システムコンフィグレーション」で説明します。

カスタマイズを要するケース

　μT-Kernel 3.0のシステムコンフィグレーションを使えば、ソースコードを変更しなくても、OSの提供する機能の一部を変えることができます。しかし、これだけですべてのカスタマイズの要求に対応できるわけではありません。

　システムコンフィグレーションだけで対応が可能なのは、すでにμT-Kernel 3.0が動作している組込みシステムで、アプリケーションだけを変更するような場合です。

　以下のようなケースでは、システムコンフィグレーションと合わせて、μT-Kernel 3.0のソースコードの変更が必要になります。

● 未対応のマイコンを使用するケース

　μT-Kernel 3.0が対応していない新たなマイコンを使用した機器では、μT-Kernel 3.0のポーティング（移植）を行う必要があります。μT-Kernel 3.0のソースコードのうち、ハードウェアに依存する部分を変更、もしくは一部のソースコードを新たに作成して追加します。μT-Kernel 3.0のポーティングについては「3.3 μT-Kernel 3.0のポーティング」で説明します。

● 使用するI/Oデバイスが異なるケース

　μT-Kernel 3.0が対象機器のマイコンに対応していても、使用するI/Oデバイスが異なるケースがあります。特に、新たな組込み機器を開発する場合には、I/Oデバイスが異なることのほうが多いでしょう。

　このようなケースではI/Oデバイスのカスタマイズが必要となります。使用するI/Oデバイスに応じて、ハードウェアに対する初期化処理やデバイスドライバの実装を変更します。

　また、使用したいI/Oデバイスに対応したデバイスドライバが無い場合は、新たなデバイスドライバの開発が必要になります。

　デバイスドライバの開発については「3.4 デバイスドライバの作成」で説明します。

サービスプロファイルとは

　組込みシステムでは、機器やアプリケーションに応じたOSのカスタマイズが必須といえます。しかし、標準化の観点からは、カスタマイズによってμT-Kernel 3.0の機能に差異が生じることは望ましくありません。

　特に、ミドルウェアやデバイスドライバのように、特定の機器やアプリケーションのためのプログラムではなく、異なった実装のμT-Kernel 3.0で幅広く動作しなくてはならない汎用的なプログラムでは、OSの機能に差異が生じることは問題です。

そこでμT-Kernel 3.0では、OSの提供する機能に関する各種の情報を機械的に取得できる機能として、サービスプロファイルのしくみを導入しています。

サービスプロファイルについては「3.1.3 サービスプロファイル」で説明します。

3.1.2 システムコンフィグレーション

システムコンフィグレーションとは

システムコンフィグレーションは、μT-Kernel 3.0に対して各種設定を行う機能です。

システムコンフィグレーションにより、μT-Kernel 3.0の提供する機能や使用する資源などを、ソースコードを変更することなく、アプリケーションに応じて最適化することができます。

設定できる項目はμT-Kernel 3.0のソースコードの実装によります。本書では執筆時の最新バージョンである3.00.05の場合について説明します。

システムコンフィグレーションの設定は、μT-Kernel 3.0のソースコード中のconfigディレクトリの各コンフィグレーション定義ファイルに記述されます。

コンフィグレーション定義ファイルは、その設定内容により、表3-1に示すものがあります。各コンフィグレーション定義ファイルの内容については次項以降で説明します。

表3-1 コンフィグレーション定義ファイル

ファイル名	内容
config.h	基本コンフィグレーション
config_func.h	機能コンフィグレーション
config_device.h	デバイス関連コンフィグレーション
config_tm.h	T-Monitor関連コンフィグレーション

コンフィグレーション定義ファイルの実体は、C言語のプログラムです。定義ファイル内の各設定項目は、C言語の定数マクロとして定義されます。

コンフィグレーション定義ファイルは、μT-Kernel 3.0のビルド時に、OSのソースコードの一部としてインクルードされます。コンフィグレーション定義ファイルの内容を変更し、μT-Kernel 3.0をビルドすることにより、設定を変更することができます。

システムコンフィグレーションで設定される項目の多くは、ハードウェアに依存しないものです。ただし、一部の設定項目は、ハードウェアの仕様に制限される場合もあります。たとえば、設定によりメモリなどのハードウェア資源が足りなくなる場合があります。また、当然のことですが、機能を実現するためのハードウェアが無い場合には、コンフィグレーションの設定によってその機能を有効にすることはできません。このような場合はμT-Kernel 3.0のビルド時にエラーが発生します。

基本コンフィグレーション

基本コンフィグレーション定義ファイル config.h は、μT-Kernel 3.0 の機能に関する基本的な事項の設定を行います。

config.h の主な設定項目を表3-2に示します。

表3-2 config.h の主な設定項目

分類	項目名	内容
カーネルオブジェクト最大数	CNF_MAX_TSKID	最大タスク数
	CNF_MAX_SEMID	最大セマフォ数
	CNF_MAX_FLGID	最大イベントフラグ数
	CNF_MAX_MBXID	最大メールボックス数
	CNF_MAX_MTXID	最大ミューテックス数
	CNF_MAX_MBFID	最大メッセージバッファ数
	CNF_MAX_MPLID	最大可変長メモリプール数
	CNF_MAX_MPFID	最大固定長メモリプール数
	CNF_MAX_CYCID	最大周期ハンドラ数
	CNF_MAX_ALMID	最大アラームハンドラ数
システムメモリ領域	CNF_SYSTEMAREA_TOP	システムメモリ開始アドレス
	CNF_SYSTEMAREA_END	システムメモリ終端アドレス
システムタイマ時間	CNF_TIMER_PERIOD	システムタイマ周期時間
APIエラーチェック	CHK_NOSP	E_NOSPチェックの有無
	CHK_RSAT	E_RSATチェックの有無
	CHK_PAR	E_PARチェックの有無
	CHK_ID	E_IDチェックの有無
	CHK_OACV	E_OAVCチェックの有無
	CHK_CTX	E_CTXチェックの有無
	CHK_CTX1	E_CTXチェックの有無[1]
	CHK_CTX2	E_CTXチェックの有無[2]
	CHK_SELF	E_SELF検査の有無
機能選択	USE_LEGACY_API	旧仕様API機能の有無
	USE_DBGSPT	デバッグサポート機能の有無
	USE_TMONITOR	T-Monitor互換APIの有無
	USE_FPU	FPU対応機能の有無
	USE_PTMR	物理タイマ機能の有無
	USE_SDEV_DRV	サンプル・デバイスドライバの有無

※1 タスク独立部からのタスク終了API呼出しのチェック
※2 ディスパッチ禁止状態からのタスク終了API呼出しのチェック

主な設定について分類ごとに説明します。

● カーネルオブジェクト最大数

APIによって生成できるカーネルオブジェクトの最大数を指定します。この値を超えてカーネルオブジェクトを生成しようとすると、生成APIはシステム制限エラー（E_LIMIT）で終了します。

μT-Kernel 3.0は、この設定値に従って、カーネルオブジェクトの管理領域のメモリを確保します。たとえば、最大タスク数CNF_MAX_TSKIDを50に設定すると、実際にアプリケーションで使用するタスクが10であっても、50タスク分の管理領域を確保しますので、メモリの無駄使いとなります。カーネルオブジェクト最大数をアプリケーションに応じた値にすることにより、メモリの節約ができます。

● システムメモリ領域

CNF_SYSTEMAREA_TOPとCNF_SYSTEMAREA_ENDは、μT-Kernel 3.0のシステムメモリ領域のアドレスを指定します。システムメモリは、μT-Kernel 3.0の動的メモリ管理で使用されるメモリ領域です。たとえば、タスクのスタックやメッセージバッファなどは、生成時にシステムメモリからメモリが割り当てられます。

なお、CNF_SYSTEMAREA_TOPとCNF_SYSTEMAREA_ENDが0に設定されていると、μT-Kernel 3.0は実装時に定められたデフォルト値でシステムメモリを確保します。通常はデフォルトの設定で問題ありませんが、アプリケーションがメモリ領域の一部を独自に使用したい場合などに設定を変更します。

● システムタイマ時間

システムタイマの周期時間をミリ秒の単位で指定します。ここで設定された時間間隔でシステムタイマは割込みを発生し、μT-Kernel 3.0の時間に関する処理を実行します。

たとえば、周期時間が10ミリ秒であれば、μT-Kernel 3.0は10ミリ秒ごとに時間を計測し、それに基づいてさまざまな時間管理を行います。

システムタイマの周期は、μT-Kernel 3.0の時間管理の精度に影響します。周期時間が10ミリ秒であれば、μT-Kernel 3.0は10ミリ秒より短い時間を測ることはできません。周期時間を短くすれば時間管理の精度は上がりますが、タイマ割込みが発生する頻度が上がりますので、システム全体の処理負荷は増大します。

● APIエラーチェック

μT-Kernel 3.0のAPI呼出し時のエラーチェックの有効・無効を設定します。

無効に設定すると、対応するチェックルーチンのコードが無効化されます。これにより、APIの実行時間を削減することができます。ただし、エラーチェックが行われませんので、もしエラーが発生すると致命的な不具合となります。テストなどによってAPI呼出しのエラーが起こらないことを確認したソフトウェアでのみ、無効の設定を行うことができます。

● **機能選択**

μT-Kernel 3.0の各機能の有効・無効を設定します。

無効に設定すると、対応する処理ルーチンのコードが削除されます。これにより、コードサイズを削減することができます。使用しないことが明確な機能は、このコンフィグレーションの設定によりメモリの節約ができます。

機能コンフィグレーション

機能コンフィグレーション定義ファイル config_func.hは、μT-Kernel 3.0の各APIの有効・無効の設定を行います。

アプリケーションで使用しないAPIを無効にすることで、API処理ルーチンのコードが削除され、これによりコードサイズを削減することができます。

config_func.h によるAPIの有効・無効の設定は、APIグループの単位、または個々のAPIごとの指定が可能です。

ただし、無効化できないAPIもあります。たとえば、タスク生成API tk_cre_tskは、μT-Kernel 3.0のプログラムに必須ですので無効化はできません。

また、APIはミドルウェアやデバイスドライバなどアプリケーション以外のプログラムからも使用されますので、APIの無効化には注意が必要です。

config_func.hのAPIグループ単位の設定項目を表3-3に示します。

表3-3 機能コンフィグレーションのAPIグループ

項目名	対象API
USE_SEMAPHORE	セマフォ関連API
USE_MUTEX	ミューテックス関連API
USE_EVENTFLAG	イベントフラグ関連API
USE_MAILBOX	メールボックス関連API
USE_MESSAGEBUFF	メッセージバッファ関連API
USE_RENDEZVOUS	ランデブ関連API
USE_MEMORYPOOL	可変長メモリプール関連API
USE_FIX_MEMORYP	固定長メモリプール関連API
USE_TIMEMANAGEM	システム時間管理関連API
USE_CYCLICHANDL	周期ハンドラ関連API
USE_ALARMHANDLE	アラームハンドラ関連API
USE_DEVICE	デバイス管理関連API
USE_FAST_LOCK	高速ロック関連API
USE_MULTI_LOCK	マルチロック関連API

その他のコンフィグレーション

　デバイス関連コンフィグレーションconfig_device.hは、サンプル・デバイスドライバ関連のコンフィグレーション定義ファイルです。使用するデバイスドライバの選択などをこのコンフィグレーション定義ファイルで行います。

　T-Monitor関連コンフィグレーション config_tm.hは、T-Monitor互換APIに関する項目の設定を行います。µT-Kernel 3.0では、T-Monitor互換APIのデバッグ用入出力の機能に対応しており、デバッグ用入出力の設定などをこのコンフィグレーション定義ファイルで行います。

　config_device.hおよびconfig_tm.hは、µT-Kernel 3.0の機能自体のコンフィグレーションではなく、また実装により内容が変わりますので、本書では説明しません。µT-Kernel 3.0の各リリースの実装仕様書などのドキュメントを参照してください。

3.1.3 サービスプロファイル

サービスプロファイルとは

　サービスプロファイルは、µT-Kernel 3.0の提供する機能に関する各種の情報をまとめたものです。サービスプロファイルにより、µT-Kernel 3.0の提供する機能の実装ごとの差異を正確に知ることができます。

　ミドルウェアやデバイスドライバなど、異なった実装のµT-Kernel 3.0で動作するプログラムは、サービスプロファイルを参照することにより、OSの実装による違いに対応する必要があります。

サービスプロファイルの利用例

　サービスプロファイルは、C言語の定数マクロとして実現されます。プログラム中でサービスプロファイルの定数マクロを利用した判断を行うことにより、µT-Kernel 3.0の実装ごとの機能の相違に対応することができます。

　サービスプロファイルの利用例を以下に示します。

● 利用例（1）：タスクの属性

　タスクの生成時にタスク属性を指定しますが、ハードウェアの仕様やµT-Kernel 3.0の実装により、指定できる属性が変わる場合があります。

　たとえば、タスクの生成時にTA_FPU属性を指定することにより、FPUの利用が可能になります。しかし、マイコン自体がFPUを持たない場合やµT-Kernel 3.0の実装がFPUに対応していない場合

は、TA_FPU属性を指定することができません。

このような場合は、サービスプロファイルTK_SUPPORT_FPUに基づいてタスクの生成情報を決めることができます。TK_SUPPORT_FPU は、μT-Kernel 3.0の実装において、TA_FPU属性が使用できるかどうかを表すサービスプロファイルです。

以下にTK_SUPPORT_FPUを使ったプログラムの例を示します。この例では太字部分がサービスプロファイルに対応するコードです。FPU対応が有効であればTA_FPU属性を指定し、無効であれば指定しません。

```
/* タスク生成情報 */
T_CTSK ctsk_a = {
    .itskpri  = 10,                            // 初期優先度
    .stksz    = 1024,                          // スタックサイズ
    .task     = task_a,                        // 実行関数のポインタ

#if TK_SUPPORT_FPU                             // FPU 対応
    .tskatr   = TA_HLNG | TA_RNG3,             // タスク属性
#else                                          // FPU 非対応
    .tskatr   = TA_HLNG | TA_RNG3 | TA_FPU,    // タスク属性
#endif

};
```

● **利用例 (2)：メモリの確保**

μT-Kernel 3.0ではメモリの割当てAPI Kmallocを使用して、必要なときに動的にメモリを確保することができます。

しかし、μT-Kernel 3.0の実装により、メモリ割当てライブラリがサポートされていない場合、Kmallocの使用はできません。たとえば、システム全体の設計方針上、動的なメモリの割当てを許さないといった場合があります。

このような場合は、サービスプロファイルTK_SUPPORT_MEMLIBに基づいてメモリの確保方法を決めることができます。TK_SUPPORT_MEMLIBは、μT-Kernel 3.0の実装において、メモリ割当てライブラリが使用できるかどうかを表すサービスプロファイルです。

以下にTK_SUPPORT_MEMLIBを使ったプログラムの例を示します。この例では、メモリ割当てライブラリが有効であればKmallocを使用してメモリを動的に確保し、無効であればメモリを変数として静的に確保します。

```
#if TK _ SUPPORT _ MEMLIB      // メモリ割当てライブラリに対応
    UB        *buff = Kmalloc(MEM_SIZE);
#else                          // メモリ割当てライブラリに非対応
    static UB buff[MEM_SIZE];
#endif
```

　なお、Kmalloc で動的にメモリを確保した場合は、確保したメモリの使用が終わった時点で、メモリの解放 API Kfree により確保したメモリ領域を解放する必要があります。静的にメモリを確保した場合は、プログラムの実行中は常にメモリ領域が確保されたままとなります。

標準のサービスプロファイル

　µT-Kernel 3.0 の仕様では、標準のサービスプロファイルの項目が定められています。また、µT-Kernel 3.0 の実装に応じて、独自のサービスプロファイルの定義を追加することも許されています。

　以下に µT-Kernel 3.0 仕様で定められた標準のサービスプロファイルを説明します。サービスプロファイルには、機能の有無を示すものと、具体的な実装情報の数値を示すものがあります。

● 機能の有無を示すプロファイル

　機能の有無を示すプロファイルでは、µT-Kernel 3.0 の特定の機能が有効か無効かを示します。プロファイルの値は、TRUE または FALSE のいずれかであり、FALSE の場合は該当する機能が使用できません。

　µT-Kernel 3.0 の仕様で定義された、機能の有無を示すプロファイルを表3-4に示します。

表3-4　機能の有無を示すプロファイル

分類	プロファイル名	対象機能
タスク	TK_SUPPORT_AUTOBUF	スタックの自動メモリ割当て
	TK_SUPPORT_USERBUF	スタックのメモリ領域指定
	TK_HAS_SYSSTACK	独立したシステムスタック
	TK_SUPPORT_DISWAI	タスク待ち禁止状態
割込み	TK_SUPPORT_INTCTRL	割込みコントローラ制御
	TK_HAS_ENAINTLEVEL	割込み優先度の指定
	TK_SUPPORT_CPUINTLEVEL	CPU内割込みマスクレベル
	TK_SUPPORT_CTRLINTLEVEL	コントローラ内割込みマスクレベル
	TK_SUPPORT_INTMODE	割込みモード設定
メモリ	TK_SUPPORT_MEMLIB	メモリ割当てライブラリ
	TK_ALLOW_MISALIGN	メモリのミスアラインアクセス
キャッシュ	TK_SUPPORT_CACHECTRL	メモリキャッシュ制御機能
	TK_SUPPORT_SETCACHEMODE	キャッシュモード設定機能
	TK_SUPPORT_WBCACHE	ライトバックキャッシュのサポート
	TK_SUPPORT_WTCACHE	ライトスルーキャッシュのサポート

分類	プロファイル名	対象機能
FPU（コプロセッサ）	TK_SUPPORT_FPU	FPU機能
	TK_SUPPORT_COP0	番号0のコプロセッサ
	TK_SUPPORT_COP1	番号1のコプロセッサ
	TK_SUPPORT_COP2	番号2のコプロセッサ
	TK_SUPPORT_COP3	番号3のコプロセッサ
サブシステム	TK_SUPPORT_SUBSYSTEM	サブシステム管理機能
	TK_SUPPORT_SSYEVENT	サブシステムのイベント処理
デバッグ	USE_LEGACY_API	旧仕様API機能の有無
サポート	TK_SUPPORT_DBGSPT	デバッグサポート機能
	TK_SUPPORT_DSNAME	DSオブジェクト名
その他機能	TK_SUPPORT_TASKEXCEPTION	タスク例外機能
	TK_SUPPORT_TASKEVENT	タスクイベント機能
	TK_SUPPORT_SYSCONF	システム構成情報管理機能
	TK_SUPPORT_IOPORT	I/Oポートアクセス機能
	TK_SUPPORT_MICROWAIT	微小時間待ち機能
	TK_SUPPORT_REGOPS	タスクレジスタ管理
	TK_SUPPORT_PTIMER	物理タイマ機能
	TK_SUPPORT_USEC	マイクロ秒対応API
	TK_SUPPORT_UTC	UNIX表現システム時刻
	TK_SUPPORT_TRONTIME	TRON表現システム時刻
実装関連	TK_HAS_DOUBLEWORD	64ビットデータ型
	TK_SUPPORT_LARGEDEV	大容量デバイス（64ビット）
	TK_SUPPORT_SERCD	サブエラーコード
	TK_SUPPORT_ASM	TA_ASM属性の処理ルーチン
	TK_TRAP_SVC	システムコールのTRAP呼出し
	TK_BIGENDIAN	ビッグエンディアン

● **実装情報を示すプロファイル**

実装情報を示すプロファイルでは、μT-Kernel 3.0のそれぞれの実装における具体的な設定値を示します。プロファイルの値は何らかの数値です。

μT-Kernel 3.0の仕様で定義された、実装情報を示すプロファイルを表3-5に示します。

表3-5 実装情報を示すプロファイル

分類	プロファイル名	対象機能
上限値	TK_MAX_TSKPRI	最大タスク優先度
	TK_WAKEUP_MAXCNT	タスク起床要求の最大キューイング数
	TK_SEMAPHORE_MAXCNT	セマフォ資源数の最大値の上限
	TK_SUSPEND_MAXCNT	タスクの強制待ち要求の最大ネスト数
	TK_MAX_PTIMER	最大物理タイマ番号（タイマ数）
メモリ保護	TK_MEM_RNG0	RNG0の実際のメモリ保護レベル
	TK_MEM_RNG1	RNG1の実際のメモリ保護レベル
	TK_MEM_RNG2	RNG2の実際のメモリ保護レベル
	TK_MEM_RNG3	RNG3の実際のメモリ保護レベル
バージョン	TK_SPECVER_MAGIC	μT-Kernelの識別コード（0x06）
	TK_SPECVER_MAJOR	OSメジャーバージョン番号（0x03）
	TK_SPECVER_MINOR	OSマイナーバージョン番号（0x00）
	TK_SPECVER	OSバージョン番号（0x0300）

3.2 µT-Kernel 3.0 のソースコード

本章では、µT-Kernel 3.0 のソースコードの構成と、ソースコード中のハードウェア依存部についての説明をします。
µT-Kernel 3.0 のソースコードは、ポーティングやカスタマイズが容易に行えるように、ソースコード中のハードウェア依存部を明確に分離し、さらに対応するハードウェアの構成やデバイスに応じた階層構造を設けています。

3.2.1 µT-Kernel 3.0 のソースコード構成

ソースコードと実装仕様

　µT-Kernel 3.0 のソースコードの作り方 (実装) に関する仕様は、µT-Kernel 3.0 の OS の仕様とは別に、各ソースコードの実装仕様として定められています。本書ではトロンフォーラムから公開されている µT-Kernel 3.0 のソースコードの実装仕様に沿って説明を行います。

　µT-Kernel 3.0 のバージョンは、執筆時の最新であるバージョン 3.00.05 です。今後バージョンアップにより変更される場合もあります。最新の仕様は、µT-Kernel 3.0 のソースコードとともに公開されている実装仕様書を参照してください。

µT-Kernel 3.0 ソースコードのディレクトリ構成

　µT-Kernel 3.0 のソースコードの全体の構成を説明します。
　トロンフォーラムから公開されている µT-Kernel 3.0 は、以下のディレクトリから構成されています。

```
├─ config          コンフィグレーション
├─ include         定義ファイル (インクルードファイル)
├─ kernel          OS ソースコード
├─ lib             ライブラリ
├─ device          デバイスドライバ (サンプル)
├─ app_sample      アプリケーション (サンプル)
├─ build_make      Make 用ビルドディレクトリ
├─ docs            ドキュメント
└─ etc             その他
```

各ディレクトリの内容を表3-6に示します。

表3-6 µT-Kernel 3.0のソースコードディレクトリ

ディレクトリ名	ディレクトリの内容
config	各種コンフィグレーション定義ファイル
include	µT-Kernel 3.0のCプログラムの各種定義ファイル
kernel	µT-Kernel 3.0本体のソースコード
lib	µT-Kernel 3.0のライブラリ関数のソースコード
device	サンプル・デバイスドライバのソースコード
app_sample	アプリケーションのサンプル・ソースコード
build_make	makeの作業ディレクトリ
docs	µT-Kernel 3.0関連ドキュメント
etc	リンク定義ファイルなど開発環境関連のファイル

µT-Kernel 3.0のソースコードが置かれているディレクトリは、config、include、kernel、lib です。

各ディレクトリの内容について説明します。なお、configディレクトリは「3.1.2 システムコンフィグレーション」で説明しています。

● includeディレクトリ

includeディレクトリには、µT-Kernel 3.0のプログラムで使用する定義ファイル（C言語の.hファイル）を置いています。

このディレクトリの定義ファイルは、µT-Kernel 3.0本体のプログラムや、アプリケーション、デバイスドライバなどOS以外のプログラムからも共通に使用されます。

includeディレクトリの中には、さらにサブディレクトリがあります。以下にincludeディレクトリの中のディレクトリ構成を示します。

```
├ include          定義ファイル（インクルードファイル）
 ├ sys             システム定義
 ├ tk              T-Kernel関連定義
 └ tm              T-Monitor関連定義
```

includeディレクトリのサブディレクトリの内容を表3-7に示します。

表3-7 includeディレクトリのサブディレクトリ

ディレクトリ名	内容
sys	マイコンなどハードウェアの仕様や、システム設定に関する各種情報の定義ファイル
tk	T-Kernelに関する各種情報の定義ファイル
tm	T-Monitor互換 APIに関する各種情報の定義ファイル

includeディレクトリにはさまざまな定義ファイルがありますが、実際にプログラムからインクルードする必要のある定義ファイルは表3-8に示すファイルです。他の定義ファイルは、これらの定義ファイルの中から必要に応じて多重にインクルードされます。

表3-8 プログラムからインクルードする定義ファイル

パス名	内容
tk/tkernel.h	T-Kernelの APIに関する各種情報の定義ファイル このファイルはμT-Kernel 3.0を使用する場合は必ずインクルードしなければなりません。
tk/device.h	サンプル・デバイスドライバに関する各種情報の定義ファイル このファイルはサンプル・デバイスドライバを使用する場合は必ずインクルードしなければなりません。
tm/tmonitor.h	T-Monitor互換 APIに関する各種情報の定義ファイル このファイルはT-Monitor互換 API使用する場合は必ずインクルードしなければなりません。

includeディレクトリの中で、μT-Kernel 3.0の APIに関する基本的な定義ファイルを表3-9に示します。これらのファイルはtk/tkernel.hからインクルードされるので、ユーザのプログラムから直接インクルードする必要はありませんが、μT-Kernel 3.0のプログラミングの際に参照すると便利です。

表3-9 μT-Kernel 3.0の API関連の重要な定義ファイル

パス名	内容
tk/typedef.h	T-Kernelのデータ型の定義ファイル
tk/error.h	T-Kernelのエラーコードの定義ファイル
tk/syscall.h	T-KernelのAPI（システムコール）の定義ファイル
tk/syslib.h	T-KernelのAPI（ライブラリ関数）の定義ファイル

● kernelディレクトリ

kernelディレクトリには、µT-Kernel 3.0のOS本体のソースコードのファイルが置かれています。

kernelディレクトリの中には、さらにサブディレクトリがあります。以下にkernelディレクトリの中のディレクトリ構成を示します。

```
├ kernel          OSソースコード
   ├ knlinc         OS内共通定義
   ├ tstdlib        OS内共通ライブラリ
   ├ sysinit        初期化処理
   ├ inittask       初期タスク
   ├ tkernel        OS機能
   ├ sysdepend      ハードウェア依存部
   └ usermain       ユーザメイン処理
```

kernelディレクトリのサブディレクトリの内容を表3-10に示します。

表3-10 kernelディレクトリのサブディレクトリ

ディレクトリ名	ディレクトリの内容
knlinc	kernelディレクトリ内のプログラムで使用される共通定義ファイル この定義ファイルは、kernelディレクトリの外からは使用されません。kernelディレクトリ外からも使用される定義ファイルは、includeディレクトリに置かれます。
tstdlib	kernelディレクトリ内のプログラムから使用される汎用関数のソースコードのファイル 主にビット操作や文字列操作などの基本的な処理の関数です。
sysinit	OSの起動時に実行される初期化処理プログラムのソースコード
inittask	初期タスクの実行関数のソースコード 初期タスクは、OS起動後に最初に実行されるタスクです。
tkernel	µT-Kernel 3.0の各APIやスケジューラなどの機能を実現するプログラムのソースコード
sysdepend	µT-Kernel 3.0の中で、ハードウェアの仕様に依存するプログラムのソースコード
usermain	初期タスクから実行されるユーザ定義の関数usermainを定義したソースコード ただし、このusermain関数は、通常の開発ではアプリケーションで上書きされますので、実際には使用されません。アプリケーションのプログラムが無い状態で、µT-Kernel 3.0をビルドするときなどには、このusermain関数が使用されます。

● lib ディレクトリ

lib ディレクトリには、µT-Kernel 3.0 のライブラリ関数のソースコードのファイルが置かれています。

lib ディレクトリの中には、さらにサブディレクトリがあります。以下に lib ディレクトリの中のディレクトリ構成を示します。

```
├ lib            ライブラリ
│ ├ libtk          µT-Kernel ライブラリ
│ └ libtm          T-Monitor ライブラリ
```

lib ディレクトリのサブディレクトリの内容を表3-11に示します。

表3-11 lib ディレクトリのサブディレクトリ

ディレクトリ名	内容
libtk	µT-Kernel 3.0 のライブラリ関数のプログラムのソースコード
libtm	T-Monitor 互換 API のプログラムのソースコード

3.2.2 ソースコードのハードウェア依存部

共通部とハードウェア依存部

µT-Kernel 3.0 のソースコードは、ハードウェアの仕様に応じて記述されているハードウェア依存部と、ハードウェアが変わっても変更されない共通部に分けられます。

ハードウェア依存部のソースコードを変更しても、µT-Kernel 3.0 の基本的な機能には影響しません。µT-Kernel 3.0 のポーティングを行う際には、ハードウェア依存部に対するソースコードを変更します。一方、共通部のソースコードを変更した場合には、µT-Kernel 3.0 の OS 本体の機能を改変することになります。

ハードウェア依存部のソースコードは、sysdepend ディレクトリにまとめられています。sysdepend ディレクトリは µT-Kernel 3.0 のディレクトリ構成中に複数存在します。

以下に µT-Kernel 3.0 のディレクトリ構成中の sysdepend ディレクトリを示します。太文字で示したディレクトリがハードウェア依存部です。

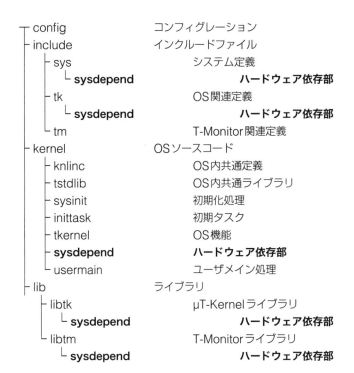

```
┬ config          コンフィグレーション
├ include         インクルードファイル
│  ├ sys              システム定義
│  │  └ sysdepend        ハードウェア依存部
│  ├ tk               OS関連定義
│  │  └ sysdepend        ハードウェア依存部
│  └ tm               T-Monitor関連定義
├ kernel          OSソースコード
│  ├ knlinc           OS内共通定義
│  ├ tstdlib          OS内共通ライブラリ
│  ├ sysinit          初期化処理
│  ├ inittask         初期タスク
│  ├ tkernel          OS機能
│  ├ sysdepend        ハードウェア依存部
│  └ usermain         ユーザメイン処理
├ lib             ライブラリ
│  ├ libtk            μT-Kernelライブラリ
│  │  └ sysdepend        ハードウェア依存部
│  └ libtm            T-Monitorライブラリ
│     └ sysdepend        ハードウェア依存部
```

ハードウェア依存部の構造

　ハードウェア依存部のソースコードは、ハードウェアの構成に準じた階層構造を持ちます。これにより、ポーティングの際に変更する箇所が明確になっています。また、ハードウェアが異なった場合にも変更の必要のないソースコードの共有が容易になります。

　ハードウェア依存部のソースコードの階層を図3-1 に示します。

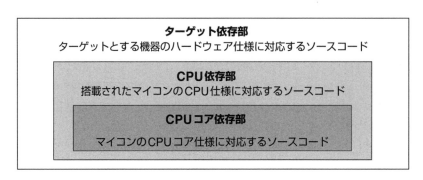

図3-1 ハードウェア依存部のソースコードの階層

ハードウェア依存部のソースコードのそれぞれの階層について説明します。

● **CPUコア依存部**

マイコンのCPUコア仕様に対応するソースコードです。

異なったマイコンでも、同一のCPUコアを使用しているものがあります。これらのマイコンはその動作の基本となるCPUコアのハードウェア仕様は同一であり、共通のソースコードで対応できます。

たとえば、STM32L476 Nucleo-64用T-Kernel 3.0のCPUコア依存部は、STM32L476のCPUコアであるArmv7-Mアーキテクチャ仕様に対応するソースコードです。

● **CPU依存部**

マイコンのCPU（CPUチップ）の仕様に対応するソースコードです。ただし、前述のCPUコア依存部は除外されます。つまり、対象とするマイコンのCPUのハードウェア仕様に対応するソースコードのうち、CPUコア仕様に対応した部分を除いた部分が、CPU依存部となります。

たとえば、STM32L476 Nucleo-64用T-Kernel 3.0のCPU依存部は、搭載されているSTM32L476マイコンのCPUチップに対応するソースコードです。

● **ターゲット依存部**

マイコンのCPU以外のハードウェアに対応するソースコードです。主にI/Oデバイスの仕様に対応するソースコードですが、マイコン内蔵のI/Oデバイスだけではなく、外部I/Oデバイスの仕様に対応するソースコードも含まれます。

ただし、デバイスドライバのソースコードはここには含まれません。デバイスドライバはOSのソースコードから独立しており、deviceディレクトリに置かれています。

ハードウェア依存部のソースコードは、上記のような階層構造を持つことにより、異なったターゲットの機器間で効率よく共有することができます。同じマイコンを使用していればCPU依存部のソースコードを共有することができますし、異なったマイコンであっても同じCPUコアであれば、CPUコア依存部のソースコードを共有することができます。

現バージョンのμT-Kernel 3.0のハードウェア依存部の各階層の関係を表3-12に示します。

表3-12 ハードウェア依存部の各階層の関係

ターゲット依存部	CPU依存部	CPUコア依存部
TX03-M367用 IoT-Engine	TX03-M367	Armv7-M
STM32L4用 IoT-Engine	STM32L4	
STM32L476 Nucleo-64[※3]		
RZ/A2M用 IoT-Engine	RZ/A2M	Armv7-A
RX231用 IoT-Engine	RX231	RX v2

※3 STM32L476 Nucleo-64はμT-Kernel 3.0 BSPでの対応です。

たとえば、STM32L4用 IoT-Engine と STM32L476 Nucleo-64が使用しているマイコンは同一ですので、両者のCPU依存部とCPUコア依存部は共有されています。

TX03-M367用 IoT-Engineは、マイコンは異なりますが、CPUコアは同一ですので、CPUコア依存部だけが共有されます。

ハードウェア依存部のディレクトリ構成

前述のハードウェア依存部の階層に対応して、sysdependディレクトリは以下のような階層構造を持ちます。

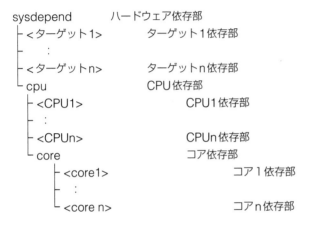

```
sysdepend          ハードウェア依存部
├ <ターゲット1>        ターゲット1依存部
│     :
├ <ターゲットn>        ターゲットn依存部
└ cpu              CPU依存部
   ├ <CPU1>            CPU1依存部
   │   :
   ├ <CPUn>            CPUn依存部
   └ core              コア依存部
       ├ <core1>            コア1依存部
       │   :
       └ <core n>           コアn依存部
```

sysdependディレクトリの直下に、それぞれのターゲット依存部のソースコードのディレクトリが置かれます。また、sysdependディレクトリの直下にはcpuディレクトリが置かれ、その中にそれぞれのCPU依存部のソースコードのディレクトリが置かれます。

cpuディレクトリの直下にcoreディレクトリが置かれ、その中にそれぞれのCPUコア依存部のソースコードのディレクトリが置かれます。

実際のμT-Kernel 3.0のソースコードのsysdependのディレクトリ構成を以下に示します。これは現バージョンのμT-Kernelのものですが、対応するターゲットが増えれば、このsysdepend下のディレクトリが追加されていきます。

```
sysdepend          ハードウェア依存部
 ├ iote_m367            TX03-M367用 IoT-Engine
 ├ iote_stm32l4         STM32L4用 IoT-Engine
 ├ iote_rza2m           RZ/A2M用 IoT-Engine
 ├ iote_rx231           RX231用 IoT-Engine
 └ cpu                  CPU依存部
    ├ tx03_m367            TX03-M367
    ├ stm32l4              STM32L4
    ├ rza2m                RZ/A2M
    ├ rx231                RX231
    └ core                 コア依存部
       ├ armv7m               Armv7-M
       ├ armv7a               Armv7-A
       └ rxv2                 RX v2
```

3.2.3 ハードウェア依存部の実例

μT-Kernel 3.0のハードウェア依存部の具体的な例として、μT-Kernel 3.0 BSPのSTM32L476 Nucleo-64用μT-Kernel 3.0のハードウェア依存部を説明します。他のハードウェア依存部も基本的な構成はほぼ同じです。

μT-Kernel 3.0 OS本体のソースコード

● CPUコア依存部

STM32L476 Nucleo-64用μT-Kernel 3.0のCPUコア依存部のソースコードは、/kernel/sysdepend/cpu/core/armv7mのディレクトリに置かれます。

ディレクトリの内容を表3-13に示します。

表3-13 /kernel/sysdepend/cpu/core/armv7mディレクトリのファイル

分類	ファイル名	内容
起動処理	reset_hdl.c	・リセット例外ハンドラ（リセット処理）
割込み関連処理	interrupt.c	・割込みハンドラの登録関数 ・割込みハンドラの高級言語対応ルーチン ・システムタイマ割込みハンドラ
	exe_hdr.c	・各種例外に対応する例外ハンドラ ・未定義割込みのデフォルトハンドラ
ディスパッチ制御	cpu_status.h	・システム動作状態の設定マクロ
	cpu_task.h	・タスクのコンテキスト情報定義 ・タスクのコンテキスト操作関数
	cpu_ctl.c	・ディスパッチ関数（実行開始） ・レジスタ値の取得、設定
	dispatch.S	・ディスパッチ処理
タイマ関連	sys_timer.h	・システムタイマ関連インライン関数
共通定義	offset.h	・TCB構造体メンバーのオフセット値
	sysdepend.h	・実装依存部の共通定義

● CPU依存部

　STM32L476 Nucleo-64用µT-Kernel 3.0のCPU依存部のソースコードは、/kernel/sysdepend/cpu/stm32l4のディレクトリに置かれます。

　ディレクトリの内容を表3-14に示します。

表3-14 /kernel/sysdepend/cpu/stm32l4ディレクトリのファイル

分類	ファイル名	内容
起動処理	cpu_clock.c	・CPUクロック設定
割込み関連処理	vector_tbl.c	・割込み・例外ベクターテーブル
ディスパッチ制御	cpu_status.h	※4
	cpu_task.h	※4
タイマ関連	sys_timer.h	※4
共通定義	sysdepend.h	・実装依存部の共通定義

※4 CPU依存部としての定義がないため、実際にはソースコードの記述がありません。

● ターゲット依存部

　STM32L476 Nucleo-64用µT-Kernel 3.0のターゲット依存部のソースコードは、/kernel/sysdepend/nucleo_l476のディレクトリに置かれます。

　ディレクトリの内容を表3-15に示します。

表3-15 /kernel/sysdepend/nucleo_l476ディレクトリのファイル

分類	ファイル名	内容
起動処理	hw_setting.c	・リセット処理のハードウェア初期化
	devinit.c	・デバイスドライバの実行
ディスパッチ制御	cpu_status.h	※5
	cpu_task.h	※5
	power_save.c	・低消費電力モード制御※6
タイマ関連	sys_timer.h	※5
共通定義	sysdepend.h	※5
	sysmsg.h	・システムメッセージ関数定義

※5 CPU依存部としての定義がないため、実際にはソースコードの記述がありません。
※6 低消費電力モード制御power_save.cは実装していません。

ライブラリ関数

● CPUコア依存部

STM32L476 Nucleo-64用μT-Kernel 3.0のライブラリ関数のCPUコア依存部のソースコードは、/lib/libtk/sysdepend/cpu/core/armv7mのディレクトリに置かれます。

ディレクトリの内容を表3-16に示します。

表3-16 /lib/libtk/sysdepend/cpu/core/armv7mディレクトリのファイル

分類	ファイル名	内容
割込み関連	int_armv7m.h	割込み制御関連ライブラリ関数（インライン）
	int_armv7m.c	割込み制御関連ライブラリ関数
タイマ関連	wusec_armv7m.c	微小時間待ちライブラリ関数

● CPU依存部

STM32L476 Nucleo-64用μT-Kernel 3.0のライブラリ関数のCPU依存部のソースコードは、/lib/libtk/sysdepend/cpu/stm32l4のディレクトリのファイルです。

ディレクトリの内容を表3-17に示します。

表3-17 /lib/libtk/sysdepend/cpu/stm32l4ディレクトリのファイル

分類	ファイル名	内容
割込み関連	int_stm32l4.c	割込み制御関連ライブラリ関数
タイマ関連	ptimer_stm32l4.c	物理タイマ関連ライブラリ関数

3.3 µT-Kernel 3.0 のポーティング

本章ではトロンフォーラムから公開されている µT-Kernel 3.0 のソースコードを、新規のハードウェアへポーティングする方法について説明します。

• •

3.3.1 ポーティングの基本

ポーティングの手順

　µT-Kernel 3.0 のポーティング作業では、ポーティング対象のハードウェアに応じて、ソースコードのハードウェア依存部のプログラムを変更したり、新規のプログラミングを行ったりします。

　ハードウェア依存部は、「3.2.2 ソースコードのハードウェア依存部」で説明したように、ターゲット依存部、CPU 依存部、CPU コア依存部の階層構造を持ちます。ポーティング対象のハードウェアに応じて、このうちのどの階層のプログラムを変更する必要があるのかが決まります。

　また、新規の CPU コアに対応するには、CPU コア依存部を新規にプログラミングする必要があります。この場合は、次に説明するハードウェア依存部の基本仕様の設計も必要となります。

　一方、ポーティング対象のハードウェアが既存の CPU コア依存部を使用できるのであれば、ハードウェア依存部の基本仕様はすでに決まっていますので、新規に設計する必要はありません。

ハードウェア依存部の基本仕様

　µT-Kernel 3.0 のハードウェア依存部を開発する際には、マイコンのハードウェア仕様に応じて、以下の基本仕様を決める必要があります。

● CPU 動作モードと保護レベル

　マイコンの CPU には、特権モードとユーザモードのように複数の動作モードを持っているものがあります。動作モードによって、メモリのアクセスや実行できる命令に関する権限が決まっています。たとえば、特権モードではすべてのメモリに対するアクセス権があるのに対して、ユーザモードではメモリのアクセス権に制約があり、このような方法でメモリ保護を実現します。

　µT-Kernel 3.0 は、CPU の動作モードやメモリ保護に対応した保護レベルの機能を持っています。保護レベルの機能は、CPU の動作モードを OS に反映したものと考えることができます。

　µT-Kernel 3.0 の保護レベルにはレベル 0 からレベル 3 までの 4 段階があり、数字が小さいほど特権レベルが高いことを表します。µT-Kernel 3.0 が実行するプログラムには保護レベルが設定さ

れており、プログラムからアクセスするメモリにも保護レベルが設定されています。ある保護レベルのプログラムは、自身より保護レベルの高いメモリにアクセスすることはできません。

OSやアプリケーションに対する保護レベルの割り当て方針は、μT-Kernel 3.0の仕様で決められています。OS自体のプログラムは最も特権レベルが高い保護レベル0で実行されます。APIの処理ルーチンもこれに含まれます。

タスクを実行した際のプログラムの保護レベルは、タスク生成時の属性として設定できます。通常のユーザアプリケーションのタスクは保護レベル3を使用します。

新しいマイコンへのポーティングに際しては、CPUの実行モードに対応するOSの保護レベルを決める必要があります。

μT-Kernel 3.0の仕様では、保護レベルとCPUの動作モードとの関係について、以下のように定めています。

- マイコンが単一の動作モードしか持たない場合は、すべての保護レベルをその動作モードで実行します。
- マイコンが特権モード、ユーザモードなどの2段階の動作モードを持つ場合は、保護レベル3をユーザモードで実行し、その他を特権モードで実行します（表3-18）。

表3-18 保護レベルとCPUの動作モードとの関係(2段階の動作モードの場合)

保護レベル	用途	CPUの動作モード
0	OS、サブシステム、デバイスドライバなど	特権モード
1	特権レベルのタスク	ユーザモード
2	未使用(予約)	
3	アプリケーションのタスク	

なお、簡易な方法として、CPUが複数の動作モードを持っている場合でも、すべての保護レベルを特権モードとする場合があります。この場合、保護レベルによるメモリなどの保護は実現できなくなりますが、OSやプログラム全体の構造は単純になります。

トロンフォーラムから公開されているμT-Kernel 3.0のソースコードも、単純化のため、マイコンが複数の動作モードを持つか否かにかかわらず、すべての保護レベルが同一の動作モードで動くように実装されています。

● システムコールの呼出し方法

μT-Kernel 3.0のシステムコールの呼出し方法には、以下の二つがあり、実装によりどちらの方法を使うかが決まっています。

・ SVC呼出し

ソフトウェアによる例外発生によってシステムコールを呼び出します。OS内の例外ハンドラを経由してシステムコールが実行されます。

・ **関数呼出し**

　システムコール全体を C 言語の関数として実装します。システムコールは通常の関数として実行されます。

　保護レベルの区別により OS とアプリケーションのタスクの動作モードが異なる場合は、SVC 呼出しを使う必要があります。例外や割込みの発生によって、CPU の動作モードを遷移させる必要があるからです。

　一方、すべての保護レベルが同一の動作モードで動く場合は、SVC 呼出し、関数呼出しのどちらの方法でも実装可能です。

　トロンフォーラムから公開されている μT-Kernel 3.0 のソースコードでは、関数呼出しの方法を使ってシステムコールを呼び出すようになっています。

ハードウェア依存部のプログラミング

　μT-Kernel 3.0 のソースコードにおけるハードウェア依存部の主な処理を以下に示します。

・ **起動処理**

　マイコンのハードウェアがリセットされてから、μT-Kernel 3.0 が起動し、ユーザのプログラムが実行されるまでの処理です。

・ **割込み関連処理**

　割込みハンドラの登録や実行、および各種の割込み制御を行います。主に μT-Kernel 3.0 の割込み管理機能の API に対する処理をする部分です。

・ **タイマ関連処理**

　システムタイマによる μT-Kernel 3.0 の時間管理、および物理タイマの処理を行う部分です。

・ **ディスパッチ処理**

　実行しているタスクを切り替える、マルチタスクの基本的な処理を行う部分です。

　上記の各処理を行うためのプログラムは、ハードウェア依存部の各階層 (ターゲット依存部、CPU 依存部、CPU コア依存部) にまたがっています。つまり、各処理に対して、それぞれの階層のプログラムが存在します。

　ポーティングでは、これらの各処理について、該当する階層のプログラミングを行います。

　各処理の内容について、ポーティングの観点から次項で説明していきます。

3.3.2 起動処理

μT-Kernel 3.0 の起動処理の流れ

起動処理は、マイコンのハードウェアがリセットされてから、μT-Kernel 3.0が起動し、ユーザのプログラムが実行されるまでの処理です。

起動処理にはハードウェア依存部の処理と共通部の処理があります。

起動処理の流れを図3-2に示します。図中の太枠で囲われた部分がハードウェア依存部の処理です。ポーティングでは、これらのハードウェア依存部を、対象ハードウェアに合わせて実装します。

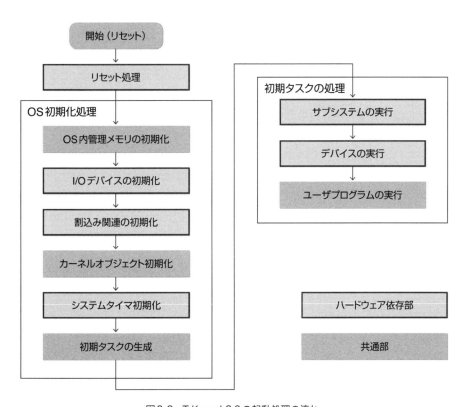

図3-2 μT-Kernel 3.0 の起動処理の流れ

μT-Kernel 3.0の起動処理は、リセット処理、OS初期化処理、初期タスクの処理の三つに分けることができます。

それぞれの処理内容について順番に説明していきます。

(1) リセット処理

電源の投入などによってマイコンがリセットされると、リセット処理のプログラムが実行されます。一般的な組込みシステムのマイコンでは、メモリ（ROM）上の決まったアドレスのプログラムが実行されますが、Arm Cortex-Aコアのマイコンなどのように、ブートローダによってOSがメモリ（RAM）にロードされてから実行される場合もあります。

リセット処理は、マイコンのハードウェア仕様に応じて実装されるハードウェア依存部のプログラムであり、一般にはアセンブリ言語で記述されます。

ただし、Arm Cortex-MのCPUコアのように、リセット処理をC言語で記述することが可能なマイコンもあります。µT-Kernel 3.0のソースコードにおいても、Arm Cortex-MのCPUコアに関してはC言語で記述されたリセット処理が実行されます。

µT-Kernel 3.0のリセット処理では、以下の処理を実行します。

(1-1) ハードウェアの基本的な初期化

マイコンのハードウェアの必要最小限の初期化を行います。具体的には、I/Oデバイスの初期化、割込みやベクターテーブルの設定、キャッシュの初期化などの処理を行います。なお、リセット処理ではまだ割込みの許可を行いません。割込みが有効になるのは、初期タスクの処理以降です。

I/Oデバイスの初期化については後で説明します。

(1-2) C言語プログラム実行環境の初期化

C言語の変数領域の初期値の設定など、C言語のプログラムをマイコン上で実行するための初期化処理を行います。

リセット処理によって、それ以降のC言語のプログラムの実行が可能になります。リセット処理が完了すると、次にOS初期化処理が実行されます。

(2) OS初期化処理

OS初期化処理は、ソースコードの /kernel/sysinit/sysinit.c ファイルに記述されたmain関数で実行されます。

main関数自体は共通部のプログラムであり、ハードウェア依存部ではありません。main関数の中から呼び出されて実行される関数の処理に、共通部の処理とハードウェア依存部の処理が含まれます。

main関数の中から呼び出されて実行される各関数の処理を、実行順に以下に示します。括弧内には実際に処理を実行する関数名を記載しています。

(2-1) OS内管理メモリの初期化 (knl_init_lmalloc)
µT-Kernel 3.0内のメモリ管理機能の初期化を行います。本処理は共通部です。

(2-2) I/Oデバイスの初期化 (knl_init_device)
デバイスドライバの登録に先立ち、必要なI/Oデバイスのハードウェアの初期化を行います。
本処理はハードウェア依存部です。

(2-3) 割込み関連機能の初期化 (knl_init_interrupt)
割込み関連機能の初期化を行います。本処理はハードウェア依存部です。

(2-4) カーネルオブジェクト初期化 (knl_init_object)
タスクなどの各カーネルオブジェクトの初期化を行います。本処理は共通部です。

(2-5) システムタイマ初期化 (knl_timer_startup)
システムタイマの初期化を行った後に、タイマの実行を開始します。本処理は共通部ですが、
その中でハードウェア依存部のシステムタイマ設定の処理を呼び出します。

(2-6) 初期タスクの生成
初期タスクを生成します。初期タスクはµT-Kernel 3.0の起動後に最初に実行されるタスク
です。本処理は共通部です。

OS初期化処理によって、µT-Kernel 3.0のすべての機能が使用可能になります。OS初期化
処理は最後に初期タスクを実行して終了します。

(3) 初期タスクによる初期化
　　初期タスクが実行された段階でµT-Kernel 3.0自体の初期化は終了し、各APIが使用可能と
　　なっています。初期タスクは以下の順で初期化処理を実行していきます。括弧内には処理を
　　実行する関数名を記載しています。

　　(3-1) サブシステムの実行 (start_system)
　　使用するサブシステムを登録し、各サブシステムの実行を開始します。現バージョンのµT-
　　Kernel 3.0では、システム標準のサブシステムとして、デバイス管理機能の登録と実行開始
　　を行っています。なお、デバイス管理機能はOSの一部ですが、実際にはサブシステムとして
　　実装されています。

(3-2) デバイスの実行 (knl_start_device)

使用するデバイスドライバを登録し、各デバイスドライバの実行を開始します。この処理は
ハードウェア依存部です。

デバイスドライバの実行開始については後で説明します。

(3-3) ユーザプログラムの実行 (usermain)

ユーザプログラムを実行します。ユーザプログラムは初期タスクから呼ばれるusermain関
数で始まります。usermain関数は、一般にアプリケーションのタスクの生成、実行などを行
います。

I/Oデバイスの初期化

I/Oデバイスの初期化は、µT-Kernel 3.0の起動処理の中のリセット処理において、I/Oデバイ
スの初期化関数を呼び出すことによって行われます。

● I/Oデバイスの初期化関数

I/Oデバイスの初期化関数の仕様を表3-19に示します。ポーティングでは、この関数を対象ハー
ドウェアに合わせて実装します。

表3-19 I/Oデバイスの初期化関数の仕様

I/Oデバイスの初期化	
関数定義	void knl_startup_hw(void);
引数	なし
戻り値	なし
機能	I/Oデバイスに対して、リセット時に必要な基本的な初期化処理を行います。

I/Oデバイスの初期化関数knl_startup_hwの主な処理を以下に説明します。

・ ウォッチドックタイマの設定

必要に応じて、ウォッチドックタイマの設定を行います。

ウォッチドックタイマとは、システムの異常を検知してリセットなどの処理を行うI/Oデバイ
スです。マイコンによっては、リセット時にウォッチドックタイマの設定が必要なものがあり
ます。

- **マイコンの端子設定**

    マイコンの端子は複数のI/Oデバイスで兼用されています。使用するI/Oデバイスに応じて、各端子の設定（入出力の選択、対応するI/Oデバイスの指定など）を行う必要があります。

- **I/Oデバイスの有効化**

    I/Oデバイスの種類によっては、デバイスを動作させるために、クロック供給の開始など、なんらかの準備や設定などの処理が必要となる場合があります。ここでは、そのような準備や設定の処理を行い、使用するI/Oデバイスを有効化します。なお、この処理は個々のデバイスドライバで行うことも可能ですが、実際にどちらで行うかは、システム全体の設計方針に従って決めます。

● I/Oデバイスの初期化関数の注意点

I/Oデバイスの初期化関数knl_startup_hwは、μT-Kernel 3.0のリセット処理の初期の段階で呼び出されますので、関数の実行にあたっては以下の制約があります。

- μT-Kernel 3.0はまだ起動していませんので、OSの機能を使用することはできず、APIを呼び出すことも禁止です。

- C言語のグローバル変数は使用できません。この関数の実行時には、まだグローバル変数の初期化が行われていないため、グローバル変数の値は不定です。また、ここでグローバル変数の値を設定しても、その後の処理で値が初期化されてしまいます。

- 本関数は割込み禁止状態で実行されます。割込みは使用できません。

● I/Oデバイスの初期化関数の例

I/Oデバイスの初期化関数の具体的な例として、μT-Kernel 3.0 BSPのSTM32L476 Nucleo-64用のknl_startup_hw関数を説明します。

この関数はμT-Kernel 3.0 BSPの以下のファイルに記述されています。

```
kernel/sysdepend/nucleo_l476/hw_setting.c
```

knl_startup_hw関数のプログラムを、以下のリスト4-1に示します。なお、本リストは説明のためにプログラムの一部を抜粋したものです。完全なリストはμT-Kernel 3.0 BSPのソースファイルを参照してください。

リスト 4-1　I/O デバイスの初期化関数(抜粋)

```c
typedef struct {
    UW    addr;        // レジスタのアドレス
    UW    data;        // レジスタの値
} T_SETUP_REG;

/* I/O デバイスのクロック供給設定テーブル */
LOCAL const T_SETUP_REG modclk_tbl[] = {
    {RCC_AHB2ENR,      0x00000007},   // GPIOA, B, C enable
    {RCC_APB1ENR1,     0x0022000F},   // USART2, I2C1, TIM2-TIM5 enable
    {RCC_APB2ENR,      0x00000001},   // SYSCFG enable

    {0, 0}
};

/* マイコンの端子設定テーブル */
LOCAL const T_SETUP_REG pinfnc_tbl[] = {
    {GPIO_MODER(A),    0xABF5F7AF},   // GPIOA mode
    {GPIO_OTYPER(A),   0x00000000},   // GPIOA output type
    {GPIO_OSPEEDR(A),  0x0C000050},   // GPIOA output speed
    {GPIO_PUPDR(A),    0x64000050},   // GPIOA Pull-up/down
    {GPIO_AFRL(A),     0x00007700},   // GPIOA Alternate function
    {GPIO_ASCR(A),     0x00000013},   // GPIOA Analog switch control

    /* 省略 */

    {0, 0}
};


/* I/O デバイスの初期化関数 */
EXPORT void knl_startup_hw(void)
{
    const T_SETUP_REG    *p;

    /* ① クロックの初期化 */
    startup_clock(CLKATR_HSI | CLKATR_USE_PLL | CLKATR_LATENCY_4);

    /* ② I/O デバイスへのクロックの供給開始 */
    for(p = modclk_tbl; p->addr != 0; p++) {
        *(_UW*)(p->addr) = p->data;
        while(*(_UW*)(p->addr) != p->data);
    }

    /* ③ マイコンの端子設定 */
    for(p = pinfnc_tbl; p->addr != 0; p++) {
        *(_UW*)(p->addr) = p->data;
    }
}
```

リスト 4-1 のプログラムを説明します。

① クロックの初期化

startup_clock 関数によりマイコンの内部クロック設定を行います。

STM32L476 は、リセットした直後には低速のクロック設定で動作しています。そのクロック設定を変更し、システムに応じた設定にする必要があります。I/O デバイスに提供されるクロックもここで設定されます。

② I/O デバイスへのクロックの供給開始

使用する I/O デバイスへのクロックの供給を開始します。これにより I/O デバイスが動作を始め、使用可能になります。

実際の設定内容は、I/O デバイスのクロック供給設定テーブル modclk_tbl に記述されています。このプログラムの設定では、シリアル通信、I^2C 通信、物理タイマ用の汎用タイマなどへのクロック供給が開始されます。

クロック供給を行う I/O デバイスを変更する場合は、テーブル modclk_tbl の内容を変更します。

③ マイコンの端子設定

マイコンの端子を設定します。

実際の設定内容は、マイコンの端子設定テーブル pinfnc_tbl に記述されています。このプログラムの設定では、入出力ポート GPIOA の端子について、入出力の方向や、I/O デバイスの信号との関連付けなどの設定を行っています。

マイコン端子の設定を変更する場合は、テーブル pinfnc_tbl の内容を変更します。

使用する I/O デバイスを変更する場合は、I/O デバイスのクロック供給設定テーブル modclk_tbl とマイコンの端子設定テーブル pinfnc_tbl の内容を変更することにより対応できます。

デバイスドライバの実行

デバイスドライバは、μT-Kernel 3.0 の起動処理中の初期タスクの処理において、デバイスの実行関数を呼び出すことにより実行が開始されます。

● デバイスの実行関数

デバイスの実行関数の仕様を表3-20に示します。ポーティングでは、この関数を対象ハードウェアに合わせて実装します。

表3-20 デバイスの実行関数の仕様

デバイスの実行関数	
関数定義	ER knl_start_device(void);
引数	なし
戻り値	なし
機能	使用するデバイスドライバを登録し、その実行を開始します。 本関数の実行時には、すでにμT-Kernel 3.0 が起動していますので、関数の処理の中でμT-Kernel 3.0 のAPIを使用することができます。

デバイスの実行関数knl_start_device では、使用するデバイスドライバの初期化関数を順番に呼び出します。デバイスドライバの初期化関数は、各デバイスドライバが提供する関数の一つであり、その中でI/Oデバイスの初期化処理やμT-Kernel 3.0 へのデバイスドライバの登録を行います。

なお、デバイスドライバの初期化関数は、アプリケーションのタスクから実行することも可能です。μT-Kernel 3.0 のソースコードでは、デバイスドライバの初期化を1か所でまとめて行うためにknl_start_device 関数を用意してますが、実際の初期化をこの関数とアプリケーションタスクのどちらで行うかについては、システム全体の設計方針に従って決めます。

● デバイスの実行関数の例

デバイスの実行関数の具体的な例として、μT-Kernel 3.0 BSPのSTM32L476 Nucleo-64用のknl_start_device 関数を説明します。

この関数はμT-Kernel 3.0 BSPの以下のファイルに記述されています。

```
kernel/sysdepend/nucleo_1476/devinit.c
```

knl_start_device 関数のプログラムを、以下のリスト4-2に示します。なお、本リストは説明のためにプログラムの一部を抜粋したものです。完全なリストはμT-Kernel 3.0 BSPのソースファイルを参照してください。

リスト4-2　デバイスの実行関数(抜粋)

```
EXPORT ER knl_start_device(void)
{
    ER    err;

    /* A/D Converter unit.0 "adca" */
    err = dev_init_adc(0);          // A/D変換デバイスドライバの初期化関数
    if(err < E_OK) return err;

    /* I2C unit.0 "iica" */
    err = dev_init_i2c(0);          // I2C通信デバイスドライバの初期化関数
    if(err < E_OK) return err;

    /* Serial ch.2 "serb" */
    err = dev_init_ser(1);          // シリアル通信デバイスドライバの初期化関数
    if(err < E_OK) return err;

    return E_OK;
}
```

　リスト4-2のプログラムを説明します。

　リスト4-2では、使用するデバイスドライバの初期化関数を順番に呼び出しています。
　デバイスドライバの初期化関数は、各デバイスドライバが提供する関数であり、その処理の中で、
I/Oデバイスの初期化処理やデバイスドライバのμT-Kernel 3.0への登録が行われます。デバイス
ドライバの初期化関数が正常終了すると、そのデバイスドライバが使用できるようになります。
　使用するデバイスドライバを変更するには、knl_start_device関数の記述を変更することによ
り対応できます。

3.3.3 割込み関連処理

割込みハンドラの登録と実行

　割込みの動作に関する仕様は、マイコンのハードウェアに依存します。したがって、割込み関
連の処理を行うプログラムはハードウェア依存部です。ポーティングでは、対象とするマイコン
ごとに割込み関連のプログラムを実装します。
　マイコンは、割込みの要因ごとに割込みハンドラを登録するための割込みベクターテーブルを
持っています。

　μT-Kernel 3.0のAPIによって割込みハンドラの登録を行った場合には、割込みベクターテーブルの中の該当するエントリに、割込みハンドラの実行アドレスが登録されます。

　ただし、TA_HLNG属性の割込みハンドラ、つまりC言語で記述された割込みハンドラは、OS内の高級言語対応ルーチンを経由してから実行されます。そのため、TA_HLNG属性の割込みハンドラの登録では、割込みベクターテーブルに高級言語対応ルーチンのアドレスを設定し、高級言語対応ルーチンの中から実際の割込みハンドラを呼び出します。

　図3-3に割込みハンドラの呼出しの例を示します。

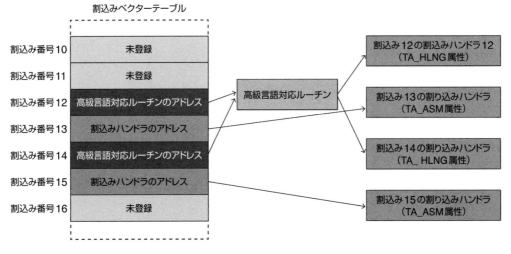

図3-3 割込みハンドラの呼出しの例

　図3-3に示した例では、割込み番号12と14にTA_HLNG属性の割込みハンドラが登録され、割込み番号13と15にTA_ASM属性の割込みハンドラが登録されています。

　ここで、割込み番号12の割込みが発生すると、まずベクターテーブルに登録されている高級言語対応ルーチンが実行されます。高級言語対応ルーチンは、C言語の実行に必要となる環境設定を行った後に、C言語で記述された割込み番号12の割込みハンドラを実行します。

割込みハンドラの高級言語対応ルーチン

　高級言語対応ルーチンの主な処理内容を以下に記します。

● 割込みハンドラの実行環境の設定

　割込みハンドラの中からμT-Kernel 3.0のAPIを使用できるようにするための、実行環境の設定を行います。具体的には、これから実行する割込みハンドラがタスク独立部（タスク以外のプログラム）であることをOSから識別できるように、OS内の管理変数に設定を行います。

● 多重割込みの管理

多重割込みとは、割込みハンドラの実行の途中でより優先度の高い割込みを受け付け、優先度の高い割込みハンドラを先に実行することです。

多重割込みを受け付けるか否かは、システム全体の構成やアプリケーションによって決まります。また、多重割込み発生時の具体的な動作はハードウェアの仕様に依存します。高級言語対応ルーチンはそれらの仕様に応じて実装する必要があります。

● 割込みハンドラの呼出し

登録されたTA_HLNG属性の割込みハンドラを実行します。TA_HLNG属性の割込みハンドラはマイコンの割込みベクターテーブルには登録できませんので、高級言語対応ルーチンからTA_HLNG属性の割込みハンドラを呼ぶためのベクターテーブルを、マイコンの割込みベクターテーブルとは別に用意します。高級言語対応ルーチンは、そのテーブルを参照して割込みハンドラを呼び出します。

高級言語対応ルーチンの例

具体的な例として、STM32L476用µT-Kernel 3.0の高級言語対応ルーチンについて以下に説明します。なお、STM32L476のCPUコアであるArm Cortex-Mの割込みコントローラNVICは、ハードウェアの機能により多重割込みに対応済ですので、高級言語対応ルーチンでは多重割込みに関する処理を行っていません。

```
/* 割込みハンドラの高級言語対応ルーチン */

EXPORT void knl_hll_inthdr(void)
{
    FP      inthdr;                     // 割込みハンドラのアドレス
    UW      intno;                      // 割込み番号

    ENTER_TASK_INDEPENDENT;             // ① タスク独立部の開始

    intno= knl_get_ipsr() - 16;         // ② 割込み番号の取得
    inthdr     = knl_inthdr_tbl[intno]; // ③ テーブル参照

    (*inthdr)(intno);                   // ④ 割込みハンドラの実行

    LEAVE_TASK_INDEPENDENT;             // ⑤ タスク独立部の終了
}
```

上記の高級言語対応ルーチンについて、順に説明します。

① タスク独立部の開始

ENTER_TASK_INDEPENDENT はタスク独立部の開始を設定するマクロです。以降、OS は
このプログラムがタスク独立部として実行されることを識別します。

② 割込み番号の取得

knl_get_ipsr 関数は、マイコンの割込み処理関連のレジスタから、現在発生している割込みの
割込み番号を取得する関数です。本関数を使用して割込み番号を取得します。

③ テーブル参照

knl_inthdr_tbl は TA_HLNG 属性の割込みハンドラの実行アドレスを格納したベクターテーブル
です。割込み番号に対応する割込みハンドラのアドレスを取得します。

④ 割込みハンドラの実行

取得した割込みハンドラのアドレスに置かれたプログラムを、C 言語の関数として実行します。
引数には割込み番号を設定します。

⑤ タスク独立部の終了

LEAVE_TASK_INDEPENDENT は、それ以前の ENTER_TASK_INDEPENDENT で開始した
タスク独立部を終了するマクロです。

割込み管理機能のライブラリ関数

µT-Kernel 3.0 の割込み管理機能の API のうち、CPU 割込み制御および割込みコントローラ制
御の API は、ライブラリ関数または C 言語のマクロとして実装されています。

これらの API は、CPU や割込みコントローラの持ついろいろな割込み制御機能のハードウェア
に対して、できるだけ標準的なインタフェースで操作できるようにすることを目的としています。

それぞれのライブラリ関数やマクロの中で必要とされる処理内容は、ハードウェアの仕様に応
じて決まります。そのため、ポーティングでは、対象とするマイコンごとに実装が必要です。

なお、CPU 割込み制御および割込みコントローラ制御の API の一部には、マイコンのハードウェ
アの機能制限などにより実装できないものがあります。たとえば、割込みのマスクレベルの設定
を行う機能としては、CPU 割込み制御と割込みコントローラ制御の両方に API がありますが、多
くのマイコンではどちらか一方でのみ割込みのマスクレベルの設定が可能ですので、両方の API
を実装することはできません。

3.3.4 タイマ関連処理

システムタイマ処理

　システムタイマ処理は、μT-Kernel 3.0 の時間管理処理ルーチンを、コンフィグレーション CFN_TIMER_PERIOD で設定された時間間隔で周期的に実行します。

　このような周期的な処理を実現するために、マイコン内蔵のハードウェアタイマの一つをシステムタイマとして使用します。マイコン内蔵タイマの設定や制御は、ハードウェア依存部のプログラムです。ポーティングでは、対象とするマイコンごとに実装します。

● システムタイマに使用するタイマ

　多くのマイコンは複数のタイマを内蔵しており、OS用のタイマを用意しているものもあります。μT-Kernel 3.0 のポーティングの際には、これらのタイマの中からシステムタイマに使用するタイマを選択します。

　たとえば、STM32L476 の Arm Cortex-M コアでは、OS用に SysTick タイマを内蔵していますので、STM32L476用 μT-Kernel 3.0 はこれをシステムタイマとして使用しています。

● システムタイマ処理の実行開始

　システムタイマ処理は、以下の仕様を持つシステムタイマの実行関数を呼び出すことにより実行を開始します。この関数は μT-Kernel 3.0 の起動時に共通部から呼び出されます。ポーティングでは、この関数を対象ハードウェアに合わせて実装します。

表3-21 システムタイマ処理の実行開始

システムタイマ処理の実行開始	
関数定義	void knl_start_hw_timer(void);
引数	なし
戻り値	なし
機能	コンフィグレーション CFN_TIMER_PERIOD で設定された時間間隔で周期的に割込みを発生するように、システムタイマを設定します。

● **システムタイマの割込みハンドラ**

システムタイマの周期的な割込みに対する割込みハンドラとして、μT-Kernel 3.0の時間管理処理ルーチンを登録します。

μT-Kernel 3.0の時間管理処理ルーチンは、以下の仕様を持つ共通部の関数です。

表3-22 システムタイマの割込みハンドラ

時間管理処理ルーチン	
関数定義	void knl_timer_handler(void);
引数	なし
戻り値	なし
機能	割込みハンドラとして周期的に実行され、μT-Kernel 3.0の提供する各種の時間管理機能に対する処理を行います。

物理タイマ機能

μT-Kernel 3.0の物理タイマ機能は、マイコンの内蔵タイマに対して標準的な操作インタフェースを提供することを目的とした機能です。物理タイマ機能のAPIは、マイコン内蔵タイマを操作するライブラリ関数として実装されます。

それぞれのライブラリ関数の中の処理内容は、マイコン内蔵タイマのハードウェア仕様に応じて決まります。ポーティングでは、対象とするマイコンごとに実装が必要です。

なお、物理タイマが提供する機能は、タイマの動作開始と停止、カウント値の読み出し、割込みハンドラの登録といった、ごく基本的な機能のみです。より高度で複雑なタイマ関連の機能を必要とする場合は、物理タイマではなく、独自のタイマ用デバイスドライバなどを実装して対応することがあります。そのため、マイコンが内蔵するすべてのタイマについて物理タイマを用意する必要はありません。どのタイマを物理タイマとして使用するかについては、その組込みシステム全体の設計方針に従って決めます。

STM32L476用μT-Kernel 3.0の物理タイマは、マイコン内蔵の汎用タイマTIM2、TIM3、TIM4、TIM5に対応しています。

3.3.5 ディスパッチ処理

ディスパッチ処理の実行

μT-Kernel 3.0では、実行中のタスクの切り替えが必要となった場合に、ディスパッチ処理が実行されます。

ディスパッチ処理では、実行中のタスクのコンテキスト（実行環境）を変更することにより、実行しているタスクを切り替えます。

タスクのコンテキストの変更には、マイコンのレジスタやスタックに対する特殊な制御が必要です。そのため、ディスパッチ処理はアセンブリ言語で記述されます。

ディスパッチ処理はハードウェア依存部のプログラムであり、ポーティングの対象とするマイコンごとに実装します。

● ディスパッチ関数

ディスパッチ処理は、ディスパッチ関数を呼び出すことにより実行されます。

ディスパッチ関数には、通常ディスパッチ関数と強制ディスパッチ関数の2種類があり、どちらもμT-Kernel 3.0の共通部から呼び出されます。2種類のディスパッチ関数の仕様を以下に示します。

表3-23 通常ディスパッチ関数

通常ディスパッチ	
関数定義	void knl_dispatch(void);
引数	なし
戻り値	なし
機能	APIや割込みの終了時に実行される、通常のディスパッチ処理を行います。 現在実行中のタスクのコンテキストを保存し、次に実行されるタスクのコンテキストに切り替えます。

表3-24 強制ディスパッチ関数

強制ディスパッチ	
関数定義	void knl_force_dispatch(void);
引数	なし
戻り値	なし
機能	タスク終了APIの処理時、および初期タスクの生成後に実行される、強制ディスパッチの処理を行います。 現在実行中のタスクのコンテキストは保存されません。

ディスパッチ関数knl_dispatchおよびknl_force_dispatchの一般的な実装では、この関数に中でソフトウェア割込み（または例外）を発生させ、それに対する割込みハンドラで実際のディスパッチ処理を行います。

たとえば、STM32L476マイコンの場合は、ディスパッチ関数の中でPendSV例外を発生させています。PendSV例外は、Arm Cortex-Mの仕様で定められた、遅延可能なソフトウェア例外です。

ただし、マイコンのハードウェア仕様によっては、ソフトウェア割込みや例外を使用せず、ディスパッチ関数の中で直接ディスパッチ処理を行う実装もあります。

ディスパッチ処理の流れ

ディスパッチ処理の主な流れを以下に示します。

(1) 実行中のタスクのコンテキストの保存
現在実行しているタスクのコンテキスト情報を保存します。コンテキスト情報は、タスクのスタック上に保存されます。強制ディスパッチの場合、この処理は行われません。

(2) アイドリング処理
次に実行するタスクがあれば、(3)の処理に進みます。しかし、ディスパッチの時点で次に実行できるタスクが無い場合は、実行できるタスクが現れるまでディスパッチ処理の中で待ち続けます。これをアイドリング処理とよびます。アイドリング処理中でも割込みハンドラは実行できる必要がありますので、割込みは許可しておきます。なお、アイドリング処理の間は低消費電力モードへ移行することにより、マイコンの省電力機能を活かすような実装にすることも可能です。

(3) 次に実行するタスクのコンテキストの復帰
次に実行するタスクのコンテキスト情報を、そのタスクのスタックから復帰します。この処理により、新しいタスクの実行を開始します。

タスクのコンテキスト情報

ディスパッチにより保存されるタスクのコンテキスト情報は、主にタスク実行中のCPUのレジスタの値です。これにはプログラムカウンタやスタックポインタも含まれます。

タスクのコンテキスト情報は、CPUコアの仕様により決まります。ポーティングの対象とするマイコンごとに決める必要があります。そのほか、μT-Kernel 3.0がOSの中で使用する情報を、コンテキスト情報に含める場合もあります。

● タスクのコンテキスト情報の例

具体的な例として、STM32L476用μT-Kernel 3.0のタスクのコンテキスト情報について説明します。この仕様はCPUコア依存ですので、Arm Cortex-Mコアであれば共通です。

タスクのコンテキスト情報の内容を表3-25に示します。

表3-25 STM32L476用μT-Kernel 3.0のタスクのコンテキスト情報

項目	内容
R0 ～ R12レジスタ	汎用レジスタ
SP(R13)	スタックポインタ(スタックのアドレスを示す)
LR(R14)	リンクレジスタ(サブルーチンの戻りアドレス)
PC(R15)	プログラムカウンタ(実行中の命令のアドレス)
xPSR	プログラムステータスレジスタ
FPSCR	浮動小数点ステータスおよび制御レジスタ[7]
S0 ～ S31	浮動小数点レジスタ[7]
ufpu	FPU命令の実行フラグ[7][8]

※7 FPUを使用するタスク(TA_FPU属性のタスク) のみ。
※8 この情報はCPUのレジスタの値ではなくOS固有の情報です。

　スタック上に保存されるタスクのコンテキスト情報は、C言語の構造体として定義されています。
以下に、その構造体の定義の内容を示します。

```
/*  スタック上に保存されたタスクのコンテキスト情報  */

/* FPU 未使用のタスクの場合  */
typedef struct {
    UW   exp_ret;        // 戻りアドレス
    UW   r_[8];          // R4-R11 レジスタの値
    UW   r[4];           // R0-R3 レジスタの値 ※
    UW   ip;             // R12 レジスタの値 ※
    void *lr;            // lr レジスタの値 ※
    void *pc;            // プログラムカウンタの値 ※
    UW   xpsr;           // xpsr レジスタの値 ※
} SStackFrame;

/* FPU 使用のタスクの場合  */
typedef struct {
    UW   ufpu;           // FPU 使用状態を示すフラグ
    UW   s_[16];         // S16-S31 レジスタの値
    UW   exp_ret;        // 戻りアドレス
    UW   r_[8];          // R4-R11 レジスタの値
    UW   r[4];           // R0-R3 レジスタの値 ※
    UW   ip;             // R12 レジスタの値 ※
    void *lr;            // lr レジスタの値 ※
    void *pc;            // プログラムカウンタの値 ※
    UW   xpsr;           // xpsr レジスタの値 ※
    UW   s[16];          // S0-S15 レジスタの値 ※
    UW   fpscr;          // fpscr レジスタの値 ※
} SStackFrame_wFPU;
```

　この構造体は、実際のスタック上のデータ形式に合わせて定義されています。このうち、コメントに※が記された構造体メンバーは、PendSV例外によりスタックに自動的に保存される情報です。それ以外の構造体メンバーは、ディスパッチ処理の中でOSのプログラムによりスタックに保存される情報です。

3.4 デバイスドライバの作成

本章ではμT-Kernel 3.0のデバイスドライバについて説明します。また、具体例としてμT-Kernel 3.0の
サンプル・デバイスドライバの実装について説明します。

3.4.1 デバイスドライバの仕様

デバイスドライバの基本的な仕様を説明します。

μT-Kernel 3.0の仕様では、OSのデバイス管理機能と、デバイスドライバとのインタフェース
に関する仕様が定められています。しかし、デバイスドライバ自体の具体的な仕様は決められて
おらず、デバイスドライバの標準的な設計について説明されています。

トロンフォーラムから公開されているμT-Kernel 3.0のソースコードでは、仕様書の標準的な
設計に基づくサンプルのデバイスドライバを提供しています。本章ではこれに基づいて説明を行っ
ていきます。

デバイスドライバのプログラム構成

μT-Kernel 3.0の標準的なデバイスドライバの構成を図3-4に示します。

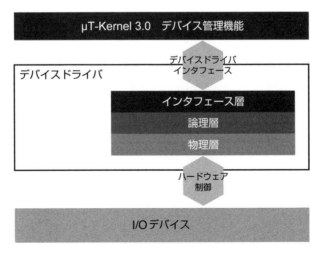

図3-4 デバイスドライバの構成

デバイスドライバは以下の三つの層から構成されます。

① インタフェース層

μT-Kernel 3.0 のデバイス管理機能とのインタフェースを行う部分です。

デバイス管理機能とデバイスドライバとのインタフェースは、μT-Kernel 3.0 の仕様によりデバイスドライバインタフェースとして定められています。

インタフェース層の処理プログラムは、基本的な動作を共通とする複数のデバイスドライバの間で共有できます。

② 論理層

I/O デバイスの種類に応じたデバイス固有の処理を行う部分です。ただし、I/O デバイスのハードウェアに直接依存する処理は物理層の担当ですので除きます。論理層はデバイスの種別（シリアル通信デバイス、A/D 変換デバイスなど）ごとに実装することが可能です。

③ 物理層

I/O デバイスのハードウェアに直接依存する処理を行う部分です。デバイスドライバの中のハードウェア依存部に相当します。

物理層は I/O デバイスごとに作成する必要があります。

デバイスドライバインタフェース

デバイスドライバインタフェースは、μT-Kernel 3.0 の仕様で定められた、デバイス管理機能とデバイスドライバとの間のインタフェースです。

デバイスドライバインタフェースは表 3-26 に示すドライバ処理関数によって構成されています。

表3-26 ドライバ処理関数

種別	関数名	機能
オープン関数	openfn	I/O デバイスの使用開始
クローズ関数	closefn	I/O デバイスの使用終了
処理開始関数	execfn	I/O デバイスへのアクセス開始
完了待ち関数	waitfn	I/O デバイスへのアクセスの完了待ち
中止処理関数	abortfn	I/O デバイスへのアクセスの中止
イベント関数	eventfn	デバイスドライバへのイベント通知

これらのドライバ処理関数は、前項で説明したインタフェース層で対応します。

デバイスドライバの登録時には、デバイス登録情報の一部として、OSのデバイス管理機能にドライバ処理関数のアドレスが渡されます。OSのデバイス管理機能は、登録されたドライバ処理関数を用いて、デバイスドライバの制御を行います。個々のドライバ処理関数については後で説明します。

デバイスドライバの登録

デバイスドライバをµT-Kernel 3.0へ登録するには、デバイスの登録API tk_def_devを呼び出します。

tk_def_devのAPIの仕様を表3-27に示します。

表3-27 tk_def_devのAPIの仕様

デバイスの登録	
関数定義	ID tk_def_dev(CONST UB *devnm, CONST T_DDEV *ddev, T_IDEV *idev)
引数	CONST UB *devnm　　　　デバイス名(物理デバイス名) CONST T_DDEV *ddev　　　デバイス登録情報 T_IDEV *idev　　　　　　　デバイス初期情報
戻り値	デバイスID、またはエラーコード
機能	ddevで指定したデバイス登録情報に基づき、devnmで指定した物理デバイス名で、デバイスドライバを登録します。 登録されたデバイスのデバイスIDが戻り値に返されます。また、登録されたデバイスの初期情報が*idevで指定した変数に返されます。

デバイスの登録API tk_def_devの引数について説明します。

● デバイス名

ここで指定するデバイス名は、µT-Kernel 3.0で個々のデバイスを識別するための名称です。アプリケーションがデバイスのオープンAPI tk_opn_devでデバイスを指定する際には、この名称が使われます。

デバイス名の命名のルールは以下のとおりです。

・デバイス名は最大8文字のASCIIコードの文字列です。
・デバイス名はデバイスの種別を表す文字列(英字のみ)で始まります。
・デバイスの種別を表す文字列のあとに、個々の物理的なデバイスを表す1文字の英字を続けます。この英字は「a」から順番に割り当てます。1台目のデバイスが「…a」、2台目のデバイスが「…b」となります。

　μT-Kernel 3.0のサンプル・デバイスドライバで使っているデバイス名を例に説明します。

　シリアル通信ドライバには、デバイスの種別を表す文字列として「ser」が使用されています。個々のシリアル通信デバイスには、種別の文字列のあとに1文字の英字を付加した「sera」、「serb」、「serc」といったデバイス名が付けられます。

　同様にA/D変換デバイスドライバであれば、デバイスの種別の文字列には「adc」が使用され、個々のA/D変換デバイスには、「adca」、「adcb」、「adcc」といったデバイス名が付けられます。

　個々の物理的なデバイスをユニットとよぶ場合もあります。前述の例では、「sera」、「serb」、「serc」が通信デバイスのユニットであり、「adca」、「adcb」、「adcc」がA/D変換デバイスのユニットです。ユニットは実際のI/Oデバイスに対応します。一つのマイコンに同じ種別のI/Oデバイスが複数搭載されている場合、それぞれのI/Oデバイスがユニットになります。

　デバイスによっては、ユニットの下にサブユニットを持つ場合もあります。たとえば、1台のハードディスクを複数の区画（パーティション）に分けた場合、1台のハードディスク全体が一つのユニットに対応し、その中にある複数の区画がサブユニットに対応します。このように、一つのI/Oデバイスを複数の細かいデバイスに分割し、それぞれを別のデバイスとして扱いたいような場合に、サブユニットの機能を使います。サブユニットは、デバイス名の末尾に最大3文字までの数字を付けて区別します。

　なお、μT-Kernel 3.0のサンプル・デバイスドライバで扱うデバイスにはサブユニットがありませんので、本書ではサブユニットの説明を省略します。

● デバイス登録情報 T_DDEV

　デバイス登録情報 T_DDEVは、以下のようにC言語の構造体として定義されます。

```
typedef struct t_ddev {
        void * exinf ;                  // 拡張情報
        ATR drvatr ;                    // ドライバ属性
        ATR devatr ;                    // デバイス属性
        INT nsub ;                      // サブユニット数
        SZ blksz ;                      // 固有データのブロックサイズ

        /* ドライバ処理関数 */
        FP openfn ;                     // オープン関数
        FP closefn ;                    // クローズ関数
        FP execfn ;                     // 処理開始関数
        FP waitfn ;                     // 完了待ち関数
        FP abortfn ;                    // 中止処理関数
        FP eventfn ;                    // イベント関数

        /* 以下に実装独自の情報の追加が許されます */
} T_DDEV;
```

各構造体メンバーについて説明します。

・**拡張情報 *exinf**

デバイスドライバごとに決められる任意の情報です。

・**ドライバ属性 drvatr**

デバイスドライバの性質を表す属性です。表3-28にドライバ属性の仕様を示します。

表3-28 ドライバ属性

ドライバ属性	
TDA_OPENREQ	デバイスが多重にオープンされる場合、すべてのオープンおよびクローズのAPIの処理でドライバ処理関数を実行します。 この属性が指定されていない場合は、デバイスが多重オープンされても、最初のオープンと最後のクローズのときだけドライバ処理関数を実行します。
TDA_TMO_U	マイクロ秒単位のタイムアウト時間を使用します。[9]
TDA_DEV_D	64ビットデバイスです。[9]

※9 μT-Kernel 3.0の実装では対応していません。

・**デバイス属性 devatr**

デバイスドライバが操作するI/Oデバイスの性質などを示す情報です。主に、ディスクドライブなどの外部記憶デバイスで使用します。その他のデバイスでは、デバイス属性にTDK_UNDEF（未定義デバイス）を指定します。

・**サブユニット数 nsub**

デバイスがサブユニットを持つ場合に、その数を指定します。サブユニットを持たないデバイスでは0を指定します。

・**固有データのブロックサイズ blksz**

デバイスに対して固有データの読み書きの単位となるデータサイズをバイト数で指定します。ブロック単位でデータの読み書きをするデバイスであれば、そのブロックのバイト数が指定されます。

・**ドライバ処理関数**

デバイスドライバインタフェースの各ドライバ処理関数の実行アドレス（関数のポインタ）を設定します。

● **デバイス初期情報**

デバイス初期情報は、デバイスの登録APIを呼び出したプログラムに対して、OSのデバイス管理機能から返されるデバイスの初期状態の情報です。

デバイス初期情報T_IDEVは、以下のようにC言語の構造体として定義されます。

```
typedef struct t_idev {
        ID      evtmbfid;              // 事象通知用メッセージバッファ ID
        /* 以下に実装独自の情報の追加が許されます */
} T_IDEV;
```

事象通知用メッセージバッファは、デバイスドライバからの特定のイベントの発生を通知するためのメッセージバッファです。µT-Kernel 3.0は、コンフィグレーションの設定に応じて、起動時に事象通知用メッセージバッファを生成します。そのメッセージバッファのID番号がevtmbfidに返されます。

ただし、µT-Kernel 3.0のサンプル・デバイスドライバでは事象通知用メッセージバッファを使用していません。そのため、コンフィグレーションの設定により事象通知用メッセージバッファの生成を無効にしています。

デバイス管理機能のAPIとドライバ処理関数

µT-Kernel 3.0のデバイス管理機能の役割は、アプリケーションに対して標準的なデバイス操作のためのAPIを提供することです。

アプリケーションがデバイス管理機能のAPIを呼び出すと、デバイス管理機能は、実際にI/Oデバイスを制御するデバイスドライバに対して、APIで要求されたデバイスの操作を依頼します。具体的には、デバイス管理機能のAPIの中から、そのAPIの処理に必要となる各デバイスドライバのドライバ処理関数が呼び出されます。

デバイス管理機能のAPIと、その中から呼び出されるドライバ処理関数との関係を表3-29に示します。

表3-29 デバイス管理機能のAPIとドライバ処理関数の関係

デバイス管理機能のAPI		呼び出されるドライバ処理関数
デバイスのオープン	tk_opn_dev	openfn
デバイスのクローズ	tk_cls_dev	closefn, abortfn
デバイスの読み込み開始	tk_rea_dev	execfn
デバイスの同期読み込み	tk_srea_dev	execfn, waitfn
デバイスの書き込み開始	tk_wri_dev	execfn
デバイスの同期書き込み	tk_swri_dev	execfn, waitfn
デバイスの要求完了待ち	tk_wai_dev	waitfn
デバイスのサスペンド	tk_sus_dev	eventfn
ドライバ要求イベント	tk_eve_dev	eventfn

ドライバ処理関数の仕様

各ドライバ処理関数の仕様を表3-30から表3-35に示します。

表3-30 オープン関数

オープン関数	
関数定義	ER openfn(ID devid, UINT omode, void *exinf);
引数	ID devid　　　　　デバイスID番号 UINT omode　　　オープンモード void *exinf　　　拡張情報
戻り値	エラーコード
機能	devidで指定されたデバイスの使用を開始するための処理を行います。 本関数はデバイスのオープンAPI tk_opn_devの処理で呼び出されます。 デバイスが多重にオープンされた場合の動作は、デバイスドライバ属性のTDA_OPENREQによって異なります。TDA_OPENREQが指定されている場合は、API tk_opn_devでデバイスがオープンされるたびに本関数が呼び出されます。TDA_OPENREQが指定されていない場合は、最初のオープンのときのみ本関数が呼び出されます。 omodeには、API tk_opn_devの引数のオープンモードがそのまま渡されます。 *exinfはデバイスドライバの登録時に設定した値が渡されます。

表3-31 クローズ関数

クローズ関数	
関数定義	ER closefn(ID devid, UINT option, void *exinf);
引数	ID devid　　　　　デバイスID番号 UINT option　　　クローズオプション void *exinf　　　拡張情報
戻り値	エラーコード
機能	devidで指定されたデバイスの使用を終了するための処理を行います。 本関数はデバイスのクローズAPI tk_cls_devの処理で呼び出されます。 デバイスが多重にオープンされた場合の動作は、デバイスドライバ属性のTDA_OPENREQによって異なります。TDA_OPENREQが指定されている場合は、API tk_cls_devでデバイスがクローズされるたびに本関数が呼び出されます。TDA_OPENREQが指定されていない場合は、最後のクローズのときのみ本関数が呼び出されます。 optionには、API tk_cls_devの引数のオプションがそのまま渡されます。 *exinfはデバイスドライバの登録時に設定した値が渡されます。

表3-32 処理開始関数

処理開始関数	
関数定義	ER execfn(T_DEVREQ *devreq, TMO tmout, void *exinf);
引数	T_DEVREQ *devreq　要求パケットのリスト[10] TMO tmout　　　　　タイムアウト時間(単位：ミリ秒) void *exinf　　　　　拡張情報
戻り値	エラーコード
機能	devreqで指定された要求パケットの内容に従って、デバイスの読み込みあるいは書き込みの処理を開始します。 本関数は、デバイスの読み書きを行うAPI(tk_rea_dev、tk_wri_dev、tk_rea_dev、tk_wri_dev)の処理で呼び出されます。 本関数では原則として、要求された処理を開始するだけで、処理の完了を待たずに呼出し元へ戻ります。 新たな処理要求を受け付けられない状態のときは、要求受付待ち状態となります。tmoutで指定した時間内に新たな要求が受け付けられない場合には、タイムアウトのエラーで終了します。 *exinfはデバイスドライバの登録時に設定した値が渡されます。

※10 要求パケットに関しては次項で説明します(表3-33、表3-34も同様)。

表3-33 完了待ち関数

完了待ち関数	
関数定義	INT waitfn(T_DEVREQ *devreq, INT nreq, TMO tmout, void *exinf);
引数	T_DEVREQ *devreq　要求パケットのリスト[10] INT nreq　　　　　　要求パケットの数 TMO tmout　　　　　タイムアウト時間(単位：ミリ秒) void *exinf　　　　　拡張情報
戻り値	完了した要求パケットの番号、またはエラーコード
機能	drvreqで指定された要求パケットのリスト中のいずれかの処理が完了するのを待ちます。nreqはリストのパケットの数を示します。 本関数は、デバイスの要求完了待ちAPI tk_wai_devの処理で呼び出されます。 要求された処理が完了した場合には、完了した要求パケットの番号を戻り値として返します。この番号は、リスト中の何番目のパケットかを示す数字です。リストの最初のパケットでは0番目として0を返します。 tmoutで指定した時間内に要求が終了しない場合には、タイムアウトのエラーで終了します。この場合でも要求に対する処理は継続されます。 *exinfはデバイスドライバの登録時に設定した値が渡されます。

表3-34 中止処理関数

中止処理関数	
関数定義	ER abortfn(ID tskid, T_DEVREQ *devreq, INT nreq, void *exinf);
引数	ID tskid タスクのID番号 T_DEVREQ *devreq 要求パケットのリスト[10] INT nreq 要求パケットの数 void *exinf 拡張情報
戻り値	エラーコード
機能	taskidで指定したタスクが実行中の処理開始関数execfn、または完了待ち関数waitfnを速やかに終了させます。 devreqおよびnreqは、execfnおよびwaitfnで指定したものと同じものが渡されます（execfnの場合はnreq = 1となります）。 本関数は、デバイスのクローズAPI tk_cls_devの処理を行う際に、まだ上記の関数が実行中であった場合などに呼び出されます。 *exinfはデバイスドライバの登録時に設定した値が渡されます。

表3-35 イベント関数

イベント関数	
関数定義	INT eventfn(INT evttyp, void *evtinf, void *exinf);
引数	INT evttyp ドライバ要求イベントタイプ void *evtinf イベントタイプ別の情報 void *exinf 拡張情報
戻り値	イベントタイプ別に定義された戻り値、またはエラーコード
機能	evttypと*evtinfで指定されたドライバ要求イベントを受け付けます。 本関数は、ドライバ要求イベントの送信API tk_evt_devの処理で呼び出されます。 *exinfはデバイスドライバの登録時に設定した値が渡されます。

要求パケットの仕様

　要求パケットは、μT-Kernel 3.0のデバイス管理機能からデバイスドライバに対して処理を依頼する際に、処理要求に関する具体的な情報をパケットにまとめたものです。ドライバ処理関数execfn、waitfn、abortfnの引数として渡されます。

● 要求パケットの構造

　要求パケットは、以下のようにC言語の構造体T_DEVREQとして定義されます。

```
typedef  struct t_devreq {
        struct t_devreq    *next;    // 要求パケットのリンク

        void    *exinf;             // 拡張情報
        ID      devid;              // 対象デバイス ID
        INT     cmd:4;              // 要求コマンド
        BOOL    abort:1;            // 中止要求フラグ
        W       start;              // 開始データ番号
        SZ      size;               // 要求サイズ
        void    *buf;               // 入出力バッファアドレス
        SZ      asize;              // 結果サイズ
        ER      error;              // 結果エラー

        /*  以下に実装独自の情報の追加が許されます  */
} T_DEVREQ;
```

● 要求パケットの構造体メンバー

T_DEVREQ の各構造体メンバーについて説明します。

・ 要求パケットのリンク *next

要求パケット同士のリンクを作成するために、OS内で使用されます。一つのデバイスに対する要求が複数あった場合に、要求パケット同士をリンクでつないでリストの形にして管理します。

・ 拡張情報　*exinf

デバイスドライバごとに決められる任意の情報です。

・ 対象デバイス ID devid

要求対象のデバイスIDが設定されます。

・ 要求コマンド cmd

要求する処理を示します。書き込み要求（TDC_WRITE）と読み込み要求（TDC_READ）の2種類の要求コマンドがあります。

・ 中止要求フラグ abort

要求が中止されたことを示すフラグです。

・ 開始データ番号 start

データの読み書きを行うデータ開始位置を示します。

- **要求サイズ size**

  この要求によって読み書きを行うデータのサイズを示します。

- **入出力バッファアドレス *buf**

  この要求によって読み書きを行うデータの格納領域のアドレスを示します。書き込み要求の場合はデバイスに書き込むデータを格納したメモリのアドレス、読み込み要求の場合はデバイスから読み込んだデータを格納するメモリのアドレスです。

- **結果サイズ asize**

  この要求による処理の結果、実際に読み込みや書き込みができたデータのサイズです。
  この値はデバイスドライバが要求パケットに書き込みます。

- **結果エラーコード error**

  この要求による処理の結果のエラーコードです。
  この値はデバイスドライバが要求パケットに書き込みます。

　要求パケットの構造体のうち、asize と error 以外のメンバーについては、デバイスドライバから値を変更してはいけません。変更した場合の動作は保証されず、致命的な異常を引き起こす可能性もあります。

● **要求パケットに対する処理の流れ**

　デバイスドライバは、μT-Kernel 3.0 のデバイス管理機能から受け取った要求パケットに従って、I/O デバイスの制御を行います。

　要求パケットに対する一般的な処理の流れを以下に説明します。デバイスドライバが非同期アクセスか同期アクセスかによって処理の流れは異なります。

- **非同期アクセスの場合**

  デバイスドライバが非同期アクセスの場合の要求パケットの処理の流れを示します。

(1) 処理開始関数 execfn は、受け取った要求パケットを処理待ちキューに入れるだけで、この関数を終了します。

(2) デバイスドライバの中には、ドライバ処理関数のほかに要求処理タスクがあります。要求処理タスクは、処理待ちキューから要求パケットを取り出し、その要求を実行していきます。処理を完了した要求パケットには、結果サイズ asize と結果エラーコード error を設定し、処理完了キューに入れます。

（3）完了待ち関数waitfnは、受けとった要求パケットのリストと処理完了キューの要求パケット
を比較します。処理の完了した要求パケットがあれば、処理完了キューからその要求パケッ
トを取り除いて、この関数を終了します。処理の完了した要求パケットがなければ、指定さ
れたタイムアウト時間に達するまで、要求パケットの処理の完了を待ちます。

・ **同期アクセスの場合**
同期アクセスの場合は、処理開始関数execfnの中で要求された処理を実行し、処理が完了し
てからこの関数を終了します。処理待ちキューや処理完了キューは使用しません。
完了待ち関数waitfnでは、常に処理の完了を返します。

3.4.2 サンプル・デバイスドライバ

サンプル・デバイスドライバの目的と利用方法

μT-Kernel 3.0のサンプル・デバイスドライバは、デバイスドライバを開発するためのサンプル
のプログラムとして作成されました。
デバイスドライバを作成する際には、以下のような場面でサンプル・デバイスドライバのプロ
グラムを利用することができます。

・ サンプル・デバイスドライバには、A/D変換、シリアル通信、I²C通信といった基本的なデバ
イスドライバが含まれています。同種のI/Oデバイスであれば、デバイスドライバの物理層を
追加するだけで、他のマイコンのI/Oデバイスにも対応できます。

・ サンプル・デバイスドライバのインタフェース層のプログラムは、他のデバイスドライバでも
そのまま使用できます。これを使えば、インタフェース層の作成は不要です。

ただし、サンプル・デバイスドライバは、各I/Oデバイスの基本的な機能にのみ対応しています。
より多くの機能を使おうとした場合には、サンプル・デバイスドライバの論理層を機能拡張する
必要があります。
また、サンプル・デバイスドライバは、I/Oデバイスへの同期アクセスにのみ対応しています。
非同期アクセスを行うデバイスドライバには利用できません。

デバイスドライバのプログラム構成

μT-Kernel 3.0のサンプル・デバイスドライバは、「3.4.1 デバイスドライバの仕様」で説明した標準的なデバイスドライバの構成に従って作られています。

サンプル・デバイスドライバの構成を図3-5に示します。

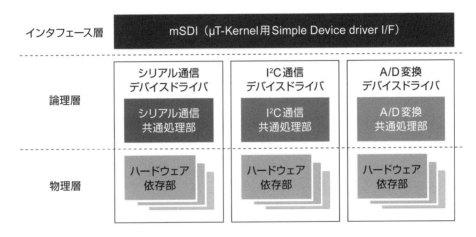

図3-5 μT-Kernel 3.0のサンプル・デバイスドライバの構成

サンプル・デバイスドライバの各階層について説明します。

① インタフェース層

インタフェース層には、すべてのサンプル・デバイスドライバから共通に使用されるmSDI（μT-Kernel用 Simple Device driver I/F）が実装されています。

mSDIは、同期アクセスのシンプルなデバイスドライバ用のインタフェース層のプログラムです。新しいデバイスドライバを実装する際にも、同期アクセスを行うデバイスであれば、そのまま利用できます。

② 論理層

論理層は、デバイスの種別に応じた共通部のプログラムとして実装されています。

現バージョンのサンプル・デバイスドライバでは、シリアル通信デバイスドライバ、I²C通信デバイスドライバ、A/D変換デバイスドライバが実装されています。

③ 物理層

物理層は、デバイスドライバのハードウェア依存部として、各マイコンのI/Oデバイスに対応したプログラムが実装されています。

この物理層にプログラムを追加することにより、他のI/Oデバイスにも対応することが可能です。

mSDI（μT-Kernel用Simple Device driver I/F）

mSDIについて説明します。

以下の条件を満たすデバイスドライバを作成する際には、インタフェース層としてmSDIを使用することが可能です。

● mSDIの動作仕様と制約事項

mSDIを使って実装可能なデバイスドライバの動作仕様と制約事項は以下のとおりです。

・同期アクセスにのみ対応

mSDIはデバイスの同期アクセスにのみ対応しており、非同期アクセスには対応していません。アプリケーションが非同期アクセスのAPI（tk_rea_dev、tk_wri_dev）を使用した場合にも、デバイスドライバの内部では同期アクセスで処理されます。

このため、非同期アクセスを行うデバイスドライバでは、mSDIを使用できません。

・ドライバ処理関数の排他的な実行

mSDIでは、μT-Kernel 3.0のデバイス管理機能から受け取った個々のデバイスに対する処理要求を、一つずつ順番に実行します。具体的には、デバイスドライバの各ユニットについてドライバ処理関数を排他的に実行します。

その結果、ドライバ処理関数の実行中に多重にドライバ処理関数が実行されないことが保証され、デバイスドライバの中で排他制御を行う必要はありません。

逆に言えば、ドライバ処理関数を多重に実行したい場合には、mSDIを使用できません。

● mSDIの機能

mSDIは以下の機能を持ちます。

・デバイスドライバインタフェース機能

mSDIは、デバイスドライバインタフェースのドライバ処理関数として動作し、ドライバ処理関数の排他的な実行や、デバイス要求の仕分け（読み込みと書き込み）などの共通処理を行います。

デバイスドライバ固有の処理は、mSDIからデバイスドライバの論理層のプログラムを呼び出すことによって実行します。mSDIとデバイスドライバの論理層の間のインタフェースは、mSDI用ドライバ処理関数として定義されます。

・**デバイス登録機能**

mSDIは、μT-Kernel 3.0のデバイス登録機能を使って、自分自身およびデバイスドライバ固有のドライバ処理関数群をOSに登録をする機能を持ちます。

具体的な動作としては、まず、デバイスドライバ固有の論理層のプログラムがmSDIの登録関数（msdi_def_dev）を呼び出すことによって、デバイスドライバ固有の論理層のドライバ処理関数群をmSDIに登録します。それを受けて、mSDIはμT-Kernel 3.0のデバイス登録API（tk_def_dev）を呼び出し、OSにデバイスドライバを登録します。

mSDIの各機能と、デバイスドライバの論理層およびOSのデバイス管理機能との関係を図3-6に示します。

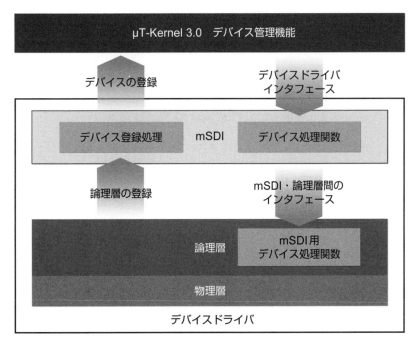

図3-6 mSDIの機能と他のソフトウェアの関係

● mSDIとデバイスドライバの論理層の間のインタフェース

mSDIとデバイスドライバの論理層の間のインタフェースは、表3-36に示すmSDI用ドライバ処理関数によって構成されています。

mSDI用ドライバ処理関数は、デバイスドライバインタフェースのドライバ処理関数と似ています。ただし、mSDIは非同期アクセスに対応していませんので、waitfn関数とabortfn関数はありません。また、execfn関数の代わりに、readfn関数とwritefn関数があります。

表3-36 mSDI用ドライバ処理関数

種別	関数名	機能
オープン関数	openfn	I/Oデバイスの使用開始
クローズ関数	closefn	I/Oデバイスの使用終了
リード関数	readfn	I/Oデバイスからのデータの読み込み
ライト関数	writefn	I/Oデバイスへのデータの書き込み
イベント関数	eventfn	デバイスドライバへのイベント通知

mSDI用ドライバ処理関数は、デバイスドライバの論理層として実装します。

mSDI用ドライバ処理関数の仕様を表3-37から表3-41に示します。

表3-37 オープン関数

オープン関数	
関数定義	ER openfn(ID devid, UINT omode, T_MSDI *p_msdi);
引数	ID devid　　　　　　デバイスID番号 UINT omode　　　　オープンモード T_MSDI *p_msdi　　mSDIデバイス管理情報
戻り値	エラーコード
機能	devidで指定されたデバイスの使用開始のための処理を行います。 omodeには、API tk_opn_devの引数のオープンモードがそのまま渡されます。 *p_msdiは、mSDIで使用するデバイスドライバごとの管理情報です。

表3-38 クローズ関数

クローズ関数	
関数定義	ER closefn(ID devid, UINT option, T_MSDI *p_msdi);
引数	ID devid　　　　　　デバイスID番号 UINT option　　　　クローズオプション T_MSDI *p_msdi　　mSDIデバイス管理情報
戻り値	エラーコード
機能	devidで指定されたデバイスの使用終了のための処理を行います。 optionには、API tk_cls_devの引数のオプションがそのまま渡されます。 *p_msdiは、mSDIで使用するデバイスドライバごとの管理情報です。

表3-39 リード関数

リード関数	
関数定義	INT readfn(T_DEVREQ *devreq, T_MSDI *p_msdi);
引数	T_DEVREQ *devreq 要求パケット T_MSDI *p_msdi　mSDIデバイス管理情報
戻り値	実際に読み込んだデータ数、またはエラーコード
機能	devreqで指定されたデバイスへの読み込みの処理を開始します。 *p_msdiは、mSDIで使用するデバイスドライバごとの管理情報です。

表3-40 ライト関数

ライト関数	
関数定義	INT writefn(T_DEVREQ *devreq, T_MSDI *p_msdi);
引数	T_DEVREQ *devreq 要求パケット T_MSDI *p_msdi　mSDIデバイス管理情報
戻り値	実際に書き込んだデータ数、またはエラーコード
機能	devreqで指定されたデバイスへの書き込みの処理を開始します。 *p_msdiは、mSDIで使用するデバイスドライバごとの管理情報です。

表3-41 イベント関数

イベント関数	
関数定義	INT eventfn(INT evttyp, void *evtinf, T_MSDI *p_msdi);
引数	INT evttyp　　　　　ドライバ要求イベントタイプ void *evtinf　　　　イベントタイプ別の情報 T_MSDI *p_msdi　mSDIデバイス管理情報
戻り値	イベントタイプ別に定義された戻り値、またはエラーコード
機能	evttypと*evtinfで指定されたドライバ要求イベントを受け付けます。 *p_msdiは、mSDIで使用するデバイスドライバごとの管理情報です。

● mSDIのデバイス登録機能

mSDI登録関数msdi_def_devにより、デバイスドライバ固有の論理層をmSDIに登録することができます。msdi_def_devでは、mSDIに登録されたデバイス固有のドライバに、インタフェース層であるmSDI自身を加えたデバイスドライバの全体を、μT-Kernel 3.0のデバイスとして登録します。

mSDI登録関数msdi_def_devの仕様を表3-42に示します。

表3-42 mSDI登録関数msdi_def_devの仕様

mSDIへのデバイスドライバ論理層の登録	
関数定義	ER msdi_def_dev(T_DMSDI *ddev, T_IDEV *idev, T_MSDI** p_msdi);
引数	T_DMSDI *dmsdi　　mSDI登録情報 T_IDEV *idev　　　デバイス初期情報 T_MSDI **p_msdi　　mSDIデバイス管理情報
戻り値	エラーコード
機能	dmsdiで指定したmSDI登録情報に従って、デバイスドライバの論理層をmSDIに登録します。また、mSDIに登録されたデバイス固有のドライバにmSDI自身を加えたデバイスドライバの全体を、μT-Kernel 3.0のデバイスとして登録します。 登録されたデバイスの初期情報が、*idevで指定した変数に返されます。これは、デバイスの登録API tk_def_devで返されるものと同じ情報です。 登録されたデバイスのmSDIデバイス管理情報へのポインタが、**p_msdiで指定した変数に返されます。

mSDI登録情報T_DMSDIは、以下のようにC言語の構造体として定義されます。

```
typedef struct {
        void      *exinf;                    // 拡張情報
        UB        devnm[L_DEVNM+1];          // デバイス名
        ATR       drvatr;                    // ドライブ属性
        ATR       devatr;                    // デバイス属性
        INT       nsub;                      // サブユニット数
        SZ        blksz;                     // 固有データのブロックサイズ

        /* mSDI用ドライバ処理関数のエントリ */
        ER (*openfn)(ID devid, UINT omode, T_MSDI*);
        ER (*closefn)(ID devid, UINT option, T_MSDI*);
        INT (*readfn)(T_DEVREQ *req, T_MSDI *p_msdi);
        INT (*writefn)(T_DEVREQ *req, T_MSDI *p_msdi);
        INT (*eventfn)(INT evttyp, void *evtinf, T_MSDI*);

} T_DMSDI;
```

デバイス名devnmは、μT-Kernel 3.0のデバイスドライバのデバイス名として登録する名称です。
mSDI用ドライバ処理関数のエントリは、デバイスドライバの論理層として実装されたmSDI用ドライバ処理関数へのポインタです。
その他の構造体メンバーは、μT-Kernel 3.0のデバイス登録情報T_DDEVの構造体メンバーと同じ情報です。mSDIは、これらの情報を使用して、μT-Kernel 3.0へのデバイス登録を行います。

● **mSDIの実装**

mSDIのソースコードは、μT-Kernel 3.0のソースコードの /device/common/drvif/ のディレクトリに置かれています。

mSDIは、デバイスドライバインタフェースのドライバ処理関数と、デバイスドライバの登録および登録削除を行う関数から構成されます。

mSDIを構成する関数の仕様を表3-43に示します。

表3-43 mSDIの構成関数

関数名	機能
msdi_def_dev	mSDIにデバイスドライバの論理部を登録します。また、デバイスドライバ全体をμT-Kernel 3.0のデバイスとして登録します。 この関数は、デバイスドライバの論理部から呼ばれます。
msdi_del_dev	mSDIに登録されていたデバイスドライバの論理部の登録を解除します。また、μT-Kernel 3.0に登録されていたデバイスドライバ全体の登録を解除します。 この関数は、デバイスドライバの論理部から呼ばれます。
msdi_openfn	デバイスドライバインタフェースのopenfnとして登録されます。
msdi_closefn	デバイスドライバインタフェースのclosefnとして登録されます。
msdi_execfn	デバイスドライバインタフェースのexecfnとして登録されます。
msdi_waitfn	デバイスドライバインタフェースのwaitfnとして登録されます。常に要求完了を返します。
msdi_abortfn	デバイスドライバインタフェースのabortfnとして登録されます。常に中止完了を返します。
msdi_eventfn	デバイスドライバインタフェースのeventfnとして登録されます。

デバイスドライバの実装例

サンプル・デバイスドライバのA/D変換デバイスドライバを例として、デバイスドライバの実装について説明します。

基本的な構成やしくみについては、他のデバイスドライバの場合もこれと同様です。

● **ソースコードの構成**

A/D変換デバイスドライバのソースコードの構成を以下に示します。

ハードウェア依存部については、STM32L476用デバイスドライバのディレクトリ構成のみを具体的に記載しています。他のマイコン用のデバイスドライバについては、サブディレクトリ以下の記載を省略していますが、STM32L476用と同様の構成になっています。

```
└ devive
  └ adc          A/D変換デバイスドライバ
    ├ adc.h             共通部定義ファイル
    ├ adc_cnf.h         共通部設定定義ファイル
    ├ adc.c             共通部ソースコード
    └ sysdepend         ハードウェア依存部
        ├ tx03_m367           TX03 M367用
        ├ rx231               RX231用
        ├ rza2m               RZ/A2M用
        └ stm32l4             STM32L476用
            ├ adc_stm32l4.h           定義ファイル
            ├ adc_cnf_stm32l4.h       設定定義ファイル
            └ adc_stm32l4.c           ハードウェア依存部ソースコード
```

　adcディレクトリの直下のソースコードは、A/D変換デバイスドライバの共通部のプログラムであり、デバイスドライバ構成図の論理層に該当します。

　sysdependディレクトリ下のソースコードは、ハードウェア依存部のプログラムであり、デバイスドライバ構成図の物理層に該当します。

　なお、インタフェース層にはmSDIを使用しています。

● 論理層の構成

　A/D変換デバイスドライバの共通部のadc.cが、デバイスドライバの論理層のプログラムです。adc.cを構成する主な関数の仕様を表3-44に示します。

表3-44 A/D変換デバイスドライバの共通部の主な関数

関数名	機能
dev_init_adc	A/D変換デバイスドライバの初期化を行います。 この関数は、µT-Kernel 3.0の起動処理の中で実行されます。通常は、その後のデバイスの操作で呼ばれることはありません。
dev_adc_openfn	mSDI用ドライバ処理関数openfnです。
dev_adc_closefn	mSDI用ドライバ処理関数closefnです。
dev_adc_readfn	mSDI用ドライバ処理関数readfnです。
dev_adc_writefn	mSDI用ドライバ処理関数writefnです。
dev_adc_eventfn	mSDI用ドライバ処理関数eventfnです。

● **論理層と物理層の間のインタフェース**

　A/D変換デバイスドライバの論理層と物理層の間のインタフェースには、表3-45の関数を使います。これらの関数は、物理層であるハードウェア依存部のプログラムで定義され、論理層である共通部のプログラムから呼び出されます。

表3-45 論理層と物理層のインタフェース関数

関数名	機能
dev_adc_llinit	I/Oデバイスの初期化を行います。 この関数は、μT-Kernel 3.0の起動処理の中で実行されます。通常は、その後のデバイスの操作で呼ばれることはありません。
dev_adc_llctl	I/Oデバイスの操作関数です。アプリケーションからの要求に応じて、I/Oデバイスに対する実際の操作を行います。 μT-Kernel 3.0のデバイス管理機能のAPIが呼び出されて、デバイスが操作されたときに実行されます。

　通常のデバイスドライバの操作の際には、I/Oデバイスの操作関数dev_adc_llctlのみが使用されます。

　I/Oデバイスの操作関数dev_adc_llctlの仕様を表3-46に示します。

表3-46 I/Oデバイスの操作関数dev_adc_llctlの仕様

I/Oデバイスの操作関数	
関数定義	W dev_adc_llctl(UW unit, INT cmd, UW p1, UW p2, UW *pp);
引数	UW unit　物理デバイスのユニット番号 INT cmd　操作コマンド UW p1　　操作コマンドのパラメータ1 UW p2　　操作コマンドのパラメータ2 UW *pp　　操作コマンドのパラメータ3
戻り値	操作コマンドにより定義
機能	unitで指定した物理デバイス(ユニット)に対して、cmdで指定した操作を行います。 p1、p2、ppは、操作コマンドに付属するパラメータです。パラメータの意味は、操作コマンドごとに定義されます。 操作コマンドには以下の種類があります。 コマンド / 意味 LLD_ADC_OPEN / オープン(I/Oデバイスの動作開始) LLD_ADC_CLOSE / クローズ(I/Oデバイスの動作終了) LLD_ADC_READ / データ読み込み LLD_ADC_RSIZE / 読み込み可能なデータサイズの取得

Appendix

付 録

Appendix-1　GitとGitHubによるμT-Kernel 3.0の開発

Appendix-2　μT-Kernel 3.0のプログラムのデバッグ

μT-Kernel 3.0

Appendix-1

GitとGitHubによるμT-Kernel 3.0の開発

μT-Kernel 3.0のソースコードは、GitHubで公開しています。また、μT-Kernel 3.0自体の開発も、GitとGitHubを活用して行われています。
このAppendixでは、まずGitとGitHubの機能や使い方に関して説明し、次にそれを利用したμT-Kernel 3.0の実際の開発の進め方について説明します。また、GitのコマンドやEclipseなどの統合開発環境を使って、GitHubの中に置かれたμT-Kernel 3.0のソースコードのリポジトリを取得する方法についても説明します。

A1.1 GitとGitHub

Gitとは

　Gitは、ソフトウェアのソースコードを対象としたバージョン管理システムです。ソースコードのファイルの変更の履歴や差分を管理し、ソフトウェアのバージョン管理のために役立つさまざまな機能を提供します。

　ソフトウェアの継続的な開発や保守を行っていくには、バージョン管理が重要です。特に、多人数によるソフトウェア開発では、それぞれの開発者が同時に並行してプログラムの作成や変更を行いますので、それらの追加や変更を一つのマスターに正しく反映していく作業は複雑で間違いやすく、バージョン管理システムの使用は必須ともいえるでしょう。

　Gitは、Linuxの開発の過程において生まれました。バージョン管理システムには、Git以外にもさまざまなものがあり、SubversionやCVSなど以前より広く使われてきたものもありますが、近年ではGitが普及しています。

　Gitには以下に示す特徴があります。

● 分散型バージョン管理

　バージョン管理システムにはいくつかの方式があります。

　SubversionやCVSは、一つのサーバでソースコードを管理する集中型のバージョン管理システムです。各ユーザは、クライアントとしてSubversionやCVSのサーバにアクセスし、ソースコードの取得や変更を行います。ソースコードを常に一元管理できるメリットがありますが、サーバへのアクセスが必須であり、サーバに障害が発生した場合には開発者全体にその影響が及ぶなどのデメリットもあります。

　一方、分散型バージョン管理システムでは、各ユーザのそれぞれのコンピュータ上で分散してバージョン管理を行います。

　Gitは分散型バージョン管理システムです。Gitにおいて、バージョン管理の対象となるファイル
を格納する場所をリポジトリとよびます。ユーザは自身のパソコン上にローカルリポジトリを作成
し、そこでソースコードのバージョン管理を行うことができます。

　さらに、サーバ上にはリモートリポジトリを置いて、それと各ユーザのローカルリポジトリを
連携させることにより、複数のユーザで開発されたソースコード全体のバージョン管理を行うこと
が可能です（図A-1）。

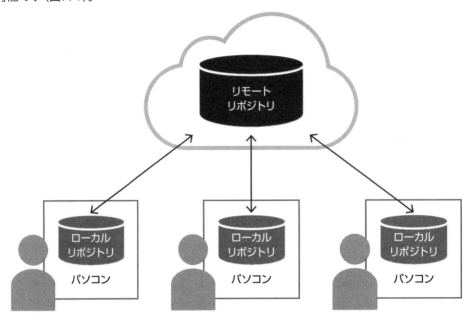

図A-1 Gitによる分散型管理

● **ブランチモデルによる開発**

　ソフトウェアのバージョンは、基本的には、1本の流れの中で時系列に従って順に進んでいくも
のです。この流れを分岐させたものがブランチです。ブランチが複数存在するということは、並行
して進む開発の流れが複数存在することを意味します。

　Gitでは任意のタイミングでブランチを作成し、またブランチ同士をマージ（統合）させることが
できます。

　たとえば、新しい機能を開発する際に、一時的な開発用のブランチを作成してその中で開発から
検証までを行い、開発が終了した後に、元のブランチにマージすることができます（図A-2）。

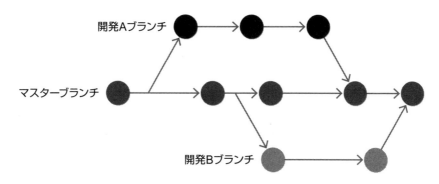

開発Aブランチ

マスターブランチ

開発Bブランチ

図A-2 Gitのブランチの例

　分散型バージョン管理システムやブランチモデルは、不特定多数の開発者によるオープンソースのソフトウェア開発に適しており、Gitが広まった理由の一つといえます。

GitHubとは

　GitHubは、ソフトウェア開発に向けたクラウドサービスです。その主要なサービスは、Gitのしくみを利用したプログラムのソースコードのホスティングです。

　ソフトウェアの開発者は、GitHub上にGitのリポジトリを作ることができます。そのリポジトリを一般に公開することにより、誰でも指定のURLからプログラムを取得できるようになります。Gitのリポジトリですので、単にソースコードをダウンロードするだけではなく、自分のパソコン上にローカルリポジトリを作って連携させることも可能です。

　また、GitHubの中でリポジトリの複製を行うフォークという機能も備わっています。リポジトリをフォークすることにより、GitHub上に自分用の新たなリポジトリが作成されます。ここでは、元のリポジトリにあったソフトウェアに影響を与えることなく、自分用のソフトウェアの変更を行うことができます。

　このほかにもGitHubは、バグの追跡機能やユーザ間のコミュニケーション機能など、複数の開発者でプログラムを開発する際に便利な機能を持っています。

GitHubの基本的な操作

μT-Kernel 3.0を例として、GitHubの基本的な操作を説明します。

μT-Kernel 3.0のリポジトリの画面を図A-3に示します。

μT-Kernel 3.0のリポジトリの画面 (https://github.com/tron-forum/mtkernel_3) を図A-3に示します。

図A-3 GitHubのμT-Kernel 3.0のリポジトリ画面

　画面中央には、μT-Kernel 3.0のソースコードのファイルが一覧表示されています。この画面上で、それらのファイルの内容を閲覧することができます。

　図中のソースコードの一覧表示の左上には、「master」と表示されたボタンがあります。ここに表示されているのは、現在ソースコードを表示しているブランチの名称です。このボタンを押すと、他のブランチの表示に切り替えることができます。

　また、図中のソースコードの一覧表示の右上には、「code」と表示されたボタンがあります。このボタンを押し、表示されたメニューの中から「Download Zip」を選択すると、表示されているファイル一式をZipファイルにまとめてダウンロードすることができます。

　μT-Kernel 3.0の特定のバージョンを構成するファイル全体は、リリースとよばれる単位にまとめられています。画面右側に表示されている「Releases」の項目をクリックすると、図A-4のようなμT-Kernel 3.0のリリース画面が表示されます。

　リリース画面では、μT-Kernel 3.0の各バージョンをダウンロードすることができます。

　μT-Kernel 3.0のローカルリポジトリを作成する方法は次項で説明します。

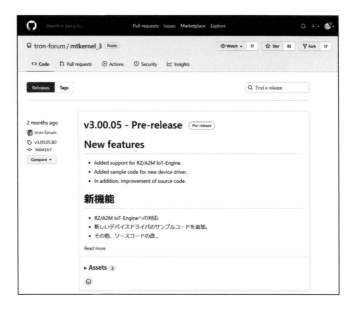

図A-4　GitHubのμT-Kernel 3.0のリリース画面

A1.2 GitHubとµT-Kernel 3.0

µT-Kernel 3.0のブランチ

µT-Kernel 3.0のソフトウェア開発は、GitHubを活用して行われています。

µT-Kernel 3.0には複数のブランチがあります。表A-1にµT-Kernel 3.0の基本的なブランチを示します。

表A-1 µT-Kernel 3.0のブランチ

種別	ブランチ名	内容
正式版ブランチ	master	µT-Kernel 3.0の正式版のブランチです。最新の正式版を入手することができます。
先行リリース版ブランチ	release_3xxxx (xxxxはバージョン番号)	µT-Kernel 3.0の先行リリース版の公開用ブランチです。正式版とする前の評価用のバージョンであり、評価バージョンごとにブランチが作成されています。
開発用ブランチ	develop	開発時の作業用のブランチです。このブランチのソースコードは開発中のものであり、動作は保証されません。

µT-Kernel 3.0の開発の進め方

µT-Kernel 3.0の開発においては、以下のような進め方でGitHubを利用しています。

(1) 開発者は、各自のパソコン上にµT-Kernel 3.0のローカルリポジトリを作り、それを使って開発作業を進めます。

(2) 開発の区切りで、各自のローカルリポジトリから、GitHubのリモートリポジトリの開発用ブランチにプッシュします。開発用ブランチは開発者の間で共有されます。

(3) 開発用ブランチでひととおり完成したµT-Kernel 3.0の新バージョンから、先行リリース用ブランチが作成され、一般向けに公開されます。先行リリース版として公開されたµT-Kernel 3.0には、一定の評価期間が設けられており、その間に見つかった不具合などは先行リリース用ブランチで修正されます。

(4) 評価期間を終えたµT-Kernel 3.0の新バージョンは、先行リリース用ブランチから正式版ブランチにマージされ、正式版として一般公開されます。

μT-Kernel 3.0のリポジトリのクローン

GitHubのμT-Kernel 3.0のリモートリポジトリから、自分のパソコン上のローカルリポジトリを作成する方法について説明します。リモートリポジトリを複製してローカルリポジトリを作成することを、「クローンする」とよびます。

μT-Kernel 3.0のソースコードを単純にダウンロードした場合、Gitのバージョン管理に関する情報がすべて消えてしまいます。そのため、たとえばμT-Kernel 3.0のバージョンアップがあった場合、新しいバージョンのソースコード全体を再びダウンロードしなければなりません。

一方、Gitのリポジトリとしてクローンしておけば、Gitのバージョン管理の機能を使って、必要最小限のソースコードを効率よく更新することが可能になります。

Gitを使用するには、Gitのソフトウェアのインストールが必要です。Windowsであれば、以下のURLからWindows用のGitをダウンロードしてインストールすることができます。

    https://gitforwindows.org/

Gitは、基本的にはコマンドによって操作します。Windowsに上記のGitのソフトウェアをインストールすると、git bashというコマンドシェルが使えるようになりますので、この中でgitのコマンドを実行します。

μT-Kernel 3.0のリポジトリをパソコンにクローンするには、以下のgitコマンドを実行します。

```
git clone https://github.com/tron-forum/mtkernel_3.git
```

上記のgitコマンドが成功すると、カレントディレクトリの下にmtkernel_3という名称のディレクトリができます。このディレクトリの中に、μT-Kernel 3.0のファイル一式が格納されています。

Gitコマンドによる基本的な操作

μT-Kernel 3.0のリモートリポジトリに対して、基本的なGitの操作を行ってみましょう。

前述のgitコマンドでμT-Kernel 3.0のローカルリポジトリを作成した場合、パソコン上にファイルがあるのはμT-Kernel 3.0のmasterブランチのみです。masterブランチは、μT-Kernel 3.0の正式版のブランチです。

以下のgitコマンドを実行すると、ブランチの一覧を表示することができます。

```
git branch -a
```

一覧表示の中で最初にremotesと表示された項目は、リモートリポジトリのブランチです。

リモートリポジトリのブランチのファイルを、ローカルリポジトリの中に取得してみましょう。たとえば、μT-Kernel 3.0のバージョン3.00.05の先行リリース版のブランチである「release_30005」を取得する場合は、以下のようなgitコマンドを実行します。

```
git fetch
git checkout -b release_30005 origin/release_30005
```

上記のコマンドを実行すると、パソコン上のローカルリポジトリにも「release_30005」ブランチが作成され、現在参照しているブランチが、この「release_30005」に変わります。ユーザから見えているファイルはすべて「release_30005」ブランチのものです。

ローカルリポジトリで参照するブランチは、gitコマンドを使って変更することができます。元のmasterブランチに戻りたい場合は、以下のgitコマンドを実行します。

```
git checkout master
```

次に、GitHub上でμT-Kernel 3.0の正式版のバージョンアップがあったとします。これをパソコン上のローカルリポジトリに反映させるには、以下のgitコマンドを実行します。

```
git pull origin master
```

上記のgitコマンドが成功すると、パソコン上のローカルリポジトリの「master」ブランチは最新のものにバージョンアップされています。なお、ローカルリポジトリのソースコードを独自に変更していると、警告が出てgitコマンドの実行ができない場合があります。μT-Kernel 3.0のソースコードを変更する場合には、ローカルリポジトリに新しいブランチを作成して、それを変更するようにしましょう。

A1.3 Eclipse（STM32CubeIDE）によるGitHub操作

EclipseにGit機能をインストール

　前項ではgitコマンドを使用してGitやGitHubの操作を行いましたが、統合開発環境にはGitの機能を備えているものもあります。これを利用するとGUIベースでGitの操作を行うことができます。

　Eclipseの場合は、プラグインを使ってGitとの連携機能を追加することが可能です。STM32CubeIDEもEclipseベースですので、同じ方法でGitとの連携機能が使えます。

　Gitを使用するためのプラグインであるEGitをEclipse（STM32CubeIDE）に追加する手順について、以下に説明します。

（1）「Help」メニューから「Eclipse Marketplace...」を選択します。
（2）「Eclipse Marketplace」のダイアログが開きますので、Find欄に「EGit」と入力して検索します。
（3）「EGit」が表示されたら「Install」ボタンを押します（図A-5）。以降は指示にしたがってインストールを進めます。

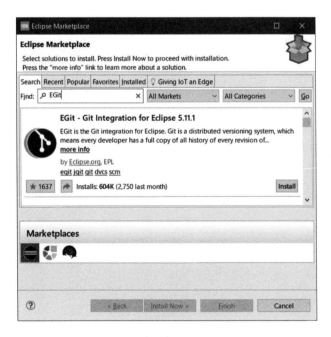

図A-5 EGitプラグインのインストール

Eclipse による μT-Kernel 3.0 のクローン

　EGit がインストールされた Eclipse (STM32CubeIDE) で、GitHub から μT-Kernel 3.0 のリポジトリをクローンし、プロジェクトを作成する手順について説明します。

（1）「File」メニューから「Import...」を選択します。 開いたダイアログで「Git」から「Projects from Git」を選択し、「Next」を押します（図 A-6）。

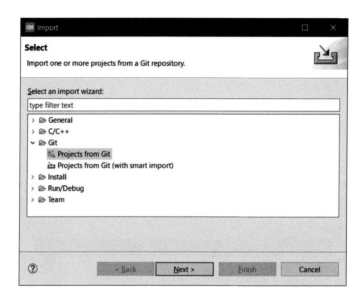

図 A-6 GitHub からプロジェクトの作成(1)

（2）続いて表示される画面で「Clone URI」を選択します。その次の画面では、「Location」の「URI」の欄に、GitHub 上の μT-Kernel 3.0 のリポジトリの URL を入力します。他の項目は自動的に入力されています。認証は不要ですので空欄でかまいません（図 A-7）。

図A-7 GitHubからプロジェクトの作成(2)

(3) GitHub上のμT-Kernel 3.0のリポジトリへのアクセスが成功すると、画面にμT-Kernel 3.0のブランチの一覧が表示されます。この中からローカル側に取得するブランチを選択して次に進みます（図A-8）。

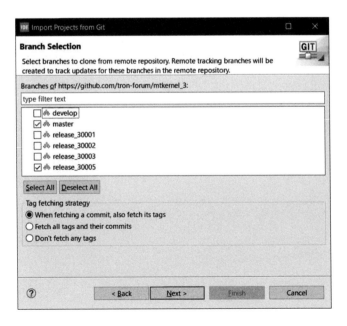

図A-8 GitHubからプロジェクトの作成(3)

（4）ローカル側でのファイルの格納先を指定する画面になるので、μT-Kernel 3.0のローカルリポジトリを作成するディレクトリを指定します。他の項目を変更する必要はありません。「Finish」ボタンを押すと、GitHub上にあったμT-Kernel 3.0のリモートリポジトリが、指定したディレクトリ上にクローンされます（図A-9）。

図A-9 GitHubからプロジェクトの作成(4)

（5）GitHubからのクローンが完了した後に、「Import using the New Project wizard」を選択して「Finish」ボタンを押すと、プロジェクトの作成が始まります。クローンしたリポジトリを使った新しいEclipseのプロジェクトを作成することができます。

　以上のような方法で作成したEclipseのプロジェクトでは、Eclipse上で各種のGitの操作が可能です（図A-10）。

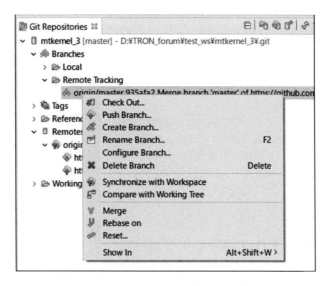

図A-10 Eclipseから各種のGit操作

　本項では、GitやGitHubのごく基本的な機能を説明しました。GitやGitHubには、このほかにも多くの便利な機能があります。専門の書籍や資料も多く出ていますので、それらもあわせて参考にしながら、μT-Kernel 3.0のソフトウェア開発に活用していくとよいでしょう。

Appendix-2

μT-Kernel 3.0のプログラムのデバッグ

μT-Kernel 3.0のプログラムのデバッグ方法について説明します。デバッグを行うには、T-Monitor互換API のデバッグ用入出力機能を利用する方法や、パソコン上で動作するデバッガ (デバッグ用のソフトウェア) を 使用する方法などがあり、それらの方法を用途に応じて使い分けていきます。後者のデバッガについては、 統合開発環境Eclipse (STM32CubeIDE) を例に説明します。

• •

A2.1 μT-Kernel 3.0のデバッグ機能

デバッグ入出力とT-Monitor

　μT-Kernel 3.0のリファレンスコードには、マイコンのシリアル通信を経由してデバッグ用の 情報を出力するデバッグ入出力機能が実装されています。

　この機能はT-Monitor互換APIから使用することができます。プログラムのデバッグ時には T-Monitor互換APIを呼び出し、マイコンのシリアル通信を経由してデバッグ用のメッセージ などをパソコンに出力します。

　T-Monitor互換APIの名称にあるT-Monitorとは、元々は「1.2.1 TRONのリアルタイムOS」で 紹介したT-Engine開発ボードに実装されていたファームウェアです。

　T-Monitorには、OSをメモリにロードし実行するブートローダの機能と、ソフトウェアのデバッ グ機能が備わっていました。当時はまだマイコンにハードウェアのデバッグ機能を搭載した例が 少なく、フルICEやROM ICE (外部ROMチップの代わりに装着する簡易型のエミュレータ) といっ たデバッグ用の機器の使用が一般的でしたが、T-Engine開発ボードではそれらの機器が無くても ボード単体でデバッグできるように、ファームウェアにデバッグ機能を持たせていました。

　その後、T-Kernelやμt-Kernelの開発においてT-Engine開発ボードを使う機会は減りましたが、 T-Monitorのデバッグ機能についてはデバッグに便利であったことから、同様の機能をT-Monitor 互換APIとしてμT-Kernel 3.0のソースコードにも残しています。

　なお、T-Monitor互換APIはμT-Kernel 3.0の仕様には含まれません。T-Kernel 3.0のリファレ ンスコードで独自に実装したライブラリ関数の位置づけです。

　また、以前のT-Monitorのデバッグ機能には、ブレークやステップ実行といったプログラムの 実行を制御する機能も含まれていましたが、今はこれらの機能をハードウェアのデバッガで実現 するのが一般的となったことから、T-Monitor互換APIからは除外されています。

T-Monitor互換API

μT-Kernel 3.0のリファレンスコードで実装されているT-Monitor互換APIを表A-2に示します。

T-Monitor互換APIの各関数の機能は、C言語の標準入出力関数に類似しています。ただし、C言語の標準入出力関数では一般にパソコンのディスプレイやキーボードに対する入出力を行うのに対し、T-Monitor互換APIではマイコンのシリアル通信のインタフェースに対する入出力を行うという違いがあります。表中では、各T-Monitor互換APIと、それに対応するC言語の標準入出力関数を記載しています。

たとえば、すでに本書で使用しているtm_printf関数は、C言語のprintf関数とよく似た機能を持ちますが、指定した文字列はマイコンのシリアル通信に出力されます。

表 A-2 T-Monitor互換 API

関数定義	機能	対応するC言語標準入出力関数
INT tm_getchar(INT wait);	一文字の入力	getchar
INT tm_putchar(INT c);	一文字の出力	putchar
INT tm_getline(UB *buff);	一行の入力	gets
INT tm_putstring(const UB *buff);	文字列の出力	puts
INT tm_printf(const UB *format, ...);	書式付文字列の出力	printf※
INT tm_sprintf(UB *str, const UB *format, ...);	文字列への書式付文字列出力	sprintf※

※文字列の書式指定は完全に互換ではありません。浮動小数点はサポートされません。

T-Monitor互換APIによるデバッグと注意点

デバッグにおいてT-Monitor互換APIが特に有効なのは、エラー発生時の処理です。

「2.2.1 μT-Kernel 3.0のプログラミング」では、tm_printf関数を使ったAPIのエラーコードのチェック方法を説明しました。このように、エラーが発生した場合にtm_printf関数を使ってパソコンにエラー情報を伝える手法は、デバッグ時によく使われます。

T-Monitor互換APIは、このようなデバッグ時の使用を想定し、アプリケーションやOSが異常な状態になっていたり、OSが動作していない状態（OSの起動前など）であったりしても、可能な限り実行できるように作られています。また、割込みハンドラのようなタスク以外のプログラムの実行中や、割込み禁止中の状態など、通常のデバイスドライバによる入出力機能を使用できない場面がありますが、そのようなときでもT-Monitor互換APIは実行可能です。

ただし、このような条件下での動作を実現するために、T-Monitor互換APIはμT-Kernelよりも優先的に実行されるように実装されています。そのため、T-Monitor互換APIの実行は、OSを含めて他のすべてのプログラムの動作に影響を与えます。tm_printf関数を実行することによって、アプリケーションタスクの実行のタイミングが変わったり、割込みの受付ができずに割込みの

応答性が悪くなったりするといった問題を生じます。

　したがって、T-Monitor互換APIの使用は、原則としてエラー発生時の処理に限定するべきです。もし、アプリケーションの通常の処理においてどうしてもT-Monitor互換APIを使用する必要がある場合には、その影響についても十分注意する必要があります。

　アプリケーション本来の機能としてシリアル通信を使用するのであれば、T-Monitor互換APIではなく、「2.3.3 UARTによるシリアル通信」で説明をしたシリアル通信デバイスドライバを使用してください。

A2.2 Eclipse（STM32CubeIDE）によるデバッグ

パソコン上で動作するデバッガによるデバッグ

　組込みシステムのプログラムのデバッグでは、パソコン上のソフトウェアとして動作する統合開発環境のデバッガを操作しながら、マイコンに搭載されたハードウェアのデバッグ機能を経由して、マイコン上で実行されるプログラムのデバッグを行う方法が一般的になっています。

　「第2部 実践編」では、マイコンボードNucleo-64に搭載されているデバッガI/Fを使ってパソコンに接続し、統合開発環境STM32CubeIDEからプログラムのロードや実行などの操作を行いました。STM32CubeIDEのベースとなっているEclipseは、このほかにも多くのデバッグ用の機能を持っており、もちろんSTM32CubeIDEでもそれらの機能を利用できます。

　これらのデバッグ機能について、以下に説明します。なお、Eclipseの操作方法や画面の詳細については、Eclipseのバージョンや設定などによって変わる場合があります。今回の説明ではSTM32CubeIDEのバージョン1.7.0を対象としており、そのベースのEclipseのバージョンは4.19ですが、お使いの開発環境のバージョンが異なる場合には、適宜読み替えてください。

Eclipseのデバッグ操作

　Eclipseにおけるプログラムのデバッグは、「Debug Perspective」とよばれるデバッグ画面で行います。デバッグするプログラムをロード、実行した際に、このデバッグ画面に切り替えることができます。自動的に切り替わらない場合は、「Window」メニューの「Perspective」からDebug Perspectiveを選ぶと、デバッグ画面に切り替わります。

　Eclipseでデバッグ操作を実行するにはいくつかの方法があります。

　基本的な操作方法は、「Run」メニューからの選択です（図A-11）。

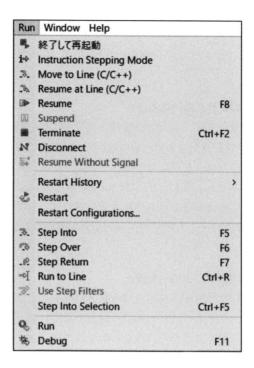

図A-11 「Run」メニュー

　メニューを選択する代わりに、ファンクションキーで実行できる場合もあります。該当する操作については、メニューの項目の右端に対応するキーが表示されています。

　デバッグ画面の上部には、各機能を呼び出すボタンが表示されています（図A-12）。このボタンを押すと、メニューを選択した場合と同様に、各機能を実行できます。

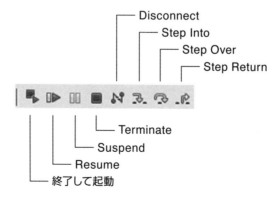

図A-12 デバッグ機能のボタン

プログラムの一時停止によるデバッグ

Eclipseを使って実行中のプログラムを一時停止させるには、いくつかの方法があります。

● Suspend機能によるプログラムの一時停止

実行中のプログラムを任意のタイミングで一時停止させるには、「Suspend」ボタンを押すか、「Run」メニューの「Suspend」を選択します。その時点でプログラムは一時停止します。

ただし、この方法ではプログラムを停止させるタイミングが難しく、ちょうどデバッグしたい場所で停止できるとは限りません。特に、µT-Kernel 3.0などのOSを使用している場合は、OSの処理の途中でプログラムが停止することもあり、その場合はユーザのプログラムのデバッグが困難です。そのため、次に説明するブレークポイントがよく使われます。

● ブレークポイントによるプログラムの一時停止

マイコン上で実行中のプログラムを、ソースコード上の指定した場所で一時停止させることができます。この機能をブレークとよび、ソースコード上で指定した一時停止の場所をブレークポイントとよびます。ブレーク機能により一時停止したプログラムは、その場所から引き続き実行を再開することが可能です。

ブレークポイントを指定するには、表示しているソースコードの中からブレークポイントを設定したい行を選択し、「Run」メニューから「Toggle Breakpoint」を選択します。また、ブレークポイントを設定したい行の左端の部分をマウスでダブルクリックすることによってブレークポイントを設定することもできます。ブレークポイントが設定された箇所には印が表示されます。

図A-13の例では、tk_slp_tskのAPIを記述した行にブレークポイントが設定されています。

```
35 LOCAL void task_led(INT stacd, void *exinf)
36 {
37     UW  data_reg;
38
39     while(1) {
40         tk_slp_tsk(TMO_FEVR);
41         data_reg = in_w(GPIO_ODR(A));         // データレ
42         out_w(GPIO_ODR(A), data_reg ^ (1<<5));  // デ
43     }
44     tk_ext_tsk();                    // ここは実行されません
45 }
```

図A-13 ブレークポイント

ブレーク中のプログラムの状態表示

プログラムがブレークすると、その時点での変数の値など、各種の情報を見ることができます。

図A-13で示したブレークポイントでプログラムが一時停止した時の画面を図A-14に示します。ソースコードの右側に各種の情報が表示されています。なお、これらの情報の表示位置は自由に変更できますので、環境によっては、表示される場所が異なる場合があります。

```
app_main.c    power_save.c    reset_hdl.c    dispatch.S
34  /* ⓐ LED制御タスクの実行関数 */
35 LOCAL void task_led(INT stacd, void *exinf)
36 {
37      UW  data_reg;
38
39      while(1) {
40          tk_slp_tsk(TMO_FEVR);
41          data_reg = in_w(GPIO_ODR(A));        // データレジスタの読み取
42          out_w(GPIO_ODR(A), data_reg ^ (1<<5));  // データレジスタの5
43      }
44      tk_ext_tsk();                    // ここは実行されません
45 }
46
47  /* usermain関数 */
48 EXPORT INT usermain(void)
49 {
50      /* ⓐ 割込みの設定と許可 */
51      tk_def_int( INTNO_SW, &dint_sw);     // ⓐ-1 割込みハンドラの定義
```

Name	Type	Value
stacd	INT	0
exinf	void *	0x0
data_reg	UW	0

図A-14 ブレーク中の情報表示

この画面で表示された情報について、以下に説明します。

● 関数のローカル変数

プログラムが一時停止した時点で実行中だった関数の引数と変数は、自動的に「Variables」の画面に表示されます。

図A-13で示したブレークポイントでプログラムが一時停止した時の「Variables」の表示を図A-15に示します。関数の引数であるstacdとexinf、および関数内で定義したローカル変数であるdata_regのデータ型とその時点での変数の値が表示されています。

Name	Type	Value
stacd	INT	0
exinf	void *	0x0
data_reg	UW	0

図A-15 ローカル変数の表示

● **グローバル変数**

　グローバル変数を表示するには、設定が必要です。「Expressions」のタブを選んだ画面で、表示したいグローバル変数の変数名を入力することにより表示できます。

　図A-16では、グローバル変数であるtskid_ledとctsk_ledを表示しています。ctsk_ledは構造体の変数ですので、その構造体メンバーの値を表示しています。

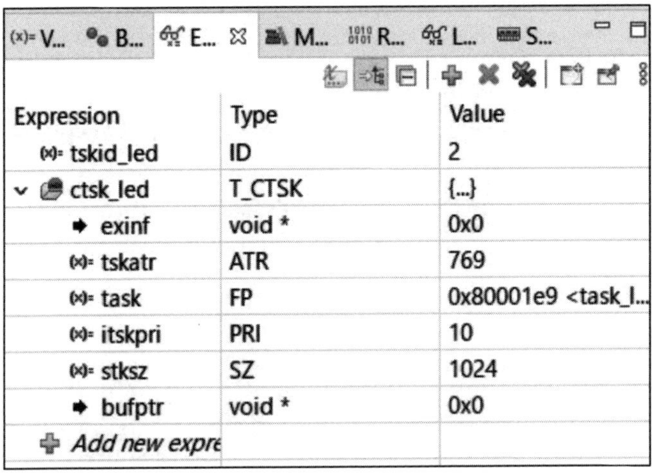

Expression	Type	Value
(x)= tskid_led	ID	2
∨ 🗐 ctsk_led	T_CTSK	{...}
➡ exinf	void *	0x0
(x)= tskatr	ATR	769
(x)= task	FP	0x80001e9 <task_l...
(x)= itskpri	PRI	10
(x)= stksz	SZ	1024
➡ bufptr	void *	0x0
➕ *Add new expre*		

図A-16 グローバル変数の表示

● **レジスタ**

　「Registers」のタブを選んだ画面には、プログラムが一時停止した時点でのマイコンのレジスタの値が図A-17のように表示されます。

　通常のC言語のプログラムのデバッグでレジスタの値を見ることはまずありませんが、アセンブリ言語を使ってCPUコアのハードウェアに依存するような処理を行っている場合には、この機能が必要となることがあります。

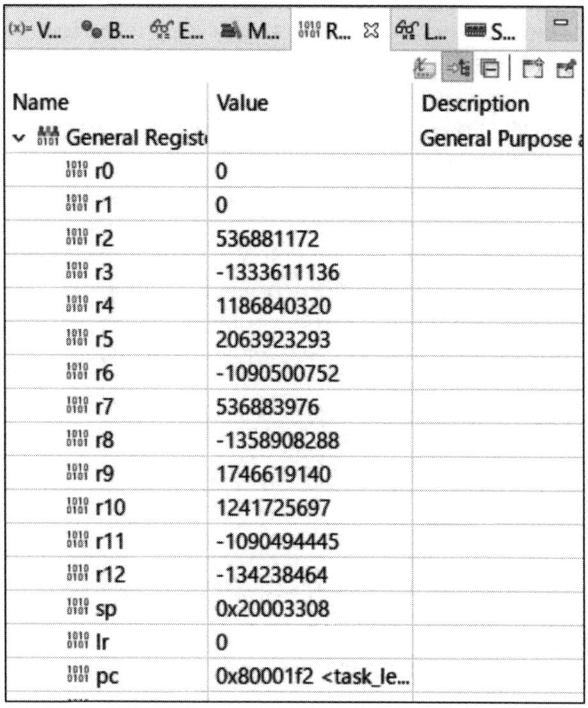

図 A-17 レジスタの表示

ステップ実行

　ステップ実行とは、ブレークしているプログラムを、ソースコードの一行ずつ実行する機能です。ステップ実行により、前項で説明した変数などの状態についても、プログラムの動きに合わせて更新されていきます。

　ステップ実行には以下の種類があり、それぞれ「Run」メニューまたはボタンで実行できます。

● Step Over

　ソースコードの一行ずつプログラムを実行していきます。関数を実行する際は、関数全体を一行と見なしてまとめて実行します。つまり、関数の中のプログラムは一気に実行されます。

● Step Into

　ソースコードの一行ずつプログラムを実行していきます。関数を実行する際は、その関数の中のプログラムもステップ実行します。

● Step Return

　現在実行中の関数を一気に最後まで実行し、関数から戻った時点で一時停止します。つまり、現在実行している関数の呼び出し元まで戻ります。

　Step Into により意図しない関数の中までステップ実行が進んでしまった場合でも、Step Return を行えば、関数の呼び出し元まですぐに戻ることができます。

　ステップ実行を繰り返すことにより、プログラムを順番に少しずつ実行していくことができます。プログラムの流れや、その際の変数の値の変化などの状況を確認したい場合に便利な機能です。ただし、ステップ実行ではプログラムを一行ずつ実行しますので、これだけでデバッグを行うと多くの時間がかかります。ブレークとステップ実行を組み合わせて、効率よくデバッグを進めるのが良いでしょう。

デバッガによるデバッグと注意点

　Eclipse のような統合開発環境のデバッガを使ったデバッグでは、主に、ブレークとステップ実行の機能を使ってプログラムの動作を検証していきます。プログラムの流れを追いつつ、その際の変数の値の変化などを確認できますので、不具合の解析などに有効です。

　ただし、ブレークとステップ実行の機能は万能ではありません。たとえば、ハードウェアの制御や通信などの処理の途中でプログラムを停止させると、プログラムを再開しても、その後は正常に動作しない場合があります。これは、マイコン上のプログラムの実行が停止しても、制御対象のハードウェアや通信の相手側の機器の動作が停止するわけではなく、状態に不整合が生じてしまうためです。

　また、μT-Kernel 3.0 上で動くプログラムは、マルチタスクで複数のタスクが並行に実行されています。ステップ実行により一つのタスクの中のプログラムの流れを追うことはできますが、プログラムの実行を一時停止するため、タスクがディスパッチされるタイミングなどアプリケーション全体の動作が変わってしまうこともあります。

　以上のように、ブレークとステップ実行の機能を使うことによって、アプリケーション本来の動作に影響を与えてしまう場合がありますので、注意が必要です。

参考資料

■ トロンフォーラム ────────────────

https://www.tron.org/ja/

会長：坂村健

仕様書のダウンロード
https://www.tron.org/ja/specifications/

T-License 2.2
https://www.tron.org/ja/wp-content/uploads/sites/2/2020/03/TEF000-219-200401.pdf

■ μT-Kernel 3.0（GitHub）────────────

https://github.com/tron-forum/mtkernel_3

μT-Kernel 3.0 開発環境コレクション
https://github.com/tron-forum/mtk3_devenv

μT-Kernel 3.0 BSP コレクション
https://github.com/tron-forum/mtk3_bsp

■ IEEE 2050-2018（IEEE SA）───────────

https://standards.ieee.org/standard/2050-2018.html

■「TRONWARE」（パーソナルメディア）──────────

https://www.personal-media.co.jp/book/genre/tw.html

TRON & IoT技術情報マガジン　隔月刊　偶数月15日発行

編集長：坂村健

μT-Kernel関連商品紹介

○ UCT μT-Kernel 2.0

IEEE 2050-2018標準に採用されたTRON仕様に基づくRTOS。
NXP、STマイクロ、インフィニオン、東芝、ルネサス、マイクロチップなどの最新マイコンに
最適化したμT-Kernel 2.0の全ソースコードと各種サンプルプログラムなどをワンパッケージ
でご提供。

開発・販売：ユーシーテクノロジ株式会社
https://www.uctec.com/iot-products-ja/iot-products/os/uct-utk-2/

○ UCT μT-Kernel 2.0 開発キット

「UCT μT-Kernel 2.0」の全ソースコードとサンプルプログラムが付属する開発キット。開発
環境別にKEIL MDK-ARM、EWARM、GCC、CS+の4タイプをご提供。

開発・販売：ユーシーテクノロジ株式会社
https://www.uctec.com/iot-products-ja/iot-products/os/uct-utk-2-devkit/

○ μT-Kernel 3.0移植サービス

最新の「μT-Kernel 3.0」を各種マイコンやターゲットボードへ移植するサービス。μITRON
からμT-Kernelへの移行サービスもご提供。

提供：ユーシーテクノロジ株式会社
https://www.uctec.com/iot-products-ja/iot-products-contact/

○ IoT-Engine 開発キット

IoTプラットフォーム「IoT-Engine」の開発キットを世界で初めて製品化。TX03 M367、
RX231、Nano120、STM32L4搭載ボードを提供中。6LoWPAN開発のための無線モジュー
ルやソフトウェアを同梱。

開発・販売：ユーシーテクノロジ株式会社
https://www.uctec.com/iot-products-ja/iot-products/iot-engine/

販売：パーソナルメディア株式会社
http://www.t-engine4u.com/products/iotekit.html

○ μT-Kernel 3.0 リファレンスキット

IoTエッジノード向け世界標準OS「μT-Kernel 3.0」を搭載した開発評価ボード。TCP/IPなどのミドルウェアやデバイスドライバ、開発環境 (SDK) が付属。IoTエッジノード向けシステムの開発や評価が可能。

販売：パーソナルメディア株式会社
http://www.t-engine4u.com/products/t2_ut2.html

○ μT-Kernel 3.0 教育＆実習パッケージ

IoTエッジノード向け世界標準OS「μT-Kernel 3.0」を採用。リアルタイムOSの基礎から実践的な組込みシステムまで、IoTエッジノードの開発に必要な知識を修得できる教材セット。英語版も提供。

販売：パーソナルメディア株式会社
http://www.t-engine4u.com/products/edukit.html

○ IoT-Engine 教育＆実習パッケージ

豊富な講習用スライドと例題プログラムに加えて、IoTエッジノードの実習に使用するIoT-Engineと開発ツール類をワンパッケージ化。IoTの基礎からIoT応用システムの開発に至るまでの実践的な知識を修得できる教材セット。

販売：パーソナルメディア株式会社
http://www.t-engine4u.com/products/iote_edukit.html

○ T-Kernel ソリューション

OS、ミドルウェア、デバイスドライバ、開発環境などの使い方のサポートをはじめ、チューニング、カスタマイズ、移植作業、コンサルティングなど、T-KernelやμT-Kernelに関連する幅広い技術サービスをご提供。

提供：パーソナルメディア株式会社
http://www.t-engine4u.com/solution/tesol.html

索 引

■本書掲載のプログラムコードがダウンロードできます。

https://www.personal-media.co.jp/book/tron/373.html

※プログラムコードの圧縮ファイルの展開には、下記パスワードが必要となります。
　展開パスワード：gy4y7zd3

プログラムコードをご利用になる前に、必ず上記ページ掲載の「ご利用条件およびご利用上の
ご注意」をお読みください。

● 監修

坂村 健（さかむら けん）　工学博士、IEEE Life Fellow
INIAD（東洋大学情報連携学部）学部長・教授、東京大学名誉教授、トロンフォーラム会長

　オープンなコンピュータアーキテクチャ TRON を構築。現在 TRON は米国 IEEE の標準 OS と
なり、IoT のための組込み OS として、携帯電話の電波制御をはじめ家電製品、オーディオ機器、
デジタル機器、住宅設備、ビル設備、車のエンジン制御、ロケット、宇宙機の制御など世界中で
使われている。

　2015 年、国際電気通信連合（ITU）より「ITU150 アワード」を受賞。2006 年日本学士院賞、
2003 年紫綬褒章。

　著書に『DX とは何か』、『IoT とは何か』（角川新書）、『イノベーションはいかに起こすか』（NHK
出版新書）など多数。

● 著者

豊山 祐一（とよやま ゆういち）　INIAD（東洋大学情報連携学部）特任研究員

　半導体メーカーで組込みシステムのソフト開発に従事。トロンフォーラムの TRON Safe Kernel
WG の座長や T3 WG のメンバーを務める。

　現在、μT-Kernel 3.0 関連の開発に取り組むとともに、組込みシステムの教育にも携わっている。

基礎から学ぶ組込み μT-Kernel（マイクロティーカーネル）プログラミング

リアルタイム OS の初歩から実践テクニックまで

2021 年 12 月 20 日　初版 1 刷発行

監　修	坂村健
著　者	豊山祐一
発行所	パーソナルメディア株式会社

　　　　〒 142-0051　東京都品川区平塚 2-6-13　マツモト・スバルビル
　　　　TEL　：03-5749-4932
　　　　FAX　：03-5749-4936
　　　　E-mail：pub@personal-media.co.jp
　　　　https://www.personal-media.co.jp/

印刷・製本	株式会社シナノ

Printed in Japan
ISBN 9784-89362-373-7